高等学校土木工程专业规划教材

工程建设监理

（第三版）

本教材编审委员会组织编写

詹炳根　殷为民　主编

欧震修　主审

中国建筑工业出版社

图书在版编目(CIP)数据

工程建设监理/本教材编审委员会组织编写.詹炳根,殷为民
主编.—3版.—北京:中国建筑工业出版社,2008(2023.11重印)
高等学校土木工程专业规划教材
ISBN 978-7-112-09836-1

Ⅰ.工… Ⅱ.①本…②詹…③殷… Ⅲ.建筑工程-监督管理-
高等学校-教材 Ⅳ.TU712

中国版本图书馆 CIP 数据核字(2008)第 002298 号

本书着重介绍了我国工程建设监理制度和建设监理实际运作方法。全
书包括:工程建设监理的基本概念、监理工程师、工程建设监理单位、工
程建设监理的组织、工程建设监理规划、工程建设监理目标控制、工程建
设监理的安全管理、工程建设监理的合同管理、工程建设监理的组织协
调、工程建设监理的信息管理等内容。

本书内容全面,结合实际,适合作本科院校有关课程教材,也可供建
设单位、设计单位、施工单位和监理单位的人员学习参考。

为了更好地支持相应课程的教学,我们向采用本书作为教材的教师提
供课件,有需要者可与出版社联系。

建工书院:http://edu.cabplink.com/index
邮箱:jckj@cabp.com.cn
电话:010-58337285

责任编辑:朱首明 李 明
责任设计:董建平
责任校对:孟 楠 梁珊珊

高等学校土木工程专业规划教材
工 程 建 设 监 理
(第三版)
本教材编审委员会组织编写
詹炳根 殷为民 主编
欧震修 主审
*
中国建筑工业出版社出版、发行(北京西郊百万庄)
各地新华书店、建筑书店经销
北京红光制版公司制版
建工社(河北)印刷有限公司印刷
*
开本:787×1092毫米 1/16 印张:14¾ 字数:356千字
2007年12月第三版 2023年11月第四十五次印刷
定价:**27.00**元(赠教师课件)
ISBN 978-7-112-09836-1
(21005)

高等学校土木工程专业规划教材

编 审 委 员 会 名 单

第三版前言

我国自 1988 年开始试行建设监理制度，20 年来，建设监理从试点到全面推广，从拿来到消化吸收，已经形成了中国的特点和特色，成为我国《建筑法》规定推行的工程建设管理制度。在长期的建设监理实践和监理教学工作中，我们深深感到：从事工程建设的各类人员乃至于整个社会对这一制度的理解和认识对于建设监理的健康发展是非常重要的。当年大力推广监理制度时是如此，今天仍然十分必要。《工程建设监理》第三版与前两版一样秉承同一个宗旨，就是宣传和介绍工程建设监理这一制度。

自 2003 年第二版以来，国家的工程项目管理体制在不断改革，建设监理制度也在不断地改进和完善，有关建设监理制度的新举措和新规定也不断地制定和实施。建设部相继出台了《工程监理企业资质管理规定》、《注册监理工程师管理规定》、《建设工程监理与相关服务收费管理规定》等法规，建设项目的投资构成和计价方式等方面也有了不少变化，因此监理教材的内容需要及时反映这些新的发展。

第三版对第二版进行了修改，增加和删除了一些内容，各章节都有一些变动，最主要的有以下三个方面：一是结合国家对工程建设监理以及有关方面新的规定，补充修改了相关内容。二是增加了安全监理的内容。安全监理是我国独特的提法和做法，目前争论也很大，鉴于国务院和建设部都有这方面的规定，而且已经实施，第三版参照这些规定新增了相关内容。三是删除了部分内容，主要是第二版附录部分摘录的有关建设监理的法律法规等内容，这些内容读者很容易收集到，同时也是为了节省篇幅。但保留了反映实际操作内容的施工阶段监理工作的基本表式。

第三版各章节的编写分工为：合肥工业大学詹炳根编写第 1 章、第 6 章 6.1 节和第 10 章；南京工业大学徐欣编写第 2 章、第 4 章 4.3 节、第 6 章 6.4 节；苏州科技学院姜正平编写第 3 章、第 4 章 4.2 节和第 6 章 6.3 节；河海大学杨高升编写第 4 章 4.2 节和第 8 章；扬州大学殷为民编写第 5 章、第 7 章和第 9 章。各编者按分工提出修改意见，经充分讨论确定后进行修改，最后由詹炳根和殷为民统稿，南京工业大学欧震修教授主审。

第二版出版后，不少读者提出了宝贵的意见和建议，在此表示衷心的感谢。在编写过程中，高小旺高工审阅了新编的第 7 章，提出了非常好的修改建议；各编者所在的院系、中国建筑工业出版社朱首明和李明两任责任编辑都给予了大力支持和帮助，在此一并表达我们的谢意。

本书有配套课件，需要者可与作者联系，邮箱 bgzhan@126.com。

编者

2007 年 8 月 1 日

第二版前言

《工程建设监理》第一版出版后，两年内已 5 次重印，反映了社会渴望了解工程建设监理这一重要制度。

我国工程建设监理制度在不断发展和完善。在教材出版后的一年多时间内，国家相继颁布了《建设工程质量管理条例》、《建设工程监理规范》（GB 50319—2000）、《建筑工程施工质量验收统一标准》（GB 50300—2001）、《工程监理企业资质管理规定》等重要的指导性文件，与监理制度有关的《建设工程委托监理合同（示范文本）》（GF-2000-0202）、《建设工程施工合同（示范文本）》（GF-1999-0201）等法律法规也相继出台，教材的内容需要反映这些进展。编写第二版的目的之一，就是根据这些法律法规文件，修改和增加相关内容。

在编写本教材第一版时，尽管编者努力，但限于编者的能力和较短的编写时间，书中仍存在着不尽如人意之处；一些读者也反映了书中存在的若干问题。编写第二版的另一个目的就是修正第一版的不足之处。

本教材第二版总体框架与第一版保持一致，仍分为九章和一个附录。各章节编写的人员分工：合肥工业大学詹炳根编写第 1 章、第 6 章 6.1 节和第 9 章；南京工业大学徐欣编写第 2 章、第 4 章 4.3 节、第 6 章 6.4 节；苏州科技学院姜正平编写第 3 章、第 4 章 4.2 节和第 6 章 6.3 节；河海大学杨高升编写第 4 章 4.2 节和第 7 章；扬州大学殷为民编写第 5 章和第 8 章。全书由詹炳根和殷为民统稿，南京工业大学欧震修主审。

读者对本教材提出的意见和建议，请 email 到：bgzhan@126.com，编者热切期望得到反馈。

编者

2003.1

第一版前言

编写本书有两方面的考虑：一是编写一本适合高校土木工程专业使用的监理教材。我国已经全面推行建设监理制度，高校学生有必要了解这一制度。目前，不少高校开设了"工程建设监理"这门课程，但还缺乏适用的教材。二是提供一本介绍建设监理制度及其运作的读物。建设监理制度是结合我国国情从国外"拿来"的，社会认知程度低，需要广泛地宣传。从事工程建设的有关人员都应不断提高对建设监理制度的认识。

建设监理的内容非常丰富，涉及到的知识面很广。如何在有限的篇幅内，将有关问题表述清楚，这是编者努力的方向。在编写过程中，我们注重介绍现行有关建设监理制度的法律、法规，并给合多年从事监理工作的实践经验，力图系统地介绍我国的建设监理制度及建设监理的实际运作方法。

本书分九章，第1、2、3章介绍工程建设监理的基本概念和我国建设监理制度的有关知识，第4、5章介绍工程建设监理的组织与规划，第6、7、8、9章介绍工程建设监理的目标控制、组织协调、合同管理和信息管理方面的内容。各章节编写分工如下：合肥工业大学詹炳根编写第1章、第6章6.1节和第9章；南京建筑工程学院徐欣编写第2章、第4章4.3节、第6章6.4节；苏州城建环保学院郑传明编写第3章、第4章4.2节和第6章6.3节；河海大学杨高升编写第4章4.1节、第6章6.2节和第7章；扬州大学殷为民编写第5章和第8章。主编詹炳根、殷为民。

本书主审南京建筑工程学院欧震修教授两次参加了编写讨论会，并悉心审阅了书稿，提出了许多宝贵的建议和意见，谨致谢意。编者所在各院校对本书的编写给与了大力支持，在此一并致谢。

编写高校本科生使用的监理教材，是我们的一个尝试，书中可能存在问题甚至错误，欢迎批评指正。

编者

2000.1

目　　录

第三版前言

第二版前言

第一版前言

第1章　工程建设监理的基本概念 ··· 1

1.1　业主的项目管理 ··· 1

1.2　我国工程建设监理的基本概念 ·· 3

1.3　工程建设监理的历史沿革 ·· 8

1.4　我国工程建设监理制度的主要内容 ··································· 14

复习思考题 ··· 16

第2章　监理工程师 ··· 17

2.1　监理工程师的概念和素质 ·· 17

2.2　监理工程师的职业道德 ·· 19

2.3　监理工程师的培养 ·· 20

2.4　监理工程师的考试、注册和执业 ····································· 22

复习思考题 ··· 26

第3章　工程建设监理单位 ··· 27

3.1　工程建设监理单位的概念及地位 ····································· 27

3.2　工程建设监理单位设立的基本条件及程序 ···························· 28

3.3　工程建设监理单位的资质和管理 ····································· 31

3.4　工程建设监理单位的服务内容与道德准则 ···························· 36

3.5　工程建设监理单位的选择 ·· 40

3.6　建设工程委托监理合同 ·· 45

复习思考题 ··· 49

第4章　工程建设监理的组织 ··· 51

4.1　组织的概念 ··· 51

4.2　工程建设监理组织机构 ·· 53

4.3　项目监理组织的人员结构及其基本职责 ······························ 58

复习思考题 ··· 63

第5章　建设监理规划 ·· 64

5.1　监理规划的概念与作用 ·· 64

5.2　监理规划的内容 ·· 66

5.3　监理规划的编制与实施 ·· 77

5.4　监理规划实例 ·· 81

复习思考题 ··· 93

第6章　工程建设监理目标控制 ································· 94

　6.1　工程建设监理目标控制基本原理 ················· 94

　6.2　工程建设投资控制 ····························· 102

　6.3　工程建设进度控制 ····························· 118

　6.4　工程建设质量控制 ····························· 128

　　复习思考题 ··································· 144

第7章　工程建设监理的安全管理 ······················· 145

　7.1　安全生产和安全监理概述 ····················· 145

　7.2　安全监理的主要工作内容和工作程序 ············· 148

　7.3　工程监理单位的安全责任 ····················· 150

　7.4　建设工程安全隐患和安全事故的处理 ············· 151

　　复习思考题 ··································· 158

第8章　工程建设监理的合同管理 ······················· 159

　8.1　工程建设监理的合同管理概述 ··················· 159

　8.2　施工合同文件与合同条款 ····················· 161

　8.3　使用《建设工程施工合同》（GF-1999-0201）的合同管理 ····· 167

　8.4　使用 FIDIC 条款的施工合同管理简介 ············· 181

　　复习思考题 ··································· 185

第9章　工程建设监理的组织协调 ······················· 187

　9.1　组织协调的概念 ······························· 187

　9.2　组织协调的范围和层次 ························· 188

　9.3　组织协调的工作内容 ··························· 188

　9.4　组织协调的方法 ······························· 193

　　复习思考题 ··································· 201

第10章　工程建设监理的信息管理 ····················· 202

　10.1　工程建设监理信息及其重要性 ················· 202

　10.2　工程建设监理信息管理的内容 ················· 206

　10.3　工程建设监理信息系统 ······················· 212

　　复习思考题 ··································· 215

附录　施工阶段监理工作的基本表式 ····················· 216

参考文献 ··· 226

第1章 工程建设监理的基本概念

　　本章首先从项目管理概念出发，介绍了业主的项目管理，阐述了工程建设监理的基本思想；其次介绍了我国工程建设监理的基本概念，详细讨论了我国工程建设监理的性质；最后介绍了国内外建设监理的发展过程，重点说明了我国建立监理制度的必要性，介绍了建设监理制度下我国的工程建设管理体制。

　　实行工程建设监理制度是我国工程建设管理体制的重大改革，对我国工程建设产生了深远的影响。建设监理是《中华人民共和国建筑法》（以下简称《建筑法》）规定的我国建设项目管理的方式。社会各界特别是从事工程项目建设的人员，需要深刻理解建设监理制度。尤其是需要对建设监理的基本思想、概念内涵及其历史发展过程有一个清晰的认识。

1.1　业主的项目管理

1.1.1　工程建设项目管理及其必要性

1. 工程建设项目管理基本概念

　　建设项目，是在一个总体设计或总预算范围内，由一个或几个互有联系的单项工程组成，一次性建成，建成后在经济上可以独立经营、行政上可以统一管理的建设单位。一个建设项目，应有明确的建设目的，一定的建设任务量，明确的建设时间，确定的投资总额，各单位工程之间有完整的组织关系，项目和实施是一次性的。

　　一个项目的进行，同做任何其他事情一样，需要遵照一定的步骤和程序。首先需要构思，对项目作总的设想，确定项目的性质、特点和所要达到的目标；其次需要考虑如何去做，即要选择适当的方案，制定规划和做好必要的准备；第三步是组织实施，对项目的进度、成本和质量等进行控制；最后是对完成的项目进行检查、分析，确定效果，进行总结。项目中各项工作之间是密切联系的，而且所有这些工作常常由许多部门或单位完成，因而还需要统一的指挥和协调。这种步骤和程序是任何项目取得成功所必须遵循的，为此而进行的规划、组织、控制、指挥与协调就是项目管理。简而言之，项目管理就是为使项目实现所要求的质量、所规定的时限和投资额所进行的规划、组织、控制与协调。

2. 工程建设项目管理的必要性

　　建设项目所以需要进行管理，这与建筑市场的特点密切相关。建筑市场与一般的商品市场相比，有着两个不同的特点。

　　特点之一由市场交易性质决定。首先是建筑商品生产和交易的同时性。一般商品的生产和交易是分开的，生产过程形成产品，交易过程形成商品。建筑产品则不然，它的生产过程也就是交易过程，生产和交易同时发生。建筑产品的交易在业主和承包商签订合同时就开始了。其次是交易的社会性。一般的商品交易，只涉及到买卖双方，你卖我买，双方同意交易即达成。建筑商品的交易却不完全是买卖双方的事,并非投资者有资金就可以上项目,承包商有本事就可以施工项目。因为一个建筑商品形成以后,它的社会影响极大,影响到城市规划、影响到建筑物里面及其附近人们的安全。建筑商品生产和交易的同时性,决定了买卖双方都要投入生产过程的管理;而交易的社会性,则决定了政府对建筑活动也要进行管理。

特点之二由建筑商品的生产过程决定。一是建筑商品的生产周期比较长,资金投放量比较大,地理位置的影响也比较大;二是生产过程中存在许多不可预见的因素,如各种不利的自然条件和人为因素等;三是生产过程是一次性的,不可逆转的,建筑商品形成后,不好更换,不像一般商品,出口不行转内销,降了价还可以卖;四是生产工艺是单向性的,一个产品一个样,不能批量生产,同一图纸,建在不同的地方,不同的队伍施工,产品都不一样。这一特点同样决定了业主、承包商都要对项目的建设过程进行管理。

建筑市场的这些特点表明了项目管理的必要性,而项目管理有各种不同的模式。通常可以按照项目管理的主体不同,把项目管理划分为不同的类型。

1.1.2 工程建设项目管理的类型

对项目进行管理有宏观管理与微观管理之分。政府部门对工程建设的管理是宏观上的,即主要对建筑市场的秩序、市场主体的行为进行规范和监督。而一个具体的工程建设项目的管理,是微观管理活动,进行这种管理的是市场各类主体。不同的市场主体的管理行为,因其所处的角度不一样,职责不一样,所需完成的任务不同,管理的范围、内容和要求也必然不同。因而形成不同的项目管理类型。

1. 建筑市场的三大主体

在建筑市场上,围绕着工程建设项目,存在着许多单位或部门。如建设单位、施工单位、设计单位、咨询单位、材料设备供应单位等。按照国际惯例,这些单位可以归纳为三大类,即业主、承包商和咨询顾问,他们是工程建设的三大主体。

业主,又称为项目法人、甲方、建设单位,是工程项目的买方。业主可以是个人或组织,他们往往既是投资者,又是投资使用者、投资偿还者和投资受益者,集责、权、利于一身。工程项目建设实行的是业主负责制,业主要对工程项目的策划、资金筹措、建设实施、生产经营、债务偿还和资产的保值、增值等方面全面负责。

承包商,又称承包人、乙方、承包单位、承建单位,是工程项目的卖方。他们负责按照与业主签订的工程承包合同完成工程项目建设,并从中获得收益。国外的承包商多指工程项目的施工方,我国的承包商概念中则包括设计单位在内。

咨询顾问,又称咨询工程师、建筑师等,是在工程建设项目中为业主或承包商提供有偿专业服务的单位或个人。大多数咨询顾问都以公司的形式进行活动,提供的服务包括了从单项咨询到整个工程项目的规划、设计和主要设计施工的监督与管理的广大领域。

2. 工程建设项目管理的类型

业主、承包商和咨询顾问这三大市场主体,围绕着工程建设项目,都要进行管理。一般由业主进行工程项目的总管理,该管理包括从编制项目建议书至项目竣工验收使用的全过程。业主对建设项目的管理,称为建设项目管理。承包商进行的项目管理一般限于建设项目的施工(设计)阶段,即对作为施工(设计)对象的工程项目的管理,这种管理称为施工(设计)项目管理。咨询顾问当其所服务的对象是业主时,其管理属于建设项目管理；当其服务的对象是承包商时，其管理属于施工（设计）项目管理。

1.1.3　业主的项目管理

1. 业主项目管理的出发点

工程项目的业主在工程建设过程中拥有项目的决策权、经营权和管理权。业主在投资一个项目时，总是要从两个大的方面考虑，第一是"经济"，第二是"效率"。这就意味着要力图以最低的价格、最短的工期、最优的质量和最佳的服务购买建成的项目。在项目实施过程中，由工程项目建设特点所决定的投资风险是非常大的，从"经济"和"效率"出发进行项目决策、实施和经营，就可将风险降到最低。

2. 业主项目管理的最佳方法

对于工程项目的建设和管理，业主当然可以自行组织和实施。然而，为体现"经济"和"效率"，业主直接组织工程项目的建设和管理往往既无必要，也不可能。这是因为现代工程项目具有以下特征：功能和组织结构日趋复杂，项目决策涉及的因素越来越多；新工艺、新技术、新材料、新结构、新设备的应用日趋广泛，技术密集程度日益提高；耗资巨大，资金的占用周期长，融资的渠道和方式日趋多样化；参与建设活动的各方主体利益具多向性，涉及的合同纠纷或法律纠纷日益增多；社会经济环境、政策环境、地域环境和生态环境等外部环境的协调关系复杂等。这些特征，决定了实施工程项目，需要有一批专业学科配套、业务技能结构合理、熟悉法律法规，并掌握现代管理技术的各类专家或专家群体。

对于工程项目业主而言，他们通常是工程建设的外行，缺乏工程建设方面的知识，缺乏工程项目管理方面的经验，承受着盲目决策和被欺骗的巨大风险。他们要对工程项目全面负责，要把项目的风险降到最低，一个最可能的和体现"经济"、"效率"原则的做法是求助于第三方，为其提供专业化的项目管理服务，以弥补他们在项目管理中的不足，这是建设监理的潜在需求。

而作为提供服务的职业化的咨询顾问，正具有业主所不具备的技术和管理上的专业优势，并且具有丰富的工程建设管理经验，成为建设监理潜在的供方。

业主将其项目管理的一部分权力授予咨询顾问，由咨询顾问代替其进行项目的管理。这就是工程建设监理。建设监理是项目管理的一种，属于业主项目管理的范畴。

1.2　我国工程建设监理的基本概念

1.2.1　我国工程建设监理的概念及内涵

前已述及，国外的建设监理是指咨询顾问为建设项目业主所提供的项目管理服务。我国的工程建设监理是参照国际惯例并结合我国国情而建立起来的，建设监理的概念与国外基本一致，但也有其特殊的地方。

1. 工程建设监理的概念及内涵

按照建设部、原国家计委颁布的《工程建设监理规定》，我国工程建设监理是指监理单位受项目法人的委托，依据国家批准的工程项目建设文件、有关工程建设的法律法规、工程建设监理合同及其他工程建设合同，对工程建设实施的监督管理。这一表述包含着丰富的内容。

（1）工程建设监理是针对工程项目建设所实施的监督管理活动。这有两层意思。第一层意思，是指工程项目是监理活动的一个前提条件。工程建设监理是围绕着工程项目建设来开展的，离开了工程项目，就谈不上监理活动。而作为一个工程项目，也应具有一定的条件，其中主要的有建设目标明确，建设资金要落实，工期、质量目标要明确。这些条件不具备的，就不能称之为工程项目，监理工程师碰上这类"项目"，即使才能再高，也无法施展，我国监理实践中碰到这种情况的不在少数。第二层意思，是指工程建设监理是一种微观管理活动，因为它是针对具体的工程项目而实施的。这一点与由政府进行的行政性监督管理活动有着明显的区别。由于考虑到社会和公众的利益，政府也要对工程建设进行监督管理，但政府的监督管理活动是宏观上的，它的主要功能是通过强制性的立法、执法来规范建筑市场。实行建设监理制，具体工程项目的管理由市场主体承担。

（2）工程建设监理的行为主体是监理单位。监理单位是建筑市场的建设项目管理服务的主体，具有独立性、社会化和专业化的特点。监理单位按照独立、自主的原则，以公正的第三方的身份开展监理工作。非监理单位开展的对工程建设的监督管理都不是工程建设监理。前面讨论过的业主、承包商的建设项目管理和施工（设计）项目管理，都不属于建设监理的范畴。

（3）工程建设监理的实施需要业主委托。监理单位提供的是高智能的建设项目管理服务，至于需不需要这种服务，取决于业主。对于业主而言，他全权对项目负责，当然可以自己进行建设项目管理，但如果自己没有能力，自然就会想到委托社会化、专业化的监理单位进行管理，国外的建设监理制度就是在这种需求的基础上产生的。我国《建筑法》第三十一条规定，实行监理的建筑工程，由建设单位委托具有相应资质条件的工程监理单位监理。业主委托这种方式，表明工程建设监理与政府对工程项目的行政监督管理是不同的，前者是自愿的，后者是强制的。业主委托这种方式，决定了业主与监理单位的关系是委托与被委托的关系，这种关系具体体现在工程建设监理合同上。业主委托这种方式还说明，监理工程师对项目的管理权力是来源于业主的委托与授权。在工程建设过程中，业主始终是建设项目管理的主体，把握着工程建设的决策权，并承担着主要风险。

（4）工程建设监理是有明确依据的工程建设管理行为。首先依据的是法律、行政法规。法律是由全国人大及常委会制定的，行政法规是由国务院制定的，我国法律、法规是广大人民群众意志的体现，具有普遍的约束力，在中国境内从事活动均须遵守，从事工程监理活动也不例外。监理单位应当依照法律、法规的规定，对承包商实施监督。对业主违反法律、法规的要求，监理单位应当予以拒绝。其次是合同。最主要的是工程建设监理合同和工程承包合同。工程建设监理合同是业主和监理单位为完成工程建设监理任务，明确相互权利义务关系的协议；工程承包合同是业主和承包商为完成商定的某项工程建设，明确相互权利义务关系的协议。依法签订的合同具有法律约束力，当事人必须全面履行合同规定的义务，任何一方不得擅自变更或解除合同。在开展监理工作时，监理单位必须以合同为依据办事。工程建设监理的依据还有国家批准的工程项目建设文件，如批准的建设项目可行性研究报告、规划、计划和设计文件，工程建设方面的现行规范、标准、规程等。以上这几方面的依据表明监理工程师权力的另外一个来源，即法律赋予的监督工程建设各方按法律、法规办事的权力，监理工程师开展监理活动也是执法过程。理解这一点，对监理工程师开展监理工作和承包商自觉接受监理是很有意义的。

2. 工程建设监理概念的几点说明

我国的工程建设监理，有时称为工程监理，如在《建筑法》中称为建筑工程监理，又有结合各行业称为公路工程监理、水电工程监理的，其内涵和外延都是一样的，都有上面所叙述的几个要点。其中《建筑法》中的称谓，全国人大常委会在讨论确定时，主要是考虑在文字表述上与法名和总则相一致。

另外，我国的工程建设监理概念，应该说与国外的咨询顾问向业主提供的服务相一致，其范围应当包括工程建设从立项、实施到后评估的全过程。我国在建立建设监理制度时，就曾在"监理"和"咨询"这两个名称之间进行过推敲，最终决定采用"监理"这一表述，主要是考虑到以下原因：①作为咨询者，一般只有建议权，而无决定权和执行权，而从事监理工作的人和机构，不仅要有建议权，还要有一定的决定权和执行权；②我国建设行政主管部门的主要职能是工程实施阶段的监督管理，前期决策阶段和后评估阶段则由原国家计委负责，而项目的前期决策，更多地需要提供咨询，实施阶段更多地是需要对设计、施工和供应部门的行为进行监理；③我国在1982年即有了咨询公司，主要是为政府审批项目进行咨询，是事业性单位，不是为业主服务的社会化单位；④1988年以前，我国在三资项目上就已出现了"监理"和"监理工程师"的称呼。我国的"监理"概念，本意是对建设项目全过程的"咨询"。

目前，我国的工程建设监理主要发生在工程建设的实施阶段，尤其以施工阶段为主，常称为施工监理。

1.2.2 工程建设监理的性质

对我国工程建设监理制度的理解，必须深刻认识监理的性质。在监理实践中出现的许多问题都与对其性质认识模糊甚至错误有关。工程建设监理的性质有：服务性、公正性、独立性和科学性。

1. 服务性

服务性是工程建设监理的根本属性。监理工程师开展的监理活动，本质上是为业主提供项目管理服务。监理是一种咨询服务性的行业。咨询服务是以信息为基础，依靠专家的知识、经验和技能对客户委托的问题进行分析、研究，提出建议、方案和措施，并在需要时协助实施的一种高层次、智力密集型的服务，其目的是改善资源的配置和提高资源的效率。监理单位是建筑市场的一个主体，业主是其顾客，"顾客就是上帝"是市场经济的箴言，监理单位应该按照监理委托合同提供让业主满意的服务。

工程建设监理的服务性表现在：它既不同于承包商的直接生产活动，也不同于业主的直接投资活动。监理单位不需要投入大量资金、材料、设备、劳动力，一般也不必拥有雄厚的注册资金。监理单位既不向业主承包工程造价，也不参与承包单位的盈利分成。它只是在工程项目建设过程中，利用自己在工程建设方面的知识、技能和经验为客户提供高智能监督管理服务，以满足项目业主对项目管理的要求。

工程建设监理服务的对象是项目业主，按照工程建设监理合同提供服务。国际咨询工程师联合会（FIDIC）要求"咨询工程师仅为委托人的合法利益行使其职责，他必须以绝对的忠诚履行自己的义务，并且忠诚地服务于社会的最高利益以及维护职业荣誉和名望"。有一种错误的认识和做法，认为监理是业主花钱委托的，业主要监理工程师做什么就得做什么。其实，监理提供的服务有正常服务、附加服务和额外服务之分，由工程建设监理合同予以界定，监理没有义务承担合同外的服务。另外，在市场经济条件下，监理工程师没有任何义务也不允许为承包商提供服务。但在实现项目总目标上，三方主体是一致的，监理工程师要协调各方面关系，以使工程能够顺利进行。

2. 公正性

公正，指的是坚持原则，按照一定的标准实事求是地待人处事。公正性是指监理工程师在处理事务过程中，不受他方非正常因素的干扰，依据与工程相关的合同、法规、规范、设计文件等，基于事实，维护建设单位和承包单位的合法权益。当业主与承包商产生争端时，监理工程师应公正地处理争端。

公正性是咨询监理业的国际惯例。在很多工程项目管理合同条例中都强调了公正性的重要性。国际上通用的合同条件对此都有明确的规定和要求。

FIDIC的基本原则之一就是监理工程师在管理合同时应公正无私。FIDIC的土木工程施工条件（红皮书）第四版第2.6款规定：凡是合同要求工程师用自己的判断表明决定、意见或同意，表示满意或批准，确定价值或采取别的行动时，他都应在合同条款规定内，并兼顾所有条件的情况下公正行事。公正行事就意味着工程师乐于倾听和考虑业主及承包商双方的观点，然后基于事实作出决定。在44.2款说明中进一步强调了业主、工程师以及承包商之间友好交流和理解的必要性，同时也强调了工程师以公正无私的态度处理问题的重要性。

FIDIC的业主/咨询工程师标准服务协议书（白皮书）第五条中对咨询工程师的职责提出了一个要求，就是指运用合理的技能、谨慎而勤奋地工作，作为一名合同的管理者必须根据合同来开展工作，在业主和承包商之间公正地作出决定或行使自己的权力。

美国建筑师学会（AIA）的土木工程施工合同通用条件第4.2.12款中规定了建筑师对合同文件的实施和对相关事宜作出解释和决定时，要与合同文件相一致或可从中合理地推出。此时，建筑师应努力使业主和承包商双方信服，不应偏袒于哪一方。

英国土木工程师学会（ICE）的土木工程施工合同条件第2（8）款中，对工程师根据合同行使权力作出明确的规定，除非根据合同条款需要业主特别批准的事宜，工程师应在合同条款规定内，并兼顾所有条件的情况下作出公正的处理。

公正性成为咨询监理业的国际惯例，主要是因为社会上非常重视咨询工程师的声誉和职业道德，如果一个咨询工程师经常无原则地偏袒业主，承包商在投标时就要多考虑"工程师因素"，即将工程师的不公正因素列为风险因素，从而增加报价中的风险费。另外，公正性是监理工作正常和顺利开展的基本条件。如果工程师无原则地偏袒业主，会引起承包商反感，产生争端，这样，一方面会影响承包商干好工程的积极性，不能精心施工；另一方面，也使监理工程师精力分散，影响他进行项目的控制。如果争端不能公正解决，必将进一步激化矛盾，最终会诉诸法律程序，这对业主和承包商都不利。

在我国，实施建设监理制的基本宗旨是建立适合社会主义市场经济的工程建设新秩序，为开展工程建设创造安定、协调的条件，为投资者和承包商提供公平竞争的环境。建设监理制赋予监理工程师很大的权力，工程建设的管理以监理工程师为中心开展，这就要求监理要具有公正性。我国建设监理制沿用了国际惯例，把公正性放在重要的位置。《建筑法》第三十四条对其作了规范：工程监理单位应当根据建设单位的委托，客观、公正地执行监理任务。建设部和原国家计委联合颁发的《工程建设监理规定》第四条，把公正作为从事工程建设监理活动的准则，第二十六条规定：总监理工程师要公正地协调项目法人与被监理单位的争议。

近年来，国际上对监理工程师公正性的要求发生了一些变化。主要体现在当合同出现争端时，监理工程师作为解决争端的公正第三方地位受到质疑。FIDIC 在编写 1999 版合同的过程中，曾对公正性问题上工程师的作用进行过调查。在 FIDIC 红皮书第四版的十九个"最差特点"中，工程师的作用排在了首位；同时在十六个"最佳特点"中，工程师的作用则列在第六位。反映了对传统的公正性的认识存在很大差别。世界银行在其标准采购合同中，总的来说采用了 FIDIC 的红皮书，但也作了一系列的改变，其中一项就是工程师在解决争端中的作用。

在此情况下，FIDIC 放弃其长期坚持的公正性原则。在 1996 年，就对红皮书做了一项修正，引入争端裁决委员会（DAB），但当时仅作为一种选择，而在 1999 年的新的《施工合同条件》中，在一般条件中就写明了采用 DAB，去掉了工程师的公正性。

公正性的这些变化说明，监理的公正性不是本质属性。监理制度本身也是变化的，应与当代施工业发展大趋势相适应。

3. 独立性

独立，指不依赖外力，不受外界束缚。监理的独立性首先是指监理公司应作为一个独立的法人地位机构，与项目业主和承包商没有任何隶属关系。监理单位不属于业主和承包商签订的合同中的任何一方，它不能参与承包商、制造商和供应商的任何经营活动或在这些公司拥有股份，也不能从承包商或供应商处收取任何费用、回扣或利润分成。监理工程师和业主间的关系是通过监理委托合同来确定的，监理工程师代表业主行使监理委托合同中业主赋予的工程管理权，但不能包缆业主根据项目法人制的原则在项目管理中应负有的职责，业主也不能限制监理单位行使建设监理制有关规定所赋予的职责；监理工程师和承包商间的关系是由关法律、法规赋予的，以业主和承包商之间签订的施工合同为纽带的监理和被监理的关系，他们之间没有也不允许有任何合同关系。

监理的独立性还指监理工程师独立开展监理工作，即按照建设监理的依据开展监理工作。只有保持独立性，才能正确地思考问题，行使判断，作出决定。

对监理工程师独立性的要求也是国际惯例。国际上用于评判一个咨询工程师是否适合于承担某一个特定项目最重要的标准之一，就是其职业的独立性。FIDIC 白皮书明确指出，咨询机构是"作为一个独立的专业公司受雇于业主去履行服务的一方"，咨询工程师是"作为一名独立的专业人员进行工作"。同时，FIDIC 要求其成员"相对于承包商、制造商、供应商，必须保持其行为的绝对独立性"，不得"与任何可能妨碍他作为一个独立的咨询工程师工作的商业活动有关"。

我国《建筑法》第三十四条也作出了类似的规定：工程监理单位与被监理工程的承包单位以及建筑材料、建筑构配件供应单位不得有隶属关系或者其他利害关系。《工程建设监理规定》明确指出："监理单位应按照独立、自主的原则开展工程建设监理工作。"

监理的独立性是公正性的基础和前提。监理单位如果没有独立性，根本就谈不上公正性。只有真正成为独立的第三方，才能起到协调、约束作用，公正地处理问题。

4. 科学性

工程建设监理是为项目业主提供的一种高智能的技术服务，这就决定了它应当遵循科学的准则。技术和科学是密不可分的，"高智能"的主要体现之一是科学和技术水平。各国从事咨询监理的人员，绝大部分都是工程建设方面的专家，具有深厚的科学理论基础和丰富的工程方面的经验。业主所需要的正是这些以科学为基础的"高智能"服务。

工程建设监理的对象是专业化和社会化的承包商，他们在各自的领域长期进行承包活动，在技术和管理上都达到了相当的水平。监理工程师要对他们进行有效的监督管理，必须有相应的甚至更高的水平。同时，监理工作与一般的管理有所不同，是以技术为基础的管理工作，专业技术是沟通监理工程师和承包商的桥梁，强调监理的科学性，有利于进行管理和组织协调。

工程建设监理的主要任务也决定了它的科学性。监理的主要任务是协助业主在预定的投资、进度和质量目标内实现工程项目。而当今工程规模日趋庞大，功能、标准越来越高，新技术、新工艺和新材料不断涌现，参加组织和建设的单位越来越多，市场竞争激烈，风险高。监理工程师只有采用科学的思想、理论、方法、手段才能完成监理任务。

监理的科学性还是其公正性的要求。科学本身就有公正性的特点，是就是，不是就不是。监理公正性最充分的体现就是监理工程师用科学的态度待人处事，监理实践中的"用数据说话"，既反映了科学性，又反映了公正性。

监理的科学性主要包括两个方面。其一，监理组织的科学性，要求监理单位应当有足够数量的、业务素质合格的监理工程师，有一套科学的管理制度，要掌握先进的监理理论、方法，要有现代化的监理手段。其二，监理运作的科学性，即监理人员按客观规律，以科学的依据、科学的监理程序、科学的监理方法和手段开展监理工作。其中，对监理人员素质的高要求是科学性最根本的体现。我国目前的监理工作中，通过监理工程师培训、考试、注册等措施提高了监理人员的素质，体现了科学性的要求。

1.3 工程建设监理的历史沿革

1.3.1 国外建设监理的产生和发展

工程建设监理制度在国际上有着悠久的历史。咨询监理制度的起源，可以追溯到欧洲工业革命以前的 16 世纪。16 世纪以前的欧洲，建筑师就是总营造师，他受雇或从属于业主，负责设计、采购材料，雇佣工匠，并组织管理工程施工。

进入 16 世纪以后，随着社会对土木工程建造技术要求的不断提高，传统的做法开始发生变化，建筑师队伍出现了专业分工，设计和施工逐步分离，并各自成为一门独立的专业。一部分建筑师转向社会传授技艺，为业主提供技术咨询，解答疑难问题，或受聘监督管理施工，工程咨询监理制度应运而生。但是，其业务范围还仅限于施工过程的质量监督，替业主计算工程量和验方等。

18 世纪 60 年代的英国产业革命，大大促进了整个欧洲大陆城市化和工业化的发展进程，社会大兴土木带来了建筑业的空前繁荣。产业革命引入了一个机器时代，相应要求采取一种效率高而又精确的工作方式和建立一种新的雇佣关系来达到工程建设的高质量要求。业主已越来越感到单靠自己的力量监督管理工程建设的困难，工程咨询监理的重要性逐步被人们认识。

19 世纪初，随着建设领域商品经济的日趋复杂，为了维护各方经济利益并加快工程进度，明确业主、设计者、施工者之间的责任界限，要求每个建设项目由一个承包商进行总承包。总承包制的实行，导致了招标投标交易方式的出现，也促进了工程咨询监理制度的发展。工程咨询监理业务也进一步扩充。其主要任务是帮助业主计算标底，协助招标，控制投资、进度和质量，进行合同管理以及进行项目的组织和协调等。

建设监理发展史上一件重要的事件是 1913 年 FIDIC 组织在比利时成立。FIDIC 有狭义和广义两层意思。从狭义上说，FIDIC 是法文 Fédération Internationale des Ingénieurs-Conseils（国际咨询工程师联合会）的缩写，指的是 FIDIC 组织；从广义上说，FIDIC 指的是开展工程建设项目的一揽子方法，包括项目招投标、项目监理等，其中监理工程师制度是这一揽子方法的核心。FIDIC 最早的成员国只有三个，即法国、比利时和瑞士。受两次世界大战的影响，FIDIC 几度沉浮，直到二战结束时，它基本上还是一个欧洲大陆的组织。

第二次世界大战以后，欧美各国在恢复建设中加快了向现代化的进程，自上世纪 50 年代末和 60 年代初，由于科学技术的发展，工业和国防建设以及人民生活水平不断提高的要求，需要建设许多大型、巨型工程，如水利工程、核电站、航天工程、大型钢铁企业、石油化工企业和新型城市开发等。这些工程投资多、风险大、规模浩大、技术复杂，无论投资者还是承建者都难以承担由于投资不当或项目组织管理的失误而造成的损失。竞争激烈的社会环境，迫使业主更加重视项目建设的科学管理，可行性研究得到了广泛的应用，这也进一步拓宽了咨询监理的业务范围，使其由项目实施阶段的工程监理向前延伸到决策阶段的咨询服务。业主为了减少投资风险，节约工程投资，保证高效益和工程建设实施，需要有经验的咨询监理人员进行投资机会论证和项目可行性研究，在此基础上决策，在工程建设的实施阶段，还要进行全面的监理。于是，工程监理和咨询服务就逐步贯穿于建设活动的全过程。在此阶段，FIDIC 也得到了发展，英国 1949 年成为其成员国，随后美国于 1958 年加入。1957 年，FIDIC 首次出版了标准的土木工程施工合同条件范本，专门用于国际工程项目。

监理制度在西方工业发达国家推行时间先后不同，各国使用的名称也不尽相同，有的称为工程咨询服务，有的称为项目管理服务，但其基本内容相近，包括决策阶段的咨询服务和实施阶段的工程监理。前者主要是对工程建设进行可行性研究或技术经济论证，解决投资效益是否显著、规划布局是否合理等问题；后者主要是代表业主组织工程设计和施工招标，并以合同、技术规范以及国家有关政令为依据，对工程施工的全过程进行控制和协调。

上世纪 70 年代以后，西方发达国家的监理制度向法律化、程序化发展，有关的法律、法规都对监理的内容、方法以及从事监理的社会组织做了详尽的规定。咨询监理制度逐步成为工程建设组织体系的一个重要部分，工程建设活动中形成了业主、承包商和监理工程师三足鼎立的基本格局。

进入上世纪 80 年代以后，监理制度在国际上得到了很大的发展。一些发展中国家，也开始采用发达国家的这种做法，并结合本国的实际，开展了监理活动，不少国家都加入了 FIDIC 组织，FIDIC 真正成为了一个国际组织；世界银行和亚洲、非洲开发银行等国际金融组织，也都把实行监理制度作为提供建设贷款的条件之一，工程建设监理成为进行工程建设的国际惯例。

综上所述。工程建设监理的产生和发展，是市场经济发展的必然结果，是与专业化分工，社会化生产密切联系的，是建设领域的生产关系适应生产力发展的具体体现。监理制度产生的根本原因是：对建设活动进行管理是一项专业性很强的工作，应当有专门从事这项工作的队伍；对于不是以建设管理为日常性工作的建设单位，不可能拥有这样一支高水平的专业队伍，因而需要委托监理。

1.3.2 我国建设监理制度的缘起和发展

1. 我国建设监理制度的缘起

实行建设监理制，是我国工程建设管理体制的一次重大改革。与发达国家很不相同，我国的建设监理制度，不是直接产生的，而是移植、引入的，我们讲它的缘起，就是要说明为什么要引入和实行这样的制度。对这些内容的了解，有助于加深对我国监理制度的理解，也有助于对监理工作中出现一些问题的认识。

（1）对传统工程建设管理体制的反思

我国引入和实行建设监理制度，开始于对建国以来我国的工程建设管理体制的反思。为了说明这个问题，有必要先了解一下我国传统的工程建设管理体制。长期以来，我国实行的是计划经济体制，企业的所有权和经营权不分，投资和工程项目均属国家，也没有业主和监理单位，设计、施工单位也不是独立的生产经营者，工程产品不是商品，有关方面也不存在买卖关系，政府直接支配建设投资和进行建设管理，设计、施工单位在计划指令下开展工程建设活动，同吃国家的大锅饭。在工程建设管理上，则一直沿用着建设单位自筹自管自建方式：国家按投资计划将建设资金分配给各地方和部门，再根据需要安排建设任务，由建设单位自筹、自管、自建工程项目。建设单位不仅负责组织设计、施工、申请材料设备，还直接承担了工程建设的监督和管理职能。这种由建设单位自行管理项目的方式，对一些项目起到了较好的作用。但是，也存在着一些问题。这种自建自管的方式，使得一批批的筹建人员刚刚熟悉项目管理业务，就随着工程竣工而转入生产或使用单位，而另一批工程的筹建人员，又要从头学起。如此周而复始地在低水平上重复，严重阻碍了我国建设水平的提高。这是一家一户的、封闭式的小生产的管理模式，它与设计、施工单位和产品生产厂家的社会化、专业化的大生产方式相比十分不相称。它在以国家为投资主体采用行政手段分配建设任务的情况下，已经暴露出许多缺陷，投资规模难以控制，工期、质量难以保证，浪费现象普遍严重；在投资主体多元化并全面开放建设市场的新形势下，就更为不适应了。

改革开放给经济建设注入了无穷的活力，1984年10月党的十二届三中全会作出经济体制改革的决定，大大地解放了人们的思想，建筑界许多有识之士开始反思长期以来使用的这种自管自的管理体制，总结由此带来的工程建设的经验和教训。我国的建设监理制，起因之一正是这种反思。

回顾1988年以前我国近40年的工程建设，虽然取得了巨大成就，但也有许多工程项目盲目上马，重复建设，浪费惊人，许多工程项目，投资无底洞，工期马拉松，质量无保证。造成这种现象的原因是多方面的，但根本在于我国建设管理体制上存在着弊端。那种不搞科学研究，用高度集中的政府权力决定工程上马，直接组织工程的设计、施工和材料供应的办法，只能使参与建设的各方始终处于被动和等待的状态，主动性和创造性不能充分发挥。那种用一次性行政建设指挥部的非专业化管理方式管理建设，只能使各个工程项目建设始终处于低水平管理状态，投资、进度和质量必然难以控制。对工程建设项目管理的重要性直到 1985 年才得到明确。这一年 12 月召开的全国基本建设管理体制改革会议指出：综合地管理基本建设是一项专门的学问，需要一大批这方面的专门机构和专门人才，不发展专门从事组织管理工程建设的行业是不行的。这是我国实行专业化和社会化的建设监理的最初思想基础。

（2）改革开放实践的推动

改革开放的实践也极大地推动了建设监理制度的出台。在引进外资的过程中，世界银行等国际金融组织把按照国际惯例进行项目管理作为贷款的必备条件，按照国际惯例进行项目管理即实行监理制度。为了赢得外资，我国在世行贷款等项目上引入了建设监理制度。最早实行这一制度的是 1984 年开工的云南鲁布革水电站引水隧道工程，1986 年开工的西安至三原高速公路工程也实行了监理制。监理制度在这些工程中的实践获得了极大的成功。实践证明，作为国际惯例的建设监理制在工程项目管理上具有很大的优势，而且它并不妨碍各种形式所有制的实现，与我国社会的基本制度也不矛盾。另一方面，在这些项目实行监理制时，由于我国没有这一制度，也没有相应的监理工程师，监理工作都得花较高的代价请外国公司进行。而如果不请外国监理，则我国又很难获得外国的投资和技术。这就促使我国也应当设立相应的监理机构，首先是必须建立与国际惯例接轨的建设监理制度。在很大程度上可以说，我们国家是在世界银行等国际组织的推动下实行监理制度的。

（3）治理整顿建筑市场的要求

改革开放以后，建设领域充满了活力，同时也出现了一些问题，对这些问题的寻求解决，又进一步促进了建设监理制的出台。1984 年我国开始推行招标承包制和开放建筑市场，建筑领域的活力大大增强。但同时也出现了建筑市场秩序混乱、工程质量形势十分严峻的局面，全国平均每四天就倒塌一栋房子，建筑市场上的腐败现象也很严重。产生这种状况的原因，是在注入激励机制的同时，没有建立约束机制。1988 年 3 月，七届人大一次会议的《政府工作报告》特别强调：在进行各项管理制度改革的同时，一定要加强经济立法和司法，要驾驭经济管理与监督。同时，中央还提出：要继续深化改革，建立社会主义商品经济新秩序。正是在这个大背景下，人们意识到，改革中的问题只能通过改革的途径来解决。如果说简政放权、实行承包制和开放市场是注入激励机制，那么加强政府监督管理和实施专业化监理就是建立协调约束机制。这种机制对克服自由化的无序状态是十分必要的。于是在 1988 年组建"建设部"时，增设了"建设监理司"，除具体归口管理质量、安全和招标投标外，还具体实施一项重大改革，即实行建设监理制度。对此，建设部进行了两个多月的研究，还组织在国外搞过工程建设管理的专家经过多次讨论，拟定了我国建设监理制的基本框架及其实施方案。1988 年 7 月 25 日，建设部向全国建设系统印发了第一个建设监理文件——《关于开展建设监理工作的通知》，阐述了我国建立建设监理制的必要性，明确了监理的范围和对象、政府的管理机构与职能、社会监理单位以及监理的内容，对于监理立法和监理的组织领导提出了要求。1988 年 8 月 1 日，人民日报在头版以显著的标题"迈向社会主义商品经济新秩序的关键一步——我国将按国际惯例设建设监理制"，向全世界宣告了我国建设领域的这一重大改革。

2. 我国建设监理制度的发展

我国的建设监理实施过程分为三个阶段，1988～1993年为试点阶段，1993～1995年为稳步推进阶段，1996开始进入全面推行阶段。

1988年8月和10月，建设部分别在北京和上海召开第一、第二次建设监理工作会议，确定北京、上海、天津、南京、宁波、沈阳、哈尔滨、深圳八市和交通、能源两部的公路和水电系统进行监理试点。同年11月12日，研究制定了《关于开展建设监理试点工作的若干意见》，为试点工作的开展提供了依据。各试点单位迅速建立或指定负责监理试点工作的机构，选择监理试点工程，组建建设监理单位等，1988年底，监理试点工作同时在"八市二部"展开。1992年，监理试点工作迅速发展，《工程建设监理单位资质管理试行办法》、《监理工程师资格考试和注册试行办法》先后出台，监理取费办法也会同国家物价局制定颁发。1993年3月18日，中国建设监理协会成立，标志着我国建设监理行业初步形成。

经过几年的试点工作，建设监理工作取得了很大发展，1993年5月，建设部在天津召开了第五次全国建设监理工作会议。会议分析了全国建设监理工作的形势，总结了试点工作特别是"八市二部"试点工作的经验，对各地区、各部门建设监理工作给予了充分肯定。建设部决定在全国结束建设监理试点，从当年转入稳定发展阶段。

自1993年转入稳步推进阶段后，建设监理工作得到了很大发展。1995年12月，建设部在北京召开了第六次全国建设监理工作会议。会议总结了7年来建设监理工作的成绩和经验，对下一步的监理工作进行了全面部署，对先进单位和个人进行表彰，为配合这次会议的召开，还出台了《工程建设监理规定》和《工程建设监理合同示范文本》，进一步完善了我国的建设监理制。这次会议的召开，标志着建设监理工作已进入全面推行的新阶段。

全面推行建设监理制十多年来，我国建设监理工作又有了较大的发展。多年来的实践证明，建设监理工作在我国工程建设中发挥了重要作用，取得了显著成效，也逐渐得到了社会的认同。主要表现在以下几个方面：

（1）建设监理取得了明显的社会效益和经济效益

建设监理制度的推行，对控制工程质量、投资、进度发挥了重要作用，取得了明显效果，促进了我国工程建设管理水平的提高。实施监理的工程质量普遍较好，实施监理提高了工程投资效益。一些大中型工程建设项目，通过实施监理，有效地控制了工程造价，节省了建设投资，取得了明显的投资效益。大多数工程实施工程监理后，建设单位减少了一批非专业化的管理人员，节省了建设管理费用。实施监理有效控制了工程建设工期，许多重大项目通过实施监理，不断优化进度计划，落实施工进度措施，保证了建设工程项目如期或提前建成并投入使用。工程监理制度逐渐得到社会认可。目前在铁道、交通、水利、电力、冶金、机电、林业、矿山、航空航天、石油化工、信息产业、轻工纺织、房屋建筑和市政公用等各类建设工程中普遍实施了工程监理制度，尤其是在三峡工程、青藏铁路、西气东输、西电东送、南水北调等一批国家重点工程和大中型建设项目上，工程建设监理发挥了重要作用。

（2）建设监理法规体系初步建立

《建筑法》的颁布实施，确立了建设监理在建设活动中的法律地位；《建设工程质量管理条例》和《建设工程安全生产管理条例》的出台，进一步明确了工程监理在质量管理和安全生产管理方面的法律责任、权利和义务。建设行政主管部门和国务院铁道、交通、水利、信息产业等有关部门也出台了《建设工程监理市场管理规定》、《建设工程监理企业资质管理规定》、《建设工程监理规范》等工程监理的部门规章制度。近几年来，一些省市相继出台了地方法规和规章。这些法律、法规和规章的出台，初步形成了我国工程监理的法规体系，为工程监理工作提供了法律保障。

（3）建设监理队伍不断壮大，从业人员素质稳步提高

我国建设监理队伍不断发展壮大。据建设部发布的《2005年建设工程监理统计公报》，截止到2005年底，全国建设工程监理企业5927个，其中，甲级企业1296个，乙级企业2043个，丙级企业2588个。年末工程监理企业从业人员433193人，从事工程监理的生产人员为339779人，占年末从业人员总数的78.4%。2005年度工程监理企业全年营业收入279.67亿元，其中工程监理收入192.84亿元。全国共有注册监理工程师约94200余人。

政府部门、行业协会和企业都非常重视监理人员的岗前培训和继续教育，经过大家的共同努力，使得建设监理队伍的整体素质得到了明显提高。

实行建设监理制以来，我国建设监理事业发展迅猛，但目前我国工程建设监理还存在一些问题。工程监理法规体系和市场体系尚需进一步完善，工程监理服务价格有待规范，部分工程监理人员的素质亟待提高，工程监理水平有待进一步提高，工程监理企业产权制度尚需深化改革，这些问题的进一步解决，必将促进我国建设监理事业得到更大的发展。

3. 建设监理制下我国的工程建设管理体制

我国传统的工程建设项目实行的是自管自的管理体制，实行建设监理制的目的之一就是要改革这一传统的体制，形成一个新型的管理体制。这一新的管理体制就是：在政府有关部门的监督管理下，由项目业主、承包商和监理单位直接参加的"三方"管理体制。这一体制可以用图1-1来示意。

我国现行的建设管理体制是一种与国际惯例一致的管理体制。由业主、承包商和监理单位构成的"三方"管理体制，为世界上大多数国家所采用，引入监理工程师这一社会化、专业化的组织参与项目，是国际公认的工程项目管理的重要原则，这一重要原则被称为是"合理使用资金和满足物质文明需要的关键。"

我国现行的建设管理体制是一种宏观管理与微观管理相结合的管理体制。政府部门简政放权，调整和转变职能，实行政企分开，改变了过去既要宏观管理又要微观管理，实际上两者都管不好的状况，把重点放在宏观管理上，即对建筑市场的规范化管理上。建立各种规章制度，规范市场

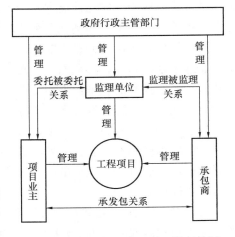

图1-1 我国现行的建设项目管理体制

主体的行为；依照这些规章制度，监督市场主体行为；为市场主体提供一个统一、开放、竞争、有序的市场环境。对具体的工程项目管理，则交由市场主体进行。在工程建设项目

业主负责制下，业主、承包商和监理单位按照合同各自对工程建设项目进行管理。这样，宏观管理与微观管理相结合，使管理工作井然有序，效率倍增。

我国现行的建设管理体制是一种系统化的管理体制。围绕着工程建设项目，业主、承包商和监理单位形成了三种关系：一是业主利用市场竞争机制，择优选择承包商，与之签订工程承包合同而建立起来的承发包关系；二是业主通过直接委托或通过市场竞争，择优选择监理单位，与之签订工程建设监理合同而建立起来的委托服务关系；三是根据建设监理制度和工程承包合同、工程监理合同建立起来的监理单位和承包商之间的监理与被监理的关系。市场三大主体通过这三种关系紧密联系在一起，形成了相互协作、相互促进、相互约束的项目组织系统。其中监理方起到了关键的协调约束作用，这样的项目组织系统实际上是以监理工程师为中心展开的。通过具有专业知识和实践经验的监理工程师进行监理，使整个项目组织系统始终朝向工程项目的总目标运行。

总之，我国在改革开放后形成的的工程建设管理体系，在业主和承包商之间引入了咨询服务性质的建设监理单位作为工程建设的第三方，以经济合同为纽带，以提高工程建设水平为目的，以监理工程师为中心，初步形成了社会化、专业化、现代化的管理模式。

1.4 我国工程建设监理制度的主要内容

我国建设监理经过 10 多年的发展，已经制度化。这些制度集中体现在我国就建设监理工作所颁发的各种法律、法规上。这些法律、法规的具体规定构成了我国建设监理制度的主要内容。主要包括以下几方面：

1. 一定范围内的工程项目实行强制性建设监理

这是我国建设监理的一大特点，或者在某种程度上也可以说是特色，是由我国的具体国情所决定的。工程建设监理的本质是专业化、社会化的监理单位为项目业主提供高智能的项目管理服务。建设项目实不实行监理，应由业主决定，建设监理并不具有强制性。但我国是以公有制为主体的社会主义国家，这就决定了：第一，必须加强对涉及国计民生的建设工程管理。我国大中型项目和住宅小区工程等，其工程质量、投资效益等直接影响国民经济的发展和人民生命财产的安全，对此类工程应当实行先进、科学的管理方式，即应实行监理制度。第二，必须加强对政府和国有企业投资的监理管理。目前，由于我国的政府和国有企业投资的业主，工程管理水平低，责任不清，往往对投资效益和工程质量关心不足，因此，在工程建设管理方式上，必须引进制约机制，实行监理，以提高政府和国有企业的投资效益，确保工程质量。从我们国家这个大业主的角度考虑，强制实行监理与监理的服务性本质并不矛盾。另外，我国建设监理并不是自生自长的，而是引进的，推行的时间不长，人们对其认识不足，建设监理市场不发达，必须在一定范围内强化加大工程建设监理的推行力度。

由于以上原因，《建筑法》在明确规定国家推行工程监理制度时，还授权国务院可以规定实行强制监理的建筑工程的范围。国务院第 279 号令《建设工程质量管理条例》第十二条对此作了明确规定，规定以下工程项目必须实行建设监理：国家重点建设工程；大中型公用事业工程；成片开发建设的住宅小区工程；利用外国政府或者国际组织贷款、援助资金的工程；国家规定必须实行监理的其他工程。建设部 86 号令《建设工程监理范围和规模标准规定》则对上述工程作了详细的描述。

实践证明，我国在一定范围内强制实行监理是完全必要的，它对推进我国的建设监理事业起到了重要的作用。我国建设监理事业的发展，要继续实行这种强制性的做法，此外，还要通过其他方式进一步完善监理市场，其中最重要的一点是真正落实项目法人制度。

2. 工程建设监理企业实行资质管理

严格监理企业的资质管理，是保证建筑市场秩序的重要措施。《建筑法》规定了工程监理企业从事监理活动应当具有的条件：有符合国家规定的注册资本；有与其从事的建筑活动相适应的具有法定执业资格的专业技术人员；有从事相关建筑活动所应有的技术装备；法律、行政法规规定的其他条件。《工程建设监理规定》也对资质审查进行了规定。建设部 158 号令《工程监理企业资质管理规定》对工程监理企业的资质等级和业务范围、资质申请审批、监督管理和处罚等作了更详细的规定。

3. 监理工程师实行资格考试、执业注册管理制度

实行监理工程师考试和执业注册管理制度，主要是限定从事监理工作的人员范围，保持监理工程师队伍具有较高的业务素质和工作水平。《建筑法》第十四条要求："从事建筑活动的专业技术人员，应当依法取得相应的执业资格证书，并在执业资格证书许可的范围内从事建筑活动。"建设部第 147 号令《注册监理工程师管理规定》对注册监理工程师的注册、执业、继续教育和监督管理作了规定。

4. 有关监理制度的其他相关法律法规

国务院令第 393 号《建设工程安全生产管理条例》规定：工程监理单位在实施监理过程中，发现存在安全事故隐患的，应当要求施工单位整改；情况严重的，应当要求施工单位暂时停止施工，并及时报告建设单位。施工单位拒不整改或者不停止施工的，工程监理单位应当及时向有关主管部门报告。对违反安全监理的监理人员，将视不同情况给予惩罚。

国务院令第 279 号《建设工程质量管理条例》规定了工程监理单位的质量责任和义务。要求工程监理单位应当依法取得相应等级的资质证书，并在其资质等级许可的范围内承担工程监理业务。禁止工程监理单位超越本单位资质等级许可的范围或者以其他工程监理单位的名义承担工程监理业务。禁止工程监理单位允许其他单位或者个人以本单位的名义承担工程监理业务。工程监理单位不得转让工程监理业务。工程监理单位与被监理工程的施工承包单位以及建筑材料、建筑构配件和设备供应单位有隶属关系或者其他利害关系的，不得承担该项建设工程的监理业务。工程监理单位应当依照法律、法规以及有关技术标准、设计文件和建设工程承包合同，代表建设单位对施工质量实施监理，并对施工质量承担监理责任。工程监理单位应当选派具备相应资格的总监理工程师和监理工程师进驻施工现场。未经监理工程师签字，建筑材料、建筑构配件和设备不得在工程上使用或者安装，施工单位不得进行下一道工序的施工。未经总监理工程师签字，建设单位不拨付工程款，不进行竣工验收。监理工程师应当按照工程监理规范的要求，采取旁站、巡视和平行检验等形式，对建设工程实施监理。违反规定将视不同情况给予惩罚。

随着我国监理理论和实践的不断深入，我国的建设监理法律体系将不断完善，建设监理制将得到更好的发展。

复习思考题

1. 我国工程建设监理有哪些含义？
2. 工程建设监理的本质属性是什么？
3. 为什么国际惯例要强调监理的公正性和独立性？
4. 我国现行的工程建设管理体制是怎样的？
5. 我国工程建设监理制度的主要内容有哪些？

第 2 章 监 理 工 程 师

本章首先阐述了监理工程师的概念；其次介绍了监理工程师的素质要求和监理工程师应遵守的职业道德；最后介绍了监理工程师的培养途径以及监理工程师执业资格考试和注册等内容。

工程建设监理是一种高智能的科技服务活动。监理活动的效果不仅取决于监理队伍的总量能否满足监理业务的需要，而且取决于监理人员，尤其是监理工程师水平、素质的高低。我国建设监理制，对于监理工程师的基本素质要求，监理工程师的培养、教育以及监理工程师的权利、义务、职责和监理工程师的管理等都作出了规定。

2.1 监理工程师的概念和素质

2.1.1 监理工程师的概念

注册监理工程师，简称为监理工程师，是指经考试取得中华人民共和国监理工程师资格证书（以下简称资格证书），并按照规定注册，取得中华人民共和国注册监理工程师注册执业证书（以下简称注册证书）和执业印章，从事工程监理及相关业务活动的专业技术人员。它包含这样几层含义：第一，监理工程师是岗位职务，不是专业技术职称，是经过授权的职务（责任岗位）；第二，经全国监理工程师执业考试合格并通过一个监理单位申请注册获得《监理工程师岗位证书》的监理人员；第三，在岗的监理人员。不在监理工作岗位上，不从事监理活动者，都不能称为监理工程师。

经政府注册确认的监理工程师具有相应岗位责任的签字权。而从事工程建设监理工作，但尚未取得《监理工程师岗位证书》的其他人员则统称为监理员。

参加工程建设的监理人员，根据工作岗位设定的需要可分为总监理工程师（简称总监）、总监理工程师代表、专业监理工程师和监理员等。

总监理工程师是由监理单位法定代表人书面授权，全面负责委托监理合同的履行、主持项目监理机构工作的监理工程师。

总监理工程师代表是经监理单位法定代表人同意，由总监理工程师书面授权，代表总监理工程师行使其部分职责和权力的项目监理机构中的监理工程师。

专业监理工程师是根据项目监理岗位职责分工和总监理工程师的指令，负责实施某一专业或某一方面的监理工作，具有相应监理文件签发权的监理工程师。

监理员是经过监理业务培训，具有同类工程相关专业知识，从事具体监理工作的监理人员。

注册监理工程师依据其所学专业、工作经历、工程业绩，按照《工程监理企业资质管理规定》划分的工程类别，按专业注册。每人最多可以申请注册两个专业。

工程项目建设监理实行总监理工程师负责制。工程项目总监理工程师对监理单位负责；监理工程师代表和专业监理工程师对总监理工程师负责；监理员对监理工程师负责；监理单位的常设机构都要为工程项目的监理提供服务。

2.1.2 监理工程师的素质

监理工程师在工程项目建设的管理中处于中心地位。这就要求监理工程师不仅要有较强的专业技术能力，能够解决工程设计与施工中的技术问题，而且能够管理工程合同、调解争议，控制工程项目的投资、进度和质量。监理工程师应是具有高素质的复合型高智能人才，其素质要求体现在以下几个方面：

1. 要有较高的学历和多学科专业知识

现代工程建设规模巨大，多功能兼备，涉及领域较多，应用科技门类广泛，人员分工协作繁杂，只有具备现代科技理论知识、经济管理理论知识和法律知识，监理工程师才能胜任监理岗位工作。这就要求监理工程师应当经过系统的专业训练，具有较高的学历和知识水平。世界各国的监理工程师、咨询工程师都具有较高的学历，很多都具有硕士甚至是博士学位。我国参照国外对监理人员学历、学识的要求，规定监理工程师必须具有大专以上学历和工程师（建筑师、经济师）以上的技术职称。

工程建设监理工作涉及多种专业技术和基础理论，监理工程师不可能同时学习和掌握这么多的专业理论知识。但至少应学习、掌握一门专业理论知识，在该专业领域里有扎实的理论基础。同时，监理工作属于管理工作，涉及相关经济、法律和组织管理等方面的理论知识，监理工程师也应在此方面有相当的修养。

2. 要有丰富的工程建设实践经验

工程建设实践经验是理论知识在工程建设中成功的应用而积累起来的。一般来说，一个人在工程建设中工作的时间越长，参与经历的工程项目越多，经验就越丰富。工程建设中出现失误或对问题处理不当，往往与经验不足有关。监理工程师每天都要处理很多有关工程实施中的设计、施工、材料等问题以及面对复杂的人际关系，不仅要具备相关的理论知识，而且更为重要的，是要有丰富的工程建设实践经验。

世界各国都很重视工程实践经验，并把它作为获得监理工程师资格的一项先决条件。如英国咨询工程师协会规定，入会的会员年龄必须在 38 岁以上；新加坡要求注册结构工程师，必须具有 8 年以上的工程结构设计实践经验。我国也重视监理工程师的工程实践经验，要求具有高级专业技术职称或取得中级专业技术职称后具有 3 年以上实践经验。

3. 要有健康的体魄和充沛的精力

为了有效地对工程项目实施控制，监理工程师必须经常深入到工程建设现场。由于现场工作强度高、流动性大、工作条件差、任务重，监理工程师必须具有健康的身体和充沛的精力，否则难以胜任监理工作。我国规定年满 65 周岁就不宜再承担监理工作。年满 65 周岁的监理工程师不予以注册。

4. 要有良好的品德

监理工程师良好的品德主要体现在：

（1）热爱社会主义祖国、热爱人民、热爱建设事业。

（2）具有科学的工作态度。要坚持严谨求实、一丝不苟的科学态度，一切从实际出发，用数据说话，要做到事前有依据，事后有证据，不草率从事，以使问题能得到迅速而正确的解决。

（3）具有廉洁奉公、为人正直、办事公道的高尚情操，不为个人谋私利。对业主和上级，既要贯彻其真正意图，又要坚持正确的原则。对承包单位，既要严格监理，又要热情帮促。对各种争议，要能站在公正立场上，使各方的正当权益得到维护。

（4）具有良好的性格。对于不同的意见，能权衡取舍，不轻易行使自己的否决权，善于同各方面合作共事。

2.2 监理工程师的职业道德

监理工程师的职业道德是用来约束和指导监理工程师职业行为的规范要求，是确保建设监理事业的健康发展、规范监理市场的基本准则，每一个监理工程师都必须自觉遵守。在外国，监理工程师的职业道德和纪律，多由其所在的协会在征求会员的意见后作出明文规定，所在协会下面还设有专门的执行机构，负责检查与监督会员贯彻执行。FIDIC 就有专门的职业责任委员会。如果会员违犯职业道德和纪律，将会受到严厉的惩罚，严重的会永远失去执业资格。我国的建设监理制度，也对监理工程师的职业道德进行了规范。

2.2.1 我国监理协会制定的《监理人员工作守则》

（1）维护国家的荣誉和利益，按照"守法、诚信、公正、科学"的准则执业。

（2）执行有关工程建设的法律、法规、规范、标准和制度，履行监理合同规定的义务和职责。

（3）努力学习专业技术和建设监理知识，不断提高业务能力和监理工作水平。

（4）不以个人名义承揽监理业务。

（5）不同时在两个以上监理单位注册和从事监理活动，不在政府部门和施工、材料、设备的生产供应等单位兼职。

（6）不为监理项目指定承包单位、建筑构配件设备、材料和施工方法。

（7）不收受被监理单位的任何礼金。

（8）不泄露所监理工程各方认为需要保密的事项。

（9）坚持独立自主地开展工作。

2.2.2 FIDIC 道德准则

FIDIC 建立了一套咨询（监理）工程师的道德准则，这些准则是构成 FIDIC 的基石之一。FIDIC 的道德准则是建立在这样一种观念的基础上，即认识到工程师的工作对取得社会及其环境的持续发展十分关键，而监理工程师的工作要充分有效，必须获得社会对其工作的信赖，这就要求从业咨询（监理）工程师要遵守一定的道德准则。这些准则包括以下几方面：

1. 对社会和咨询业的责任

（1）承担咨询业对社会所负有的责任。

（2）寻求符合可持续发展原则的解决方案。

（3）始终维护咨询业的尊严、地位和荣誉。

2. 能力

（1）保持其知识和技能水平与技术、法律和管理的发展相一致，在为客户提供服务时运用应有的技能，谨慎和勤勉地提供服务。

（2）只承担能够胜任的任务。

3．廉洁

始终维护客户的合法利益，并廉洁、忠实地提供服务。

4．公正

（1）公正地提供专业建议、判断或决定。

（2）为客户服务过程中可能产生的一切潜在的利益冲突，都应告知客户。

（3）不接受任何可能影响其独立判断的报酬。

5．对他人公正

（1）推动"基于质量选择咨询服务"的观念。

（2）不得故障或无意地损害他人的名誉或业务。

（3）不得直接或间接地抢接已委托给其他咨询工程师的业务。

（4）在通知该咨询工程师之前，并在未接到客户终止其工作的书面指令之前，不得接管该工程师的工作。

（5）如被邀请评审其他咨询工程师的工作，应以恰当的行为和善意的态度进行。

6．反腐败

（1）既不提供也不收受下述的酬劳，这种酬劳意在试图或实际上：

a）设法影响对咨询工程师的选聘过程而对其支付的报酬，和（或）影响其客户；

b）设法影响咨询工程师的公正判断。

（2）当任何合法机构对服务或建筑合同的管理进行调查时，咨询工程师应充分予以合作。

2.3　监理工程师的培养

我国实行工程建设监理制，监理队伍的建设是一个重要问题。需要采取适当的培养途径，完善监理人员的知识结构，满足监理事业的需要。

2.3.1　监理工程师的知识结构

我国监理工程师的人员主要是从工程设计、施工、科研和建设管理部门的工程技术与管理人员转化而来。他们具有技术专业知识基础，但却缺乏建设监理、工程经济、管理和法律等方面的知识与实践经验。对监理工程师的培养，主要就是完善监理工程师的知识结构。除应掌握原有专业知识外，还应学习或补充必要的经济、管理和法律等方面的知识。我国《注册监理工程师管理规定》也规定在每一注册有效期内，监理工程师应当达到国务院建设主管部门规定的继续教育要求。这一类继续教育，就是不断补充和更新监理工程师各方面的知识，以满足监理工作的需要。这些知识通常包括：

1．投资经济学

投资经济学是研究投资理论和投资活动规律的科学，通过对资金的筹集、运用和管理，对投资活动规律和最佳运用投资的研究，搞清投资和经济增长、经济运行、经济结构的关系，为投资活动提供理论指导。

2．技术经济学

技术经济学是研究技术经济规律、技术和经济的关系，使生产技术更有效地服务和推动社会生产力发展的科学。通过对技术与经济之间的矛盾统一关系、技术经济的客观规律、技术方案的分析、评价理论和方法的研究，使技术和经济更好地相互适应，力求经济上合理，技术上可行，为提高生产与经济效益服务。

3. 市场学

市场学是研究实现现实与潜在交换所进行的一切市场经营销售活动及其规律的科学。通过对市场需求、市场营销规律、市场组织管理、产品定价策略、市场承发包体制等问题的研究，为市场活动提供理论指导。

4. 国际工程承包

国际工程承包是研究国际上通过商务方式进行经济技术交往过程的科学。通过对承包市场的变化、承包方式、承包交易过程、承包风险及营利的研究，为进行国际工程承包提供指导。

5. 工程项目管理

工程项目管理是研究工程项目在实施阶段的组织与管理规律的科学。通过对工程实施阶段的管理思想、管理组织、管理方法、管理手段和实施阶段费用、工期、质量三大目标的研究，使工程项目通过投资控制、进度控制、质量控制、合同管理、信息管理和组织协调实现总目标最优的效果。

6. 经济合同学

经济合同学是研究社会各类组织或商品经营在经济往来的活动中，当事人之间的权利、责任和义务的科学。通过对人们在经济交往中人际关系、经营范围、商品目标的要求及所形成的责、权、利的研究，使经济活动有序、依法地进行。

7. 相关匹配的学科及应用工具

如运筹学、网络计划技术、全面质量管理、计算机应用等。

2.3.2 监理工程师的培养途径

监理工程师是有专业知识、通晓管理又有丰富经验的人才。普通高等学校难以培养出这样的人才，因为在四年内既要学完一门技术专业的全部课程，又要学完经济、管理、法律等方面的课程是困难的，而且工程经验只能在实践中获得。比较好的是采取再教育的方式，即对从事过工程设计、施工和管理工作的有工程经验的工程技术和工程经济人员进行再教育和培训，使他们掌握监理工作所需的各方面知识，完善其知识结构。

对监理工程师继续教育的内容集中在以下几个方面：

（1）更新专业技术知识。随着科学的进步、知识的更新，各类学科每年都会增加不少新的内容。作为监理工程师，应随着时代的发展，了解本专业范围内新产生的应用科学理论知识和技术。

（2）充实管理知识。建设监理是监理工程师为业主开展的项目管理。监理工程师要及时地了解掌握有关管理的新知识，包括新的管理思想、体制、方法和手段等。

（3）加强法律、法规等方面的知识。监理工程师尤其要及时学习和掌握有关工程建设方面的法律、法规，并能准确、熟练地运用。

（4）掌握计算机的使用。计算机在工程建设监理领域有着广泛应用，监理工程师应熟练掌握，将计算机作为技术控制和管理手段运用到监理工作中。

（5）提高外语水平。监理工程师应具有一定的外语水平，以了解国外有关工程建设监理法规的知识，借鉴国外工程监理的成功经验，有能力胜任国内外工程监理任务。

结合工程建设监理的发展，我国采取了多途径的监理培训模式。全国监理工程师培训和各地区开展了各种形式的监理培训，有关高等院校开设了监理选修课、双学位、监理专业教育、研究生教育和函授教育等，这些培养方式对我国监理队伍的建设具有十分重要的意义。

2.4　监理工程师的考试、注册和执业

担任监理工程师应具有执业资格。学习了工程建设监理专业知识，取得合格结业证书后，还必须参加全国统一的监理工程师执业资格考试，经考试合格并注册登记后，才能取得《监理工程师岗位证书》，具有监理工程师称号。

1992年6月，建设部发布了《监理工程师资格考试和注册试行办法》（建设部第18号令），我国开始实施监理工程师资格考试。1996年8月，建设部、人事部下发了《建设部、人事部关于全国监理工程师执业资格考试工作的通知》（建监〔1996〕462号），从1997年起，全国正式举行监理工程师执业资格考试。考试工作由建设部、人事部共同负责，日常工作委托建设部建设监理协会承担，具体考务工作委托人事部人事考试中心组织实施。

考试每年举行一次，考试时间一般安排在5月中旬。原则上只在省会城市设立考点。

2.4.1　监理工程师执业资格考试

1. 监理工程师执业资格考试的意义

通过考试确认执业资格的做法是一种国际惯例。监理工程师执业资格考试有助于促进监理人员和其他愿意掌握建设监理基本知识的人员努力钻研监理业务，提高业务水平；有利于统一监理工程师的基本水准，公正地确认监理人员是否具备监理工程师的资格，保证全国各地方、各部门监理队伍的素质；通过考试，确认已掌握监理知识的有关人员，形成监理人才库；监理工程师考试还有助于我国监理队伍进入国际工程建设监理市场。

2. 监理工程师执业资格考试报考条件

建设部组织的监理工程师执业资格考试，对参加监理工程师资格考试者的要求是，中华人民共和国公民，遵纪守法并具备以下条件之一：

（1）工程技术或工程经济专业大专（含大专）以上学历，按照国家有关规定，取得工程技术或工程经济专业中级职务，并任职满3年。

（2）按照国家有关规定，取得工程技术或工程经济专业高级职务。

（3）1970年（含1970年）以前工程技术或工程经济专业中专毕业，按照国家有关规定，取得工程技术或工程经济专业中级职务，并任职满3年。

上述报考条件体现了对监理工程师的基本素质要求，即要有相关的专业技术知识和较为丰富的工程实践经验

3. 监理工程师执业资格考试内容和方式

（1）考试内容

监理工程师执业资格考试的内容包括工程建设监理的基本概念、工程建设合同管理、工程建设质量控制、工程建设进度控制、工程建设投资控制和工程建设信息管理等六方面

的理论知识和技能。

考试设有 4 个科目，即《建设工程监理基本理论与相关法规》、《建设工程合同管理》、《建设工程质量、投资、进度控制》、《建设工程监理案例分析》。其中《建设工程监理案例分析》主要是考评对建设监理理论知识的理解和在工程中运用这些基本理论的综合能力。对于学历高而且工程经验丰富的考生，还可以免考两门课程。

（2）考试方式

凡参加监理工程师资格考试者，由所在监理单位向本地区或本部门监理工程师资格考试委员会提出书面申请，经审查批准后，方可参加考试。

为了保障全国考试水准的统一，国家建设主管部门设立了全国考试委员会，统一规划与组织，制定统一考试大纲和确定统一的考试命题与评分标准，采取闭卷考试，分科记分，统一标准录取的方式。

4. 监理工程师执业资格考试管理

根据我国国情，对监理工程师执业资格考试工作，实行政府统一管理的原则。国家成立由建设行政主管部门、人事行政主管部门、计划行政主管部门和有关方面的专家组成的"全国监理工程师资格考试委员会"，省、自治区、直辖市成立"地方监理工程师资格考试委员会"。

全国监理工程师资格考试委员会是全国监理工程师资格考试工作的最高管理机构，其主要职责是：

（1）拟订考试计划。

（2）组织制定发布考试大纲。

（3）组成命题小组，领导命题小组确定考试命题，拟订标准答案和评分标准，印制试卷。

（4）确定考试时间，规定考试要求，指导、监督考试工作。

（5）拟定考试合格标准，报国家人事行政主管部门、建设行政主管部门审批。

（6）进行考试总结。

地方监理工程师资格考试委员会在全国监理工程师资格考试委员会领导下，具体负责当地的考试工作。

全国监理工程师执业资格考试成绩管理：参加全部 4 个科目考试的人员，必须在连续两个考试年度内通过全部科目考试；符合免试部分科目考试的人员，必须在一个考试年度内通过规定的两个科目的考试，方可取得监理工程师执业资格证书。

2.4.2　监理工程师注册

对专业技术人员实行注册执业管理制度，是国际上通行的做法。目前，我国对以下几类专业技术人员实行注册执业管理：注册建筑师、注册监理工程师、注册结构工程师、注册造价工程师、注册土木工程师、房地产估价师和建造师。注册监理工程师是较早实行的一项注册执业管理制度。取得资格证书的人员，经过注册方能以注册监理工程师的名义执业；未取得注册证书和执业印章的人员，不得以注册监理工程师的名义从事工程监理及相关业务活动。

经监理工程师执业资格考试合格者，并不一定意味着取得了监理工程师岗位资格。因为考试仅仅是对考试者知识含量的检验，只有经过政府建设主管部门注册机关注册才是对申请注册者素质和岗位责任能力的全面考查认可。

1. 监理工程师注册条件

（1）注册条件

初始注册者，可自资格证书签发之日起 3 年内提出申请。逾期未申请者，必须符合继续教育的要求后方可申请初始注册。

申请初始注册，应当具备以下条件：

1）经全国注册监理工程师执业资格统一考试合格，取得资格证书。

2）受聘于一个相关单位。

3）达到继续教育要求。

申请人有下列情形之一的，不予初始注册、延续注册或者变更注册。

1）不具有完全民事行为能力的。

2）刑事处罚尚未执行完毕或者因从事工程监理或者相关业务受到刑事处罚，自刑事处罚执行完毕之日起至申请注册之日止不满 2 年的。

3）未达到监理工程师继续教育要求的。

4）在两个或者两个以上单位申请注册的。

5）以虚假的职称证书参加考试并取得资格证书的。

6）年龄超过 65 周岁的。

7）法律、法规规定不予注册的其他情形。

（2）初始注册需要提交的材料

1）申请人的注册申请表。

2）申请人的资格证书和身份证复印件。

3）申请人与聘用单位签订的聘用劳动合同复印件。

4）所学专业、工作经历、工程业绩、工程类中级及中级以上职称证书等有关证明材料。

5）逾期初始注册的，应当提供达到继续教育要求的证明材料。

2. 监理工程师的注册管理

（1）分级管理

国务院建设主管部门对全国注册监理工程师的注册、执业活动实施统一监督管理。

县级以上地方人民政府建设主管部门对本行政区域内的注册监理工程师的注册、执业活动实施监督管理。

注册监理工程师依据其所学专业、工作经历、工程业绩，按照《工程监理企业资质管理规定》划分的工程类别，按专业注册。每人最多可以申请两个专业注册。

（2）注册程序

申请注册有申请初始注册、申请变更注册、申请延续注册之分，程序均相同。取得资格证书并受聘于一个建设工程勘察、设计、施工、监理、招标代理、造价咨询等单位的人员，应当通过聘用单位向单位工商注册所在地的省、自治区、直辖市人民政府建设主管部门提出注册申请；省、自治区、直辖市人民政府建设主管部门受理后提出初审意见，并将初审意见和全部申报材料报国务院建设主管部门审批；符合条件的，由国务院建设主管部门核发注册证书和执业印章。审批完毕并作出书面决定，在公众媒体上公告审批结果。

（3）延续注册

注册监理工程师每一次注册有效期为 3 年，注册有效期满需继续执业的，应当在注册有效期满 30 日前，按照规定的程序申请延续注册。延续注册有效期 3 年。

（4）变更注册

在注册有效期内，注册监理工程师变更执业单位，应当与原聘用单位解除劳动关系，并按规定的程序办理变更注册手续，变更注册后仍延续原注册有效期。

（5）注册证书和执业印章管理

1）注册证书和执业印章的保管与使用

注册证书和执业印章是注册监理工程师的执业凭证，由注册监理工程师本人保管、使用。

2）注册证书和执业印章的失效

注册监理工程师有下列情形之一的，其注册证书和执业印章失效：

A. 聘用单位破产的。

B. 聘用单位被吊销营业执照的。

C. 聘用单位被吊销相应资质证书的。

D. 已与聘用单位解除劳动关系的。

E. 注册有效期满且未延续注册的。

F. 年龄超过 65 周岁的。

G. 死亡或者丧失行为能力的。

H. 其他导致注册失效的情形。

3）注册证书和执业印章的注销

注册监理工程师有下列情形之一的，负责审批的部门应当办理注销手续，收回注册证书和执业印章或者公告其注册证书和执业印章作废：

A. 不具有完全民事行为能力的。

B. 申请注销注册的。

C. 发生了注册证书和执业印章的失效情形的。

D. 依法被撤销注册的。

E. 依法被吊销注册证书的。

F. 受到刑事处罚的。

G. 法律、法规规定应当注销注册的其他情形。

被注销注册者或者不予注册者，在重新具备初始注册条件，并符合继续教育要求后，可以按照规定的程序重新申请注册。

3. 注册监理工程师的权利与义务

工程建设项目的总监理工程师一般由资深的注册监理工程师担任。专业监理工程师在总监理工程师的领导下开展工作，并可带领有关监理人员负责一定范围的工作。

（1）注册监理工程师享有下列权利

1）使用注册监理工程师称谓。

2）在规定范围内从事执业活动。

3）依据本人能力从事相应的执业活动。

4）保管和使用本人的注册证书和执业印章。

5）对本人执业活动进行解释和辩护。

6）接受继续教育。

7）获得相应的劳动报酬。

8）对侵犯本人权利的行为进行申诉。

（2）注册监理工程师应当履行下列义务

1）遵守法律、法规和有关管理规定。

2）履行管理职责，执行技术标准、规范和规程。

3）保证执业活动成果的质量，并承担相应责任。

4）接受继续教育，努力提高执业水准。

5）在本人执业活动所形成的工程监理文件上签字，加盖执业印章。

6）保守在执业中知悉的国家秘密和他人的商业、技术秘密。

7）不得涂改、倒卖、出租、出借或者以其他形式非法转让注册证书或者执业印章。

8）不得同时在两个或者两个以上单位受聘或者执业。

9）在规定的执业范围和聘用单位业务范围内从事执业活动。

10）协助注册管理机构完成相关工作。

2.4.3 监理工程师的执业

注册监理工程师可以从事工程监理、工程经济与技术咨询、工程招标与采购咨询、工程项目管理服务及国务院有关部门规定的其他业务。从事工程监理执业活动的，应当受聘并注册于一个具有工程监理资质的单位。

工程监理活动中形成的监理文件由注册监理工程师按照规定签字盖章后方可生效。

修改经注册监理工程师签字盖章的工程监理文件，应当由该注册监理工程师进行；因特殊情况，该注册监理工程师不能进行修改的，应当由其他注册监理工程师修改，并签字、加盖执业印章，对修改部分承担责任。

注册监理工程师从事执业活动，由所在单位接受委托并统一收费。

因工程监理事故及相关业务造成的经济损失，聘用单位应当承担赔偿责任；聘用单位承担赔偿责任后，可依法向负有过错的注册监理工程师追偿。

复 习 思 考 题

1. 何谓监理工程师？

2. 监理工程师应具备哪些素质？

3. 监理工程师应遵循的职业道德是什么？

4. 为何要实行监理工程师资格考试制度？

5. 具备什么条件方可报考监理工程师资格考试？

6. 监理工程师注册应具备什么条件？

7. 注册监理工程师有哪些权利和义务？

8. 注册监理工程师的执业范围？

第3章　工程建设监理单位

本章首先介绍了工程建设监理单位的概念；其次介绍了设立监理单位的条件和程序；然后重点介绍了监理单位的资质及其管理；接着介绍了监理单位的服务内容与道德准则；最后介绍了监理单位的选择方式以及工程建设监理合同。

3.1　工程建设监理单位的概念及地位

3.1.1　工程建设监理单位的概念

监理单位，一般是指取得监理资质证书、具有法人资格的监理公司、监理事务所和兼承监理业务的工程设计、科学研究及工程建设咨询的单位。

监理单位是建筑市场的主体之一，建设监理是一种高智能的有偿技术服务。监理单位与项目法人之间是委托与被委托的合同关系；监理单位与被监理单位是监理与被监理的关系。监理单位按照"公正、独立、自主"的原则，开展工程建设监理工作，公平地维护项目法人和被监理单位的合法权益。

3.1.2　工程建设监理单位的地位

1. 监理单位是建筑市场的三大主体之一

一个发育完善的市场，不仅要有具备法人资格的交易双方，而且要有协调交易双方、为交易双方提供交易服务的第三方。就建筑市场而言，建设单位和承包单位是买卖的双方，承包单位以物的形式出卖自己的劳动，是卖方；建设单位以支付货币的形式购买承包单位的产品，是买方。建筑产品的买卖交易不是瞬时间就可以完成的，往往经历较长的时间。交易的时间越长，阶段性交易的次数越多，买卖双方产生矛盾的概率就越高，需要协调的问题就越多。而且，建筑市场中的交易活动的专业性都很强，没有相当高的专业技术水平，就难以圆满完成建筑市场中的交易活动。在市场经济发达的资本主义国家，监理单位是建筑市场中完成交易活动必不可少的环节。

2. 监理单位和建设单位、承包单位之间的关系

监理单位、承包单位和建设单位之间的关系是平等的关系。作为法人，三者都是建筑市场的主体，只有社会分工的不同、经营性质的不同和业务范围的不同，没有主仆关系，也没有领导与被领导的关系。

监理单位和建设单位的关系是通过建设工程监理委托合同来建立的，两者是合同关系。在建设监理委托合同中，建设单位将其进行项目管理的一部分权力授予监理单位，因而双方又是一种委托与被委托、授权与被授权的关系。

监理单位与承包单位的关系则不是建立在合同基础上的，而且他们之间根本就不应有任何合同关系及其他经济关系。在工程项目建设中，他们是监理与被监理的关系。这种关

系的建立首先是我国的建设法律制度所赋予的,《建筑法》明确规定:国家推行建筑工程监理制,即只要是在国家或地方政府规定实行强制监理的建筑工程的范围内,承包单位就有义务接受监理,监理单位就有权进行监理;其次是在工程建设有关合同中加以确定的,施工合同和建设监理委托合同中都有监理方面的具体条款。监理单位与承包单位的关系就是以建设监理制和有关合同为基础的监理与被监理的关系。

随着我国建筑市场的不断完善和建设监理制的推行,监理单位在建筑市场中发挥了越来越大的作用。建设单位、监理单位和承包单位构成了建筑市场的三大主体。

3.2 工程建设监理单位设立的基本条件及程序

3.2.1 设立工程建设监理单位的基本条件

1. 设立工程建设监理单位的基本条件

(1) 有自己的名称和固定的办公场所。

(2) 有自己的组织机构。如领导机构、财务机构、技术机构等,有一定数量的专门从事监理工作的工程经济、技术人员,而且专业基本配套、技术人员数量和职称符合要求。

(3) 有符合国家规定的注册资金。

(4) 拟订有监理单位的章程。

(5) 有主管单位的,要有主管单位同意设立监理单位的批准文件。

(6) 拟从事监理工作的人员中,有一定数量的人已取得国家建设行政主管部门颁发的《监理工程师资格证书》,并有一定数量的人取得了监理工程师培训结业合格证书。

2. 设立建设监理有限责任公司的条件

除应符合上述 6 点基本条件外,还必须同时符合下列条件:

(1) 股东数量符合法定人数。一般情况由 2 个以上、50 个以下股东共同出资设立,特殊情况下,国家和外商可单独设立。

(2) 有限责任公司名称中必须标有有限责任公司字样。

(3) 有限责任公司的内部组织机构必须符合有限责任公司的要求。其权力机构为股东会,经营决策和业务执行机构为董事会,监督机构为监事会或监事。

3. 设立建设监理股份有限公司的条件

除应符合上述 6 点基本条件外,还必须同时符合下列条件:

(1) 发起人数符合法定人数。一般应有 5 人以上为发起人,其中需有过半数的发起人在中国境内有住所。国有企业改建为股份有限公司的发起人可以少于 5 人,但应当采取募集设立方式,即发起人认购的股份数额至少为公司股份总数的 35%,其余股份可向社会公开募集(若为发起设立方式,发起人必须认购公司应发行的全部股份)。

(2) 股份发行、筹办事项符合法律规定。

(3) 按照组建股份有限公司的要求组建机构。

3.2.2 设立工程建设监理单位的程序

工程建设监理单位的设立应先申领企业法人营业执照,再申报资质。设立监理单位的申报、审批程序一般分为三步:

1. 申办营业执照

新设立的工程建设监理单位，应根据法人必须具备的条件，先到工商行政管理部门登记注册并取得企业法人营业执照。

2. 申请资质

取得企业法人营业执照后，即可向建设监理行政主管部门申请资质。

申请工程监理企业资质，应当提交以下材料：

（1）工程监理企业资质申请表（一式三份）及相应电子文档。

（2）企业法人、合伙企业营业执照。

（3）企业章程或合伙人协议。

（4）企业法定代表人、企业负责人和技术负责人的身份证明、工作简历及任命（聘用）文件。

（5）工程监理企业资质申请表中所列注册监理工程师及其他注册执业人员的注册执业证书。

（6）有关企业质量管理体系、技术和档案等管理制度的证明材料。

（7）有关工程试验检测设备的证明材料。

取得专业资质的企业申请晋升专业资质等级或者取得专业甲级资质的企业申请综合资质的，除前款规定的材料外，还应当提交企业原工程监理企业资质证书正、副本复印件，企业《监理业务手册》及近两年已完成代表工程的监理合同、监理规划、工程竣工验收报告及监理工作总结。

3. 资质审批

（1）资质申请与审批

申请综合资质、专业甲级资质的，应当向企业工商注册所在地的省、自治区、直辖市人民政府建设主管部门提出申请。

省、自治区、直辖市人民政府建设主管部门应当自受理申请之日起20日内初审完毕，并将初审意见和申请材料上报国务院建设主管部门。

国务院建设主管部门应当自省、自治区、直辖市人民政府建设主管部门受理申请材料之日起60日内完成审查，公示审查意见，公示时间为10日。其中，涉及铁路、交通、水利、通信、民航等专业工程监理资质的，由国务院建设主管部门送国务院有关部门审核。国务院有关部门应当在20日内审核完毕，并将审核意见报国务院建设主管部门。国务院建设主管部门根据初审意见审批。

专业乙级、丙级资质和事务所资质由企业所在地省、自治区、直辖市人民政府建设主管部门审批。专业乙级、丙级资质和事务所资质许可、延续的实施程序由省、自治区、直辖市人民政府建设主管部门依法确定。

省、自治区、直辖市人民政府建设主管部门应当自作出决定之日起10日内，将准予资质许可的决定报国务院建设主管部门备案。

（2）资质证书管理

工程监理企业资质证书分为正本和副本，每套资质证书包括一本正本，四本副本。正、副本具有同等法律效力。工程监理企业资质证书的有效期为5年。工程监理企业资质证书由国务院建设主管部门统一印制并发放。

（3）资质延续

资质有效期届满，工程监理企业需要继续从事工程监理活动的，应当在资质证书有效期届满 60 日前，向原资质许可机关申请办理延续手续。

对在资质有效期内遵守有关法律、法规、规章、技术标准，信用档案中无不良记录，且专业技术人员满足资质标准要求的企业，经资质许可机关同意，有效期延续 5 年。

（4）资质证书变更

工程监理企业在资质证书有效期内名称、地址、注册资本、法定代表人等发生变更的，应当在工商行政管理部门办理变更手续后 30 日内办理资质证书变更手续。

涉及综合资质、专业甲级资质证书中企业名称变更的，由国务院建设主管部门负责办理，并自受理申请之日起 3 日内办理变更手续。

上述规定以外的资质证书变更手续，由省、自治区、直辖市人民政府建设主管部门负责办理。省、自治区、直辖市人民政府建设主管部门应当自受理申请之日起 3 日内办理变更手续，并在办理资质证书变更手续后 15 日内将变更结果报国务院建设主管部门备案。

申请资质证书变更，应当提交以下材料：

1）资质证书变更的申请报告。

2）企业法人营业执照副本原件。

3）工程监理企业资质证书正、副本原件。

工程监理企业改制的，除前款规定材料外，还应当提交企业职工代表大会或股东大会关于企业改制或股权变更的决议、企业上级主管部门关于企业申请改制的批复文件。

工程监理企业合并的，合并后存续或者新设立的工程监理企业可以承继合并前各方中较高的资质等级，但应当符合相应的资质等级条件。

工程监理企业分立的，分立后企业的资质等级，根据实际达到的资质条件，按照规定的审批程序核定。

企业需增补工程监理企业资质证书的（含增加、更换、遗失补办），应当持资质证书增补申请及电子文档等材料向资质许可机关申请办理。遗失资质证书的，在申请补办前应当在公众媒体刊登遗失声明。资质许可机关应当自受理申请之日起 3 日内予以办理。

（5）工程监理企业不得有下列行为：

1）与建设单位串通投标或者与其他工程监理企业串通投标，以行贿手段谋取中标。

2）与建设单位或者施工单位串通弄虚作假、降低工程质量。

3）将不合格的建筑材料、建筑构配件和设备按照合格签字。

4）超越本企业资质等级或以其他企业名义承揽监理业务。

5）允许其他单位或个人以本企业的名义承揽工程。

6）将承揽的监理业务转包。

7）在监理过程中实施商业贿赂。

8）涂改、伪造、出借、转让工程监理企业资质证书。

9）其他违反法律法规的行为。

3.3 工程建设监理单位的资质和管理

3.3.1 工程建设监理单位的资质和构成要素

1. 监理单位的资质

监理单位的资质，主要体现在监理能力及其监理的效果上。所谓监理能力，是指能够监理的工程建设项目的规模和复杂程度；监理效果，是指对工程建设项目实施监理后，在工程投资控制、工程质量控制、工程进度控制等方面取得的成果。

监理单位的监理能力和监理效果主要取决于：监理人员素质、专业配套能力、技术装备、监理经历和管理水平等。我国的建设监理法规规定，按照这些要素的状况来划分与审定监理单位的资质等级。

2. 监理单位的资质构成要素

监理单位是智能型企业，提供的是高智能的技术服务，较之一般物质生产企业来说，监理单位对人才的素质的要求更高，其资质构成要素主要有以下几方面：

（1）监理人员要具备较高的工程技术能力或经济专业知识

监理单位的监理人员应有较高的学历，一般应为大专以上学历，且应以本科以上学历者为大多数。

技术职称方面，监理单位拥有中级以上专业技术职称的人员应在70％左右，具有初级专业技术职称的人员在20％左右，没有专业技术职称的其他人员应在10％以下。

对监理单位技术负责人的素质要求则更高一些，应具有较高的专业技术职称，应具有较强的组织协调和领导才能，应当取得"监理工程师资格证书"。

每一个监理人员不仅要具备某一专业技能，而且还要掌握与自己本专业相关的其他专业方面以及经营管理方面的基本知识，成为一专多能的复合型人才。

（2）专业配套能力

工程建设监理活动的开展需要多专业监理人员的相互配合。一个监理单位，应当按照它的监理业务范围的要求来配备专业人员。同时，各专业都应当拥有素质较高、能力较强的骨干监理人员。

审查监理单位资质的重要内容是看它的专业监理人员的配备是否与其所申请的监理业务范围相一致。例如，从事一般工业与民用建筑工程监理业务的监理单位，应当配备建筑、结构、电气、通信、给水排水、暖气空调、工程测量、建筑经济、设备工艺等专业的监理人员。

从工程建设监理的基本内容要求出发，监理单位还应当在质量控制、进度控制、投资控制、合同管理、信息管理和组织协调方面具有专业配套能力。

（3）技术装备

监理单位应当拥有一定数量的检测、测量、交通、通信、计算等方面的技术装备。例如应有一定数量的计算机，以用于计算机辅助监理；应有一定的测量、检测仪器，以用于监理中的检查、检测工作；应有一定数量的交通、通信设备，以便于高效率地开展监理活动；应拥有一定的照相、录像设备，以便于及时、真实地记录工程实况等等。

监理单位所用于工程项目监理的大量设施、设备可以由建设单位提供，或由有关检测单位代为检查、检测。

（4）管理水平

监理单位的管理水平，首先要看监理单位负责人和技术负责人的素质和能力。其次，要看监理单位的规章制度是否健全完善，例如有没有组织管理制度、人事管理制度、财务管理制度、经济管理制度、设备管理制度、技术管理制度、档案管理制度等，并且能否有效执行。

监理单位的管理水平主要反映在能否将本单位的人、财、物的作用充分发挥出来，作到人尽其才、物尽其用；监理人员能否做到遵纪守法，遵守监理工程师职业道德准则；能否占领一定的监理市场；能否在工程项目监理中取得良好的业绩。

（5）监理经历和业绩

一般而言，监理单位开展监理业务的时间越长，监理的经验越丰富，监理能力也会越高，监理的业绩就会越大。监理经历是监理单位的宝贵财富，是构成其资质的因素之一。

监理业绩主要是指监理在开展项目监理业务中所取得的成效。其中包括监理业务量的多少和监理效果的好坏。监理单位监理过多少工程，监理过什么等级的工程，以及取得什么样的效果是监理单位重要的资质要素。

3.3.2 监理单位的资质等级条件和监理范围

按照建设部令第 158 号《工程监理企业资质管理规定》的要求，工程监理企业资质分为综合资质、专业资质和事务所资质。其中，专业资质按照工程性质和技术特点划分为若干工程类别。

综合资质、事务所资质不分级别。专业资质分为甲级、乙级；其中，房屋建筑、水利水电、公路和市政公用专业资质可设立丙级。

1. 工程监理企业的资质等级标准

（1）综合资质标准

1）具有独立法人资格且注册资本不少于 600 万元。

2）企业技术负责人应为注册监理工程师，并具有 15 年以上从事工程建设工作的经历或者具有工程类高级职称。

3）具有 5 个以上工程类别的专业甲级工程监理资质。

4）注册监理工程师不少于 60 人，注册造价工程师不少于 5 人，一级注册建造师、一级注册建筑师、一级注册结构工程师或者其他勘察设计注册工程师合计不少于 15 人次。

5）企业具有完善的组织结构和质量管理体系，有健全的技术、档案等管理制度。

6）企业具有必要的工程试验检测设备。

7）申请工程监理资质之日前一年内没有规定禁止的行为。

8）申请工程监理资质之日前一年内没有因本企业监理责任造成重大质量事故。

9）申请工程监理资质之日前一年内没有因本企业监理责任发生三级以上工程建设重大安全事故或者发生两起以上四级工程建设安全事故。

（2）专业资质标准

1）甲级：

A. 具有独立法人资格且注册资本不少于 300 万元。

B. 企业技术负责人应为注册监理工程师，并具有 15 年以上从事工程建设工作的经历或者具有工程类高级职称。

C. 注册监理工程师、注册造价工程师、一级注册建造师、一级注册建筑师、一级注册结构工程师或者其他勘察设计注册工程师合计不少于 25 人次；其中，相应专业注册监理工程师不少于《专业资质注册监理工程师人数配备表》（表 3-1）中要求配备的人数，注册造价工程师不少于 2 人。

D. 企业近 2 年内独立监理过 3 个以上相应专业的二级工程项目，但是具有甲级设计资质或一级及以上施工总承包资质的企业申请本专业工程类别甲级资质的除外。

E. 企业具有完善的组织结构和质量管理体系，有健全的技术、档案等管理制度。

F. 企业具有必要的工程试验检测设备。

G. 申请工程监理资质之日前一年内没有规定禁止的行为。

H. 申请工程监理资质之日前一年内没有因本企业监理责任造成重大质量事故。

I. 申请工程监理资质之日前一年内没有因本企业监理责任发生三级以上工程建设重大安全事故或者发生两起以上四级工程建设安全事故。

2）乙级：

A. 具有独立法人资格且注册资本不少于 100 万元。

B. 企业技术负责人应为注册监理工程师，并具有 10 年以上从事工程建设工作的经历。

C. 注册监理工程师、注册造价工程师、一级注册建造师、一级注册建筑师、一级注册结构工程师或者其他勘察设计注册工程师合计不少于 15 人次。其中，相应专业注册监理工程师不少于《专业资质注册监理工程师人数配备表》中要求配备的人数，注册造价工程师不少于 1 人。

D. 有较完善的组织结构和质量管理体系，有技术、档案等管理制度。

E. 有必要的工程试验检测设备。

F. 申请工程监理资质之日前一年内没有规定禁止的行为。

G. 申请工程监理资质之日前一年内没有因本企业监理责任造成重大质量事故。

H. 申请工程监理资质之日前一年内没有因本企业监理责任发生三级以上工程建设重大安全事故或者发生两起以上四级工程建设安全事故。

3）丙级：

A. 具有独立法人资格且注册资本不少于 50 万元。

B. 企业技术负责人应为注册监理工程师，并具有 8 年以上从事工程建设工作的经历。

C. 相应专业的注册监理工程师不少于《专业资质注册监理工程师人数配备表》中要求配备的人数。

D. 有必要的质量管理体系和规章制度。

E. 有必要的工程试验检测设备。

（3）事务所资质标准

1）取得合伙企业营业执照，具有书面合作协议书。

2）合伙人中有 3 名以上注册监理工程师，合伙人均有 5 年以上从事建设工程监理的工作经历。

3）有固定的工作场所。

4）有必要的质量管理体系和规章制度。

5）有必要的工程试验检测设备。

2. 工程监理企业资质相应许可的业务范围

（1）综合资质

可以承担所有专业工程类别建设工程项目的工程监理业务。

（2）专业资质

1）专业甲级资质：

可承担相应专业工程类别建设工程项目的工程监理业务。

2）专业乙级资质：

可承担相应专业工程类别二级以下（含二级）建设工程项目的工程监理业务。

3）专业丙级资质：

可承担相应专业工程类别三级建设工程项目的工程监理业务。

（3）事务所资质

可承担三级建设工程项目的工程监理业务，但是，国家规定必须实行强制监理的工程除外。

工程监理企业可以开展相应类别建设工程的项目管理、技术咨询等业务。

专业资质注册监理工程师人数配备表（单位：人）　　　表 3-1

序 号	工 程 类 别	甲 级	乙 级	丙 级
1	房屋建筑工程	15	10	5
2	冶炼工程	15	10	
3	矿山工程	20	12	
4	化工石油工程	15	10	
5	水利水电工程	20	12	5
6	电力工程	15	10	
7	农林工程	15	10	
8	铁路工程	23	14	
9	公路工程	20	12	5
10	港口与航道工程	20	12	
11	航天航空工程	20	12	
12	通信工程	20	12	
13	市政公用工程	15	10	5
14	机电安装工程	15	10	

注：表中各专业资质注册监理工程师人数配备是指企业取得本专业工程类别注册的注册监理工程师人数。

3.3.3 监理单位资质的监督管理

（1）国务院建设主管部门负责全国工程监理企业资质的统一监督管理工作。国务院铁路、交通、水利、信息产业、民航等有关部门配合国务院建设主管部门实施相关资质类别工程监理企业资质的监督管理工作。

省、自治区、直辖市人民政府建设主管部门负责本行政区域内工程监理企业资质的统一监督管理工作。省、自治区、直辖市人民政府交通、水利、信息产业等有关部门配合同级建设主管部门实施相关资质类别工程监理企业资质的监督管理工作。

工程监理行业组织应当加强工程监理行业自律管理。政府鼓励工程监理企业加入工程监理行业组织。

县级以上人民政府建设主管部门和其他有关部门应当依照有关法律、法规和相关规定，加强对工程监理企业资质的监督管理。

（2）建设主管部门履行监督检查职责时，有权采取下列措施：

1）要求被检查单位提供工程监理企业资质证书、注册监理工程师注册执业证书，有关工程监理业务的文档，有关质量管理、安全生产管理、档案管理等企业内部管理制度的文件。

2）进入被检查单位进行检查，查阅相关资料。

3）纠正违反有关法律、法规和相关规定及有关规范和标准的行为。

（3）建设主管部门进行监督检查时，应当有两名以上监督检查人员参加，并出示执法证件，不得妨碍被检查单位的正常经营活动，不得索取或者收受财物、谋取其他利益。

有关单位和个人对依法进行的监督检查应当协助与配合，不得拒绝或者阻挠。

监督检查机关应当将监督检查的处理结果向社会公布。

工程监理企业违法从事工程监理活动的，违法行为发生地的县级以上地方人民政府建设主管部门应当依法查处，并将违法事实、处理结果或处理建议及时报告该工程监理企业资质的许可机关。

工程监理企业取得工程监理企业资质后不再符合相应资质条件的，资质许可机关根据利害关系人的请求或者依据职权，可以责令其限期改正；逾期不改的，可以撤回其资质。

（4）有下列情形之一的，资质许可机关或者其上级机关，根据利害关系人的请求或者依据职权，可以撤销工程监理企业资质：

1）资质许可机关工作人员滥用职权、玩忽职守作出准予工程监理企业资质许可的。

2）超越法定职权作出准予工程监理企业资质许可的。

3）违反资质审批程序作出准予工程监理企业资质许可的。

4）对不符合许可条件的申请人作出准予工程监理企业资质许可的。

5）依法可以撤销资质证书的其他情形。

以欺骗、贿赂等不正当手段取得工程监理企业资质证书的，应当予以撤销。

（5）有下列情形之一的，工程监理企业应当及时向资质许可机关提出注销资质的申请，交回资质证书，国务院建设主管部门应当办理注销手续，公告其资质证书作废：

1）资质证书有效期届满，未依法申请延续的。

2）工程监理企业依法终止的。

3）工程监理企业资质依法被撤销、撤回或吊销的。

4）法律、法规规定的应当注销资质的其他情形。

（6）工程监理企业应当按照有关规定，向资质许可机关提供真实、准确、完整的工程监理企业的信用档案信息。工程监理企业的信用档案应当包括基本情况、业绩、工程质量和安全、合同违约等情况。被投诉举报和处理、行政处罚等情况应当作为不良行为记入其信用档案。工程监理企业的信用档案信息按照有关规定向社会公示，公众有权查阅。

3.3.4　资质管理的法律责任

（1）申请人隐瞒有关情况或者提供虚假材料申请工程监理企业资质的，资质许可机关不予受理或者不予行政许可，并给予警告，申请人在1年内不得再次申请工程监理企业资质。

（2）以欺骗、贿赂等不正当手段取得工程监理企业资质证书的，由县级以上地方人民政府建设主管部门或者有关部门给予警告，并处1万元以上2万元以下的罚款，申请人3年内不得再次申请工程监理企业资质。

（3）工程监理企业有在监理过程中实施商业贿赂或涂改、伪造、出借、转让工程监理企业资质证书行为之一的，由县级以上地方人民政府建设主管部门或者有关部门予以警告，责令其改正，并处1万元以上3万元以下的罚款；造成损失的，依法承担赔偿责任；构成犯罪的，依法追究刑事责任。

（4）违反规定，工程监理企业不及时办理资质证书变更手续的，由资质许可机关责令限期办理；逾期不办理的，可处以1千元以上1万元以下的罚款。

（5）工程监理企业未按照规定要求提供工程监理企业信用档案信息的，由县级以上地方人民政府建设主管部门予以警告，责令限期改正；逾期未改正的，可处以1千元以上1万元以下的罚款。

（6）县级以上地方人民政府建设主管部门依法给予工程监理企业行政处罚的，应当将行政处罚决定以及给予行政处罚的事实、理由和依据，报国务院建设主管部门备案。

县级以上人民政府建设主管部门及有关部门有下列情形之一的，由其上级行政主管部门或者监察机关责令改正，对直接负责的主管人员和其他直接责任人员依法给予处分；构成犯罪的，依法追究刑事责任：

1）对不符合本规定条件的申请人准予工程监理企业资质许可的。

2）对符合本规定条件的申请人不予工程监理企业资质许可或者不在法定期限内作出准予许可决定的。

3）对符合法定条件的申请不予受理或者未在法定期限内初审完毕的。

4）利用职务上的便利，收受他人财物或者其他好处的。

5）不依法履行监督管理职责或者监督不力，造成严重后果的。

3.4　工程建设监理单位的服务内容与道德准则

3.4.1　监理单位的服务内容

建设工程监理与相关服务是指监理人接受发包人的委托，提供建设工程施工阶段的质量、进度、费用控制管理和安全生产监督管理、合同、信息等方面协调管理服务，以及勘察、设计、保修等阶段的相关服务；各阶段的工作内容见《建设工程监理与相关服务的主要工作内容》（见表3-2）。

建设工程监理与相关服务的主要工作内容   表 3-2

服务阶段	具体服务范围构成	备　注
勘察阶段	协助发包人编制勘察要求、选择勘察单位，核查勘察方案并监督实施和进行相应的控制，参与验收勘察成果	建设工程勘察、设计、施工、保修等阶段监理与相关服务的具体工作内容执行国家、行业有关规范、规定
设计阶段	协助发包人编制设计要求、选择设计单位，组织评选设计方案，对各设计单位进行协调管理，监督合同履行，审查设计进度计划并监督实施，核查设计大纲和设计深度、使用技术规范合理性，提出设计评估报告（包括各阶段设计的核查意见和优化建议），协助审核设计概算	
施工阶段	施工过程中的质量、进度、费用控制，安全生产监督管理、合同、信息等方面的协调管理	
保修阶段	检查和记录工程质量缺陷，对缺陷原因进行调查分析并确定责任归属，审核修复方案，监督修复过程并验收，审核修复费用	

　　监理单位接受建设单位的委托，为其提供服务。根据委托要求进行以下各阶段全过程或阶段性的监理工作。各阶段监理工作的主要内容如下：

　　1. 工程建设勘测阶段

　　（1）协助编制勘察任务书。

　　（2）协助确定委托任务方式。

　　（3）协助选择勘察队伍。

　　（4）协助合同协商和签定。

　　（5）勘察过程中的质量、进度、费用管理及合同管理。

　　（6）审定勘察报告，验收勘察成果。

　　2. 工程建设设计阶段

　　（1）协助编制设计大纲。

　　（2）协助确定设计任务委托方式。

　　（3）协助选择设计单位。

　　（4）协助合同协商和签定。

　　（5）与设计单位共同选定在投资限额内的最佳方案。

　　（6）设计中的投资、质量、进度控制，设计付酬管理，合同管理。

　　（7）设计方案与政府有关部门规定的协调统一。

　　（8）设计方案审核与报批。

　　（9）设计文件的验收。

　　3. 工程建设施工阶段

　　（1）协助建设单位与承包单位编写开工申请报告。

　　（2）察看工程项目建设现场，向承包单位办理移交手续。

　　（3）审查、确认承包单位选择的分包单位。

　　（4）审查承包单位的施工组织设计或施工技术方案，下达单位工程施工开公令。

　　（5）审查承包单位提出的建筑材料、建筑物配件和设备的采购清单。

　　（6）检查工程使用的材料、构件、设备的规格和质量。

（7）检查施工技术措施和安全防护设施。

（8）主持协商建设单位或设计单位，或施工单位，或监理单位本身提出的设计变更。

（9）监督管理工程施工合同的履行，主持协商合同条款的变更，调解合同双方的争议，处理索赔事项。

（10）核查完成的工程量，验收分项分部工程，签署工程付款凭证。

（11）督促施工单位整理施工文件的归档准备工作。

（12）参与工程竣工预验收，并签署监理意见。

（13）审查工程结算。

（14）编写竣工验收申请报告、参加竣工验收、协助办理工程移交。

4. 工程建设保修阶段

（1）在规定的工程质量保修期限内，负责检查工程质量状况，组织鉴定质量问题责任，督促责任单位维修。

（2）审核修复方案，监督修复过程并验收。

（3）审核修复费用。

监理单位除承担工程建设监理方面的业务之外，还可以在其资质范围内承担工程建设方面的咨询业务。属于工程建设方面的咨询业务有：

（1）工程建设投资风险分析。

（2）工程建设立项评估。

（3）编制工程建设项目可行性研究报告。

（4）编制工程施工招标标底。

（5）编制工程建设各种估算。

（6）各类建筑物（构筑物）的技术检测、质量鉴定。

（7）有关工程建设的其他专项技术咨询服务。

以上是从一个行业整体而言，监理单位可以承担的各项监理业务和咨询业务。具体到每一个工程项目，监理的业务范围视工程项目建设单位的委托而定，建设单位往往把工程项目建设不同阶段的监理业务分别委托不同的监理单位承担，甚至把同一阶段的监理业务分别委托几个不同专业的监理单位监理。

3.4.2 监理单位的道德准则

监理单位从事工程建设监理活动，应当遵循"守法、诚信、公正、科学"的道德准则。

1. 守法

守法，这是任何一个具有民事行为能力的单位或个人最起码的行为准则。监理单位的守法，就是要依法经营。

（1）监理单位只能在核定的业务范围经营活动。

核定的业务范围，是指监理单位资质证书中填写的、经建设监理资质管理部门审查确认的经营范围。核定的业务范围有两层内容，一是监理业务的性质；二是监理业务的等级。核定的经营业务范围以外的任何业务，监理单位不得承接。否则，就是违犯经营。

（2）监理单位不得伪造、涂改、出租、出借、转让、出卖《资质等级证书》。

（3）工程建设监理合同一经双方签订，即具有一定的法律约束力（违背国家法律、法规的合同，即无效合同除外），监理单位应按照合同的规定认真履行，不得无故或故意违背自己的承诺。

（4）监理单位离开原住所承接监理业务，要自觉遵守当地人民政府颁发的监理法规的有关规定，并要主动向监理工程所在地的省、自治区、直辖市建设行政主管部门备案登记，接受其指导和监督管理。

（5）遵守国家关于企业法人的其他法律、法规的规定，包括行政的、经济的和技术的。

2. 诚信

所谓诚信，就是忠诚老实、讲信用，它是考核企业信誉的核心内容。没有向建设单位提供与其监理水平相适应的技术服务；或者本来没有较高的监理能力，却在竞争承揽监理业务时，有意夸大自己的能力；或者借故不认真履行监理合同规定的义务和职责者等等，都是不讲诚信的行为。

监理单位、甚至每一个监理人员能否做到诚信，都会自己和单位的声誉带来很大影响。

3. 公正

公正，主要是指监理单位在协调建设单位与承包单位之间的矛盾和纠纷时，要站在公正的立场，是谁的责任，就由谁承担；该维护谁的权益，就维护谁的权益。决不能因为监理单位是受建设单位的委托进行监理，就偏袒建设单位。

一般说来，监理单位维护建设单位的合法权益容易做到，而维护承包单位的合法权益比较困难，要真正做到公正地处理问题也不容易。监理单位要做到公正，必须要做到以下几点：

（1）要培养良好的职业道德，不为私利而违心地处理问题。

（2）要坚持实事求是的原则，不唯上级或建设单位的意见是从。

（3）要提高综合分析问题的能力，不为局部问题或表面现象而迷惑。

（4）要不断提高自己的专业技术能力，尤其是要尽快提高综合理解、熟练运用工程建设有关合同条款的能力，以便以合同条款为依据，恰当地协调、处理问题。

4. 科学

科学，是指监理单位的监理活动要依据科学的方案，要运用科学的手段，要采取科学的方法。工程项目结束后，还要进行科学的总结。

（1）科学的方案：在实施监理前，要尽可能地把各种问题都列出来，并拟订解决办法，使各项监理活动都纳入计划管理的轨道。要集思广益，充分运用已有的经验和智能，制定出切实可行、行之有效的监理方案，指导监理活动顺利地进行。

（2）科学的手段：借助于先进的科学仪器，如使用计算机，各种检测、试验仪器等开展监理工作。

（3）科学的方法：监理工作的科学方法主要体现在监理人员在掌握大量的、确凿的有关监理对象及其外部环境实际情况的基础上，适时、妥当、高效地处理有关问题，要依据事实，尽量采用书面文字交流，争取定量分析问题，利用计算机进行辅助监理。

3.5 工程建设监理单位的选择

3.5.1 监理单位的选择方式

按照市场经济体制的观念，建设单位把监理业务委托给哪个监理单位是建设单位的自由，监理单位愿意接受哪个建设单位的监理委托是监理单位的权力。

建设工程监理与相关服务，应当遵循公开、公平、公正、自愿和诚实信用的原则。必须依法招标的建设工程，应通过招标方式确定监理人。监理服务招标应优先考虑监理单位的资信程度、监理方案的优劣等技术因素。

监理单位承揽监理业务的方式有两种：一是通过投标竞争取得监理业务；二是由建设单位直接委托取得监理业务。

我国有关法规规定：建设单位一般通过招标投标的方式择优选择监理单位。在不宜公开招标的机密工程或没有投标竞争对手的情况下，或者是工程规模比较小、比较单一的监理业务，或者是对原监理单位的续用等情况下，建设单位可以不采用招标的形式而把监理业务直接委托给监理单位。

无论是通过投标承揽监理业务，还是由建设单位直接委托取得监理业务，都有一个共同的前提，即监理单位的资质能力和社会信誉得到建设单位的认可。从这个意义上讲，市场经济发展到一定程度，企业的信誉比较稳固的情况下，建设单位直接委托监理单位承担监理业务的方式会增加。

3.5.2 建设工程监理招标投标

1. 监理招标的特点

监理招标的标的是监理服务。与工程项目建设中其他各类招标的最大区别表现为监理单位不承担物质生产任务，只是受招标人委托对生产建设过程提供监督、管理、协调、咨询等服务。

（1）招标宗旨

鉴于监理招标的标的特殊性，招标人选择中标人的基本原则是"根据质量选择咨询服务"。监理服务是监理单位的高智能投入，服务工作完成的好坏不仅依赖于执行监理业务是否遵循了规范化的管理程序和方法，更多地取决于参与监理工作人员的业务专长、经验、判断能力、创新想象力，以及风险意识。因此招标选择监理单位时，鼓励的是能力竞争，而不是价格竞争。如果对监理单位的资质和能力不给予足够重视，只依据报价高低确定中标人，忽视了高质量服务，报价最低的投标人不一定就是最能胜任工作者。

（2）报价的选择

工程项目的施工、物资供应招标选择中标人的原则是，在技术上达到要求标准的前提下，主要考虑价格的竞争性。而监理招标对服务质量的选择放在第一位，因为当价格过低时监理单位很难把招标人的利益放在第一位，为了维护自己的经济利益采取减少监理人员数量或多派业务水平低、工资低的人员，其后果必然导致对工程项目的损害。另外，监理单位提供高质量的服务，往往能使招标人获得节约工程投资和提前投产的实际效益，因此过多考虑报价因素得不偿失，一般报价的选择居于次要地位。从另一个角度来看，服务质量与价格之间应有相应的平衡关系，所以招标人应在服务质量相当的投标人之间再进行价格比较。

　　按照国家发展和改革委员会、建设部关于印发《建设工程监理与相关服务收费管理规定》的通知（发改价格［2007］670号）规定，建设工程监理与相关服务收费根据建设项目性质不同情况，分别实行政府指导价或市场调节价。依法必须实行监理的建设工程施工阶段的监理收费实行政府指导价；其他建设工程施工阶段的监理收费和其他阶段的监理与相关服务收费实行市场调节价。

　　实行政府指导价的建设工程施工阶段监理收费，其基准价根据《建设工程监理与相关服务收费标准》计算，浮动幅度为上下20％。发包人和监理人应当根据建设工程的实际情况在规定的浮动幅度内协商确定收费额。实行市场调节价的建设工程监理与相关服务收费，由发包人和监理人协商确定收费额。建设工程监理与相关服务收费，应当体现优质优价的原则。在保证工程质量的前提下，由于监理人提供的监理与相关服务节省投资，缩短工期，取得显著经济效益的，发包人可根据合同约定奖励监理人。

　　监理人应当按照《关于商品和服务实行明码标价的规定》，告知发包人有关服务项目、服务内容、服务质量、收费依据，以及收费标准。建设工程监理与相关服务的内容、质量要求和相应的收费金额以及支付方式，由发包人和监理人在监理与相关服务合同中约定。

　　监理人提供的监理与相关服务，应当符合国家有关法律、法规和标准规范，满足合同约定的服务内容和质量等要求。监理人不得违反标准规范规定或合同约定，通过降低服务质量、减少服务内容等手段进行恶性竞争，扰乱正常市场秩序。

　　建设工程监理与相关服务收费包括建设工程施工阶段的工程监理服务收费和勘察、设计、保修等阶段的相关服务收费。

　　施工监理服务收费按照公式（3-1）和（3-2）计算：

$$施工监理服务收费 ＝ 施工监理服务收费基准价 \times （1 \pm 浮动幅度值） \quad （3-1）$$

$$施工监理服务收费基准价 ＝ 施工监理服务收费基价 \times 专业调整系数$$
$$\times 工程复杂程度调整系数 \times 高程调整系数 \quad （3-2）$$

　　其他阶段的相关服务收费一般按相关服务工作所需工日和《建设工程监理与相关服务人员人工日费用标准》收费（见表3-3）。

建设工程监理与相关服务人员人工日费用标准　　　　　　　　表3-3

建设工程监理与相关服务人员职级	工日费用标准（元）
高　级　专　家	1000～1200
高级专业技术职称的监理与相关服务人员	800～1000
中级专业技术职称的监理与相关服务人员	600～800
初级及以下专业技术职称监理与相关服务人员	300～600

　　注：本表适用于提供短期服务的人工费用标准。

　　（3）招标方式

　　选择监理单位一般采用邀请招标，且邀请数量以3～5家为宜。因为监理招标是对知识、技能和经验等方面综合能力的选择，每一份标书内都会提出具有独特见解或创造性的实施建议，但又各有长处或短处。如果邀请过多投标人参与竞争，不仅要增大评标工作量，而且定标后还要给予未中标人以一定补偿费，往往事倍功半。

2. 委托监理工作的范围

监理招标发包的工作范围，可以是整个工程项目的全过程，也可以将整个工程分为几个合同履行。划分合同发包的工作范围时，通常考虑的因素包括：

（1）工程规模

中小型工程项目，有条件时可将全部监理工作委托给一个监理单位；大型或复杂工程，则可按设计、施工等不同阶段及监理工作的专业性质分别委托给几家监理单位。

（2）工程项目的专业特点

不同的施工内容对监理人员的素质、专业技能和管理水平的要求不同，应充分考虑专业特点的要求。如将土建工程和安装工程的监理工作分开招标。

（3）被监理合同的难易程度

工程项目建设期间，招标人与第三方签订的合同较多，对易于履行合同的监理工作可并人相关工作的委托监理内容之中。如将采购通用建筑材料购销合同的监理工作并入施工监理的范围之内，而设备制造合同的监理工作则需委托专门的监理单位。

3. 招标文件

监理招标实际上是征询投标人实施监理工作的方案建议。为了指导投标人正确编制投标书，招标文件应包括以下几方面内容，并提供必要的资料：

（1）投标须知：

1）工程项目综合说明。包括项目的主要建设内容、规模、工程等级、地点、总投资、现场条件、开竣工日期。

2）委托的监理范围和监理业务。

3）投标文件的格式、编制、递交。

4）无效投标文件的规定。

5）投标起止时间、开标、评标、定标时间和地点。

6）招标文件、投标文件的澄清与修改。

7）评标的原则等。

（2）合同条件。

（3）建设单位提供的现场办公条件（包括交通、通信、住宿、办公用房等）。

（4）对监理单位的要求。包括对现场监理人员、检测手段、工程技术难点等方面的要求。

（5）有关技术规定。

（6）必要的设计文件、图纸和有关资料。

（7）其他事项。

4. 评标

（1）对投标文件的评审

评标委员会对各投标书进行审查评阅，主要考察以下几方面的合理性：

1）投标人的资质：包括资质等级、批准的监理业务范围、主管部门或股东单位、人员综合情况等。

2）监理大纲。

3) 拟派项目的主要监理人员，主要是总监理工程师的资质和能力。

4) 人员派驻计划和监理人员的素质，可从人员的学历证书、职称证书和上岗证书得到反映。

5) 监理单位提供用于工程的检测设备和仪器，或委托有关单位检测的协议。

6) 近几年监理单位的业绩及奖惩情况。

7) 监理费报价和费用组成。

8) 招标文件要求的其他情况。

在审查过程中对投标书不明确之处可采用召开澄清问题会议的方式请投标人予以说明。通过与拟担任总监理工程师的人员会谈，考察他对建设单位建设意图的理解、应变能力、管理水平等综合素质的高低。

（2）对投标文件的比较

监理评标的量化比较通常采用综合评分法对各投标人的综合能力进行对比。依据招标项目的特点设置评分内容和分值的权重。招标文件中说明的评标原则和预先确定的记分标准开标后不得更改，作为评标委员的打分依据。

【例】 某工程施工监理招标的评分内容及分值分配（见表 3-4）

某工程施工监理招标的评分内容及分值分配表　　　　　　　　表 3-4

评 审 内 容	分 值	评 审 内 容	分 值
投标人资质等级及总体素质	10～15	监理取费	5～10
监 理 大 纲	10～20	检测仪器、设备	5～10
总监理工程师资格及业绩	10～20	监理单位业绩	10～20
专 业 配 套	5～10	企业奖惩及社会信誉	5～10
职称、年龄结构等	5～10	总　　计	100
各专业工程师资格及业绩	10～15		

从以上实例可以看出，监理招标的评标主要侧重于监理单位的资质能力、实施监理任务的计划和派驻现场监理人员的素质。

3.5.3 FIDIC《根据质量选择咨询服务》介绍

选择一个合格的咨询工程师是非常重要的。建设单位及其他负责选择咨询工程师的人在进行选择时，首先是要选择一个能够提供高效的工作规划与经济的咨询服务公司，其次，建设单位必须确定自己支付给咨询服务的酬金是合理的。国际顾问工程师联合会（FIDIC）有一套选择咨询工程师的方法，这种方法着重考察咨询工程师的能力。

（1）咨询工程师选择的基本原则

1) 用招投标的方法选择咨询工程师是很困难的，甚至是不可能的。因为对咨询工程师的职业行为很难精确地加以规范，用竞争的原则公平地招标，则价格是重要因素，而不同的咨询工程师可能根据不同的价格提供不同水平的服务。

2) 监理费用不能太低。费用不足，将导致服务质量的降低及服务范围的减少，常常导致更高的施工成本、更高的材料费及更高的生命周期费用。成功的工程咨询服务取决于资历相当的咨询人员花费足够的工作时间。

3）选择的方法应该着眼于发展委托方与被委托方之间的相互信任。在客户与咨询工程师之间相互完全信赖的情况下，项目往往才能达到的最好的结果，这是因为咨询工程师必须在所有的时间里都以委托人的最佳利益作为其作出决定和采取行动的出发点。

（2）根据质量选择咨询服务的选择标准

FIDIC认为，判断一个咨询公司是否适合于特定项目的最重要标准包括：业务能力、管理能力、可用人力财力资源、业务独立性、费用结构的合理性、公正性和质量保证体系。

1）业务能力

有资格的专业咨询工程师应能为客户提供一支受过教育、训练，具有实际经验和技术判断力的工作班子来承担此项目。

2）管理的能力

要成功地实现一个项目，咨询工程师必须具有与项目的规模及类型相匹配的管理技能。咨询人员需要安排熟练的技术人员和足够的人力、财力，按照进度要求，确保以最有效的方式制定出工作计划。在项目实施过程中，咨询工程师要善于与承包单位、供应商、贷款机构以及政府打交道。同时必须向客户报告项目的进展，以使其能及时和准确地作出决定。

3）可用的人力、财力资源

选择咨询工程师时，重要的是确定这个公司是否有足够的财力和人力资源承担所委托的项目，该公司现有资源应能保证在规定的时间和费用条件下，提供所需并达到相应的标准。客户应该核查咨询公司是否具有足够的有一定经验和水平的人员，并具有足够的财力承担项目。

4）公正性

当客户聘用一个身为FIDIC成员之一的咨询工程师时，他必定确信该咨询工程师是赞成"FIDIC"的道德规范，是有能力的，并能提供公正的咨询意见。一个独立的咨询工程师与可能影响他职业判断的商业制造业或承包活动不得有直接或间接的利益，他唯一的报酬是其客户支付给他的酬金。这样，他才能客观地完成所有的委派任务，并且通过应用合理的技术与经济原理为客户提供获得最佳利益的咨询服务。

5）费用结构合理

咨询工程师需要得到足够的报酬，以确保提供高质量的服务。费用应能满足实现项目目标和客户意愿的要求。同时，还应为咨询公司带来合理的利润，以便随时做好准备，派出训练有素的、经验丰富的人员，提供最新的技术为客户服务。

6）职业诚意

客户与咨询工程师相互关系中，信任极其重要。如果客户与咨询工程师之间相互信任，并且双方都具有诚意，项目就会运行得更顺畅，结果就会更好，而且双方都会更愉快。正是由于信任，咨询工程师常常被同一客户多次雇佣。

7）质量保证体系

从客户的角度看，得到的服务质量是最重要的。质量就是要符合客户的要求，客户和咨询工程师双方都应清楚了解质量的要求。鼓励客户了解咨询人员在履行业务中的质量管理体系，以及会给项目带来的效益。

在进行以上几点评价时，客户应该通过下列方法搜集有关信息：从咨询公司获取全面的、与委托任务相应的资格预审书面资料；同指派承担委托任务的高级人员交谈；如有必要，拜访咨询公司所在地，实地考察其工作系统和工作方法以及软、硬件能力；如可能，同老客户进行交谈。

3.6 建设工程委托监理合同

2000年2月，建设部和国家工商行政管理总局联合发布了《建设工程委托监理合同（示范文本）》（GF—2000—0202），该合同是现阶段我国建设单位委托监理任务的主要合同文本形式。

3.6.1 监理合同文件的组成、词语定义、适用法规

1. 合同文件的组成

监理合同文件包括：

（1）合同。

（2）监理投标书或中标通知书。

（3）合同标准条件。

（4）合同专用条件。

（5）在实施过程中双方共同签署的补充与修正文件。

2. 词语定义

（1）"工程"是指委托人委托实施监理的工程。

（2）"委托人"是指承担直接投资责任和委托监理业务的一方以及其合法继承人。

（3）"监理人"是指承担监理业务和监理责任的一方，以及其合法继承人。

（4）"监理机构"是指监理人派驻本工程现场实施监理业务的组织。

（5）"总监理工程师"是指经委托人同意，监理人派到监理机构全面履行本合同的全权负责人。

（6）"承包人"是指除监理人以外，委托人就工程建设有关事宜签订合同的当事人。

（7）"工程监理的正常工作"是指双方在专用条件中约定，委托人委托的监理工作范围和内容。

（8）"工程监理的附加工作"是指：

1）委托人委托监理范围以外，通过双方书面协议另外增加的工作内容。

2）由于委托人或承包人原因，使监理工作受到阻碍或延误，因增加工作量或持续时间而增加的工作。

（9）"工程监理的额外工作"是指正常工作和附加工作以外，根据规定监理人必须完成的工作，或非监理人自己的原因而暂停或终止监理业务，其善后工作及恢复监理业务的工作。

（10）"日"是指任何一天零时至第二天零时的时间段。

（11）"月"是指根据公历从一个月份中任何一天开始到下一个月相应日期的前一天的

时间段。

监理合同的标的，是监理人为委托人提供的监理服务。

3. 适用法规

建设工程委托监理合同适用的法律是指国家的法律、行政法规，以及专用条件中议定的部门规章或工程所在地的地方法规、地方规章。

3.6.2 合同双方当事人的义务

1. 委托人的义务

（1）委托人在监理人开展监理业务之前应向监理人支付预付款。

（2）委托人应当负责工程建设的所有外部关系的协调，为监理工作提供外部条件。根据需要，如将部分或全部协调工作委托监理人承担，则应在专用条件中明确委托的工作和相应的报酬。

（3）委托人应当在双方约定的时间内免费向监理人提供与工程有关的为监理工作所需要的工程资料。

（4）委托人应当在专用条款约定的时间内就监理人书面提交并要求作出决定的一切事宜作出书面决定。

（5）委托人应当授权一名熟悉工程情况、能在规定时间内作出决定的常驻代表（在专用条款中约定），负责与监理人联系。更换常驻代表，要提前通知监理人。

（6）委托人应当将授予监理人的监理权利，以及监理人主要成员的职能分工、监理权限及时书面通知已选定的承包合同的承包人，并在与第三人签订的合同中予以明确。

（7）委托人应在不影响监理人开展监理工作的时间内提供如下资料：

1）与本工程合作的原材料、构配件、机械设备等生产厂家名录。

2）提供与本工程有关的协作单位、配合单位的名录。

（8）委托人应免费向监理人提供办公用房、通信设施、监理人员工地住房及合同专用条件约定的设施，对监理人自备的设施给予合理的经济补偿，见式（3-3）。

补偿金额 ＝ 设施在工程使用时间占折旧年限的比例×设施原值＋管理费　（3-3）

（9）根据情况需要，如果双方约定，由委托人免费向监理人提供其他人员，应在监理合同专用条件中予以明确。

2. 监理人义务

（1）监理人按合同约定派出监理工作需要的监理机构及监理人员，向委托人报送委派的总监理工程师及其监理机构主要成员名单、监理规划，完成监理合同专用条件中约定的监理工程范围内的监理业务。在履行合同义务期间，应按合同约定定期向委托人报告监理工作。

（2）监理人在履行本合同的义务期间，应认真、勤奋地工作，为委托人提供与其水平相适应的咨询意见，公正维护各方面的合法权益。

（3）监理人使用委托人提供的设施和物品属委托人的财产。在监理工作完成或中止时，应将其设施和剩余的物品按合同约定的时间和方式移交给委托人。

（4）在合同期内或合同终止后，未征得有关方同意，不得泄露与本工程、本合同业务有关的保密资料。

3.6.3 合同双方当事人的权利

1. 委托人权利

（1）委托人有选定工程总承包人，以及与其订立合同的权利。

（2）委托人有对工程规模、设计标准、规划设计、生产工艺设计和设计使用功能要求的认定权，以及对工程设计变更的审批权。

（3）监理人调换总监理工程师须事先经委托人同意。

（4）委托人有权要求监理人提交监理工作月报及监理业务范围内的专项报告。

（5）当委托人发现监理人员不按监理合同履行监理职责，或与承包人串通给委托人或工程造成损失的，委托人有权要求监理人更换监理人员，直到终止合同并要求监理人承担相应的赔偿责任或连带赔偿责任。

2. 监理人权利

（1）监理人在委托人委托的工程范围内，享有以下权利：

1）选择工程总承包人的建议权。

2）选择工程分包人的认可权。

3）对工程建设有关事项包括工程规模、设计标准、规划设计、生产工艺设计和使用功能要求，向委托人的建议权。

4）对工程设计中的技术问题，按照安全和优化的原则，向设计人提出建议；如果拟提出的建议可能会提高工程造价，或延长工期，应当事先征得委托人的同意。当发现工程设计不符合国家颁布的建设工程质量标准或设计合同约定的质量标准时，监理人应当书面报告委托人并要求设计人更正。

5）审批工程施工组织设计和技术方案，按照保质量、保工期和降低成本的原则，向承包人提出建议，并向委托人提出书面报告。

6）主持工程建设有关协作单位的组织协调，重要协调事项应当事先向委托人报告。

7）征得委托人同意，监理人有权发布开工令、停工令、复工令，但应当事先向委托人报告。如在紧急情况下未能事先报告时，则应在 24 小时内向委托人作出书面报告。

8）工程上使用的材料和施工质量的检验权。对于不符合设计要求和合同约定及国家质量标准的材料、构配件、设备，有权通知承包人停止使用；对于不符合规范和质量标准的工序、分部分项工程和不安全施工作业，有权通知承包人停工整改、返工。承包人得到监理机构复工令后才能复工。

9）工程施工进度的检查、监督权，以及工程实际竣工日期提前或超过工程施工合同规定的竣工期限的签认权。

10）在工程施工合同约定的工程价格范围内，工程款支付的审核和签认权，以及工程结算的复核确认权与否决权。未经总监理工程师签字确认，委托人不支付工程款。

（2）监理人在委托人授权下，可对任何承包人合同规定的义务提出变更。如果由此严重影响了工程费用或质量、或进度，则这种变更须经委托人事先批准。在紧急情况下未能事先报委托人批准时，监理人所做的变更也应尽快通知委托人。在监理过程中如发现工程承包人人员工作不力，监理机构可要求承包人调换有关人员。

（3）在委托的工程范围内，委托人或承包人对对方的任何意见和要求（包括索赔要求），均必须首先向监理机构提出，由监理机构研究处置意见，再同双方协商确定。当委托人和承包人发生争议时，监理机构应根据自己的职能，以独立的身份判断，公正地进行调解。当双方的争议由政府建设行政主管部门调解或仲裁机关仲裁时，应当提供作证的事实材料。

3.6.4　合同双方当事人的责任

1. 委托人责任

（1）委托人应当履行委托监理合同约定的义务，如有违反则应当承担违约责任，赔偿给监理人造成的经济损失。

监理人处理委托业务时，因非监理人原因的事由受到损失的，可以向委托人要求补偿损失。

（2）委托人如果向监理人提出赔偿的要求不能成立，则应当补偿由该索赔所引起的监理人的各种费用支出。

2. 监理人责任

（1）监理人的责任期即委托监理合同有效期。在监理过程中，如果因工程建设进度的推迟或延误而超过书面约定的日期，双方应进一步约定相应延长的合同期。

（2）监理人在责任期内，应当履行约定的义务，如果因监理人过失而造成了委托人的经济损失，应当向委托人赔偿。累计赔偿总额（除监理人员与承包人串通给委托人或工程造成损失的，监理人承担相应的连带赔偿责任以外）不应超过监理报酬总额（除去税金）。

（3）监理人对承包人违反合同规定的质量要求和完工（交图、交货）时限，不承担责任。因不可抗力导致委托监理合同不能全部或部分履行，监理人不承担责任。但对监理人在履行本合同的义务期间，不能认真、勤奋地工作，不能为委托人提供与其水平相适应的咨询意见，不能公正维护各方面的合法权益，而引起的与之有关的事宜，应向委托人承担赔偿责任。

（4）监理人向委托人提出赔偿要求不能成立时，监理人应当补偿由于该索赔所导致委托人的各种费用支出。

3.6.5　合同生效、变更与终止及监理报酬

1. 合同生效、变更与终止

（1）由于委托人或承包人的原因使监理工作受到阻碍或延误，以致发生了附加工作或延长了持续时间，则监理人应当将此情况与可能产生的影响及时通知委托人。完成监理业务的时间相应延长，并得到附加工作的报酬。

（2）在委托监理合同签订后，实际情况发生变化，使得监理人不能全部或部分执行监理业务时，监理人应当立即通知委托人。该监理业务的完成时间应予延长。当恢复执行监理业务时，应当增加不超过 42 日的时间用于恢复执行监理业务，并按双方约定的数量支付监理报酬。

（3）监理人向委托人办理完竣工验收或工程移交手续，承包人和委托人已签订工程保修责任书，监理人收到监理报酬尾款，本合同即终止。保修期间的责任双方在专用条款中约定。

（4）当事人一方要求变更或解除合同时，应当在 42 日前通知对方，因解除合同使一

方遭受损失的，除依法可以免除责任的外，应由责任方负责赔偿。

变更或解除合同的通知或协议必须采取书面形式，协议未达成之前，原合同仍然有效。

（5）监理人在应当获得监理报酬之日起 30 日内仍未收到支付单据，而委托人又未对监理人提出任何书面解释时，或已暂停执行监理业务时限超过六个月的，监理人可向委托人发出终止合同的通知，发出通知后 14 日内仍未得到委托人答复，可进一步发出终止合同的通知，如果第二份通知发出后 42 日内仍未得到委托人答复，可终止合同或自行暂停或继续暂停执行全部或部分监理业务。委托人承担违约责任。

（6）监理人由于非自己的原因而暂停或终止执行监理业务，其善后工作以及恢复执行监理业务的工作，应当视为额外工作，有权得到额外的报酬。

（7）当委托人认为监理人无正当理由而又未履行监理义务时，可向监理人发出指明其未履行义务的通知。若委托人发出通知后 21 日内没有收到答复，可在第一个通知发出后 35 日内发出终止委托监理合同的通知，合同即行终止。监理人承担违约责任。

（8）合同协议的终止并不影响各方应有的权利和应当承担的责任。

2. 监理报酬

（1）正常的监理工作、附加工作和额外工作的报酬，按照监理合同专用条件中的方法计算，并按约定的时间和数额支付。

（2）如果委托人在规定的支付期限内未支付监理报酬，自规定之日起，还应向监理人支付滞纳金。滞纳金从规定支付期限最后一日起计算。

（3）支付监理报酬所采取的货币币种、汇率由合同专用条件约定。

（4）如果委托人对监理人提交的支付通知中报酬或部分报酬项目提出异议，应当在收到支付通知书 24 小时内向监理人发出表示异议的通知，但委托人不得拖延其他无异议报酬项目的支付。

3. 其他

（1）委托的建设工程监理所必要的监理人员出外考察、材料设备复试，其费用支出经委托人同意的，在预算范围内向委托人实报实销。

（2）在监理业务范围内，如需聘用专家咨询或协助，由监理人聘用的，其费用由监理人承担；由委托人聘用的，其费用由委托人承担。

（3）监理人在监理工作过程中提出的合理化建议，使委托人得到了经济效益，委托人应按专用条件中的约定给予经济奖励。

（4）监理人驻地监理机构及其职员不得接受监理工程项目施工承包人的任何报酬或者经济利益。监理人不得参与可能与合同规定的与委托人的利益相冲突的任何活动。

（5）监理人在监理过程中，不得泄露委托人申明的秘密，监理人亦不得泄露设计人、承包人等提供并申明的秘密。

（6）监理人对于由其编制的所有文件拥有版权，委托人仅有权为本工程使用或复制此类文件。

复 习 思 考 题

1. 简述设立监理单位的基本条件和申报审批程序。

49

2. 监理单位的资质要素包括哪些内容?

3. 工程监理企业的业务范围有哪些?

4. 建设行政主管部门对监理单位的资质实行动态管理的内容包括哪些?

5. 监理单位经营活动的基本准则是什么?

6. 试述监理单位与业主、承包商的关系。

7. 《建设工程委托监理合同(示范文本)》(GF—2000—0202)中规定监理人的权力和责任有哪些?

第 4 章　工程建设监理的组织

　　本章首先介绍组织的概念；接着介绍工程建设监理的组织机构；最后介绍项目监理组织的人员结构及其基本职责。

4.1　组　织　的　概　念

4.1.1　组织的概念与组织活动的基本原理

1. 组织的概念

组织，是指人们为了实现系统的目标，通过明确分工协作关系，建立权力责任体系，而构成的能够一体化支付的人的组合体及其运行的过程。

组织有两种含义：一是作为名词出现的，指组织机构。组织机构是按一定领导体制、部门设置、层次划分、职责分工、规章制度和信息系统等构成的有机整体，是社会人的结合形式，可以完成一定的任务，并为此而处理人和人、人和事及人和物的关系。二是作为动词出现的，指组织行为，即通过一定的权力和影响力，为达到一定目标，对所需资源进行合理配置，处理人和人、人和事以及人和物关系的行为。

与上述的组织的含义相应，组织理论分为两个相互联系的分支学科，即组织结构学和组织行为学。前者以研究如何建立精干、高效的组织结构为目的；后者以研究如何建立良好的人际关系，提高行动效率为目的。

2. 组织职能

组织职能的目的地通过合理的组织设计和职权关系结构来使各方面的工作协同一致，以高效、高质量地完成任务。组织职能包括 5 个方面。

（1）组织设计。是指选定一个合理的组织系统，划分各部门的权限和职责，确立各种基本的规章制度。

（2）组织联系。是指确定组织系统中各部门的相互关系，明确信息流通和反馈的渠道，以及各部门的协调原则和方法。

（3）组织运行。是指组织系统中各部门根据规定的工作顺序，按分担的责任完成各自的工作。

（4）组织行为。是指应用行为科学、社会学及社会心理学原理来研究、理解和影响组织中人们的行为、语言、组织过程以及组织变更等。

（5）组织调整。是指根据工作的需要，环境的变化，分析原有的项目组织系统的缺陷、适应性的效率状况，对原组织系统进行调整和重新组合，包括组织形式的变化、人员的变动、规章制度的修订或废止、责任系统的调整以及信息系统的调整等。

3. 组织活动的基本原理

（1）要素合理利用性原理

一个组织系统中的基本要素有人力、财力、物力、信息、时间等，这些要素都是有用的，但每个要素的作用大小是不一样的，而且会随着时间、场合的变化而变化。所以在组织活动过程中应根据各要素在不同的情况下的不同作用进行合理安排、组合和使用，做到人尽其才、财尽其利、物尽其用，尽最大可能提高各要素的利用率。这就是组织活动的要素合理利用性原理。

（2）动态相关性原理

组织系统内部各要素之间既相互联系、又相互制约，既相互依存，又相互排斥。这种相互作用的因子叫做相关因子，充分发挥相关因子的作用，是提高组织管理效率的有效途径。事物在组合过程当中，由于相关因子的作用，可以发生质变。一加一可以等于二，也可以大于二，还可以小于二。整体效应不等于各局部效应的简单加和，各局部效应之和与整体效应不一定相等，这就是动态相关性原理。

（3）主观能动性原理

人是生产力中最活跃的因素，因为人是有生命的、有感情的、有创造力的。组织管理者应该努力把人的主观能动性发挥出来，只有当主观能动性发挥出来时才会取得最佳效果。

（4）规律效应性原理

规律就是客观事物内部的、本质的、必然的联系。一个成功的管理者应懂得只有努力过程中的客观规律，按规律办事，才能取得好的效应。

4.1.2　组织行为学和组织结构

1. 组织行为学

组织行为学是一个研究领域，它探讨个体、群体以及结构对组织内部行为的影响，以便应用这些知识来改善组织的有效性。

组织的有效性主要体现在 4 个方面：第一，生产效率高。即以最低的成本实现输入和输出的转换；第二，缺勤率低。缺勤直接影响生产效率，使支出费用增加，应努力降低缺勤率，当然在出勤带来的损失反而更大时，缺勤也是必要的；第三，合理的流动。合理的流动可使有能力的人找到合适自己的位置，增加组织内部的晋升机会，给组织添加新生力量，不合理的流动则使人才的流失和重新招募培训费的增加；第四，工作满意度。工作满意的员工比工作不满意的员工生产效率要高，而且工作满意度还与缺勤率、流动率是负相关的。组织有责任给员工提供富有挑战性的工作，使员工从工作中获得满足。

决定生产效率、缺勤率、流动率和工作满意度高低的因素是个体水平变量、群体水平变量和组织系统水平变量。

第一，人们带着不同的特点进入组织，这些特点将影响他们在工作中的行为。比较明显的特点有：年龄、性别、婚姻状况、人格特征、价值观和态度、基本能力水平等。

第二，人在群体中的行为远比个人单独活动的总和要复杂。个人的行为会受群体行为标准的影响，群体的效力会受领导方式、沟通模式等的影响。

第三，当将正式的结构加到群体中，组织行为就达到了其复杂的最高水平。正像群体比个体成员之和大一样，组织也比构成群体之和大。组织的工作效率受组织的设计、技术和工作过程、组织的人力资源政策和实践、内部文化、工作压力的影响。

2. 组织结构

组织结构是指对工作任务如何进行分工、分组和协调合作。管理者在进行组织结构设计时，必须考虑6个关键因素：工作专业化、部门化、命令链、管理跨度、集权与分权和正规化。

（1）工作专业化。其实质就是每一个人专门从事工作活动的一部分，而不是全部。通过重复性的工作使员工的技能得到提高，从而提高组织的运行效率。

（2）部门化。工作通过专业化细分后，就需要按照类别对它们进行分组以便使共同的工作可以进行协调，即为部门化。部门可以根据职能来划分，可以根据产品类型来划分，可以根据地区来划分，也可以根据顾客类型来划分。

（3）命令链。是一种不间断的权力路线，从组织的最高层到最基层。为了促进协作，每个管理职位在命令链中都有自己的位置，每个管理者为完成自己的职责任务，都要被授予一定的权力。同时命令要求统计表性，它意味着，一个人应该只对一个主管负责。

（4）管理跨度。它是指一个主管直接管理下属人员的数量。跨度大，管理体制人员的接触关系增多，处理人与人之间关系的数量随之增大。跨度太大时，领导者和下属接触频率会太高。因此，在组织结构设计时，必须强调跨度适当。跨度的大小又和分层多少有关。一般来说，管理层次增多，跨度会小；反之，层次少，跨度会大。

（5）集权与分权。这是一个决策权应该放在哪一级的问题。高度的集权造成盲目和武断，过分的分权则会导致失控、不协调和总目标的难以实现。所以应合理地做好集权和分权。

（6）正规化。是指组织中的工作标准化的程度。应该通过提高正规化的程度来提高组织的运行效率。

4.2 工程建设监理组织机构

4.2.1 建设项目监理组织的形式及其特点

监理工作是针对每一个具体项目而言的。监理单位受项目法人的委托开展监理工作，必须建立相应的监理组织。建设监理的组织机构即指项目监理机构，是指监理人派驻工程现场实施监理业务的组织。这与监理单位的组织是不同的，监理单位是公司的组织，项目监理组织是临时的，一旦项目完成，组织即宣告结束。

组织形式是组织结构形式的简称，是指一个组织以什么样的结构方式去处理层次、跨度、部门设置和上下级关系。项目监理组织形式多种多样，通常有以下几种典型形式。

1. 直线制监理组织

直线制组织结构是最早出现的一种企业管理机构的组织形式，它是一种线性组织结构，其本质就是使命令线性化，即每一个工作部门，每一个工作人员都只有一个上级。其整个织结构中自上而下实行垂直领导，指挥与管理职能基本上由主管领导者自己执行，各级主管人对所属单位的一切问题负责，不设职能机构，只设职能人员协助主管人工作。图4-1所示为按建设子项目分解设立的直线制监理组织形式。

图4-2所示为按建设阶段分解设立成直线制监理组织形式。

这种监理组织结构的主要特点为：

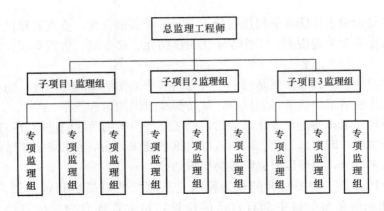

图 4-1 按建设子项目分解设立的直线制监理组织形式

（1）机构简单，权责分明，能充分调动各级主管人的积极性。

（2）权力集中，命令统一，决策迅速，下级只接受一个上级主管人的命令和指挥，命令单一严明。

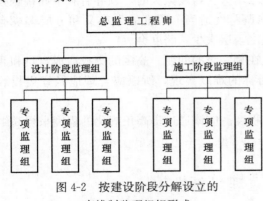

图 4-2 按建设阶段分解设立的
直线制监理组织形式

（3）对主管领导者在管理知识和专业技能要求较高。要求总监理工程师通晓各种业务，通晓多种知识技能，成为"全能"式人物。

2．职能制监理组织

这种监理组织形式，是在总监理工程师下设一些职能机构，分别从职能角度对基层监理组织进行业务管理，并在总监理工程师授权的范围内，向下下达命令和指示。这种组织系统强调管理职能的专业化，即将管理职能授权给不同的专业部门。按职能制设立的监理组织结构的形式如图 4-3 所示。

职能制监理组织的主要特点为：

（1）有利于发挥专业人才的作用，有利于专业人才的培养和技术水平、管理水平的提高，能减轻总监理工程师负担。

（2）命令系统多元化，各个工作部门界限也不易分清，发生矛盾时，协调工作量较大。

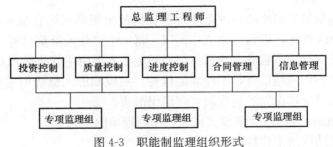

图 4-3 职能制监理组织形式

（3）不利于责任制的建立和工作效率的提高；

职能制监理组织形式适用于工程项目在地理位置上相对集中的工程。

3. 直线—职能制监理组织

这种组织系统吸收了直线制和职能制的优点，并形成了它自身的特点。它把管理机构和管理人员分为两类：一类是直线主管，即直线制的指挥机构和主管人员，他们只接受一个上级主管的命令和指挥，并对下级组织发布命令和进行指挥，而且对该单位的工作全面负责。另一类是职能参谋，即职能制的职能机构和参谋人员，他们只能给同级主管充当参谋、助手，提出建议或提供咨询。直线—职能制组织形式如图 4-4 所示：

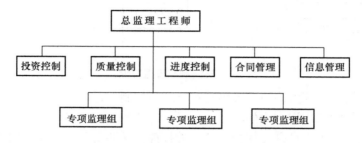

图 4-4　直线—职能制监理组织形式

这种监理组织结构的主要特点为：

（1）既能保持指挥统一、命令一致，又能发挥专业人员的作用。

（2）管理组织结构系统比较完整，隶属关系分明。

（3）重大的问题研究和设计有专人负责，能发挥专业人员的积极性，提高管理水平。

（4）职能部门与指挥部门易产生矛盾，信息传递路线长，不利于互通情报。

（5）管理人员多，管理费用大。

4. 矩阵制监理组织

矩阵制组织亦称目标—规划制组织，是美国在 20 世纪 50 年代创立的一种新的管理组织形式。从系统论的观点来看，解决质量控制和成本控制等问题都不能只靠某一部门的力量，需要集中各方面的人员共同协作。因此，该组织结构是在直线职能组织结构中，为完成某种特定的工程项目，从各部门抽调专业人员组织专门项目组织同有关部门进行平行联系，协调各有关部门活动并指挥参与工作的人员。

按矩阵制组织设立的监理组织由两套管理系统组成，一套是纵向的职能系统，另一套为横向的子项目系统。如图 4-5 所示。

矩阵制组织形式的优点表现在：

（1）它解决了传统模式中企业组织和项目组织相互矛盾的状况，把职能原则与对象原则融为一体，求得了企业长期例行性管理和项目一次性管理的统一。

（2）能以尽可能少的人力，实现多个项目（或多项任务）的高效管理。因为通过职能部门的协调，可根据项目的需求配置人才，防止人才短缺或无所事事，项目组织因此就有较好的弹性应变能力。

（3）有利于人才的全面培养。不同知识背景的人员在一个项目上合作，可以使他们在知识结构上取长补短，拓宽知识面，提高解决问题的能力。

矩阵制的缺点表现在：

图 4-5　矩阵制监理组织形式

（1）由于人员来自职能部门，且仍受职能部门控制，这样就影响了他们在项目上积极性的发挥，项目的组织作用大为削弱。

（2）项目上的工作人员既要接受项目上的指挥，又要受到原职能部门的领导，当项目和职能部门的领导发生矛盾，当事人就难以适从。要防止这一问题的产生，必须加强项目和职能部门的沟通，还要有严格的规章制度和详细的计划，使工作人员尽可能明确干什么和如何干。

（3）管理人员若管理多个项目，往往难以确定管理项目的先后顺序，有时难免会顾此失彼。

矩阵制组织形式适用于在一个组织内同时有几个项目需要完成，而每个项目又需要有不同专长的人在一起工作才能完成这一特殊要求的工程项目。

4.2.2　组织机构设置的原则

（1）目的性原则。项目组织机构设置的根本目的，是为了产生组织功能，实现管理总目标。从这一根本目标出发，就要求因目标设事，因事设岗，按编制设定岗位人员，以职责定制度和授予权力。

（2）高效精干的原则。组织机构的人员设置，以能实现管理所要求的工作任务为原则，尽量简化机构，做到高效精干。配备人员要严格控制二、三线人员，力求一专多能，一人多职。

（3）管理跨度和分层统一的原则。要根据领导者的能力和建设项目规模大小、复杂程度等因素去综合考虑，确定适当的管理跨度和管理层次。

（4）专业分工与协作统一的原则。分工就是按照提高管理专业化程度和工作效率的要求，把管理总目标和任务分解成各级、各部门、各人的目标和任务。当然，在组织中有分工也必须有协作，应明确各级、各部门、各人之间的协调关系与配合办法。

（5）弹性和流动的原则。建设项目的单一性、流动性、阶段性是其生产活动的特点，这必然会导致生产对象数量、质量和地点上的变化，带来资源配置上品种和数量的变化。这就要求管理工作和管理组织机构随之进行相应调整，以使组织机构适应生产的变化，即要求按弹性和流动的原则来建立组织机构。

（6）权责一致的原则。就是在组织管理中明确划分职责、权利范围，同等的岗位职务赋予同等的权力，做到权责一致。权大于责，会出现滥用权力；责大于权，会影响积极性。

（7）才职相称的原则。使每个人的才能与其职务上的要求相适应，做到才职相称，即人尽其才、才得其用、用得其所。

4.2.3 建设项目监理组织建立的步骤

监理单位在组织项目监理机构时，一般按以下步骤进行：

1. 确定建设监理目标

建设监理目标是项目监理组织设立的前提，为了使目标控制工作具有可操作性，应将工程建设监理合同确定的监理总目标进行分解，明确划分为分解目标。

分解目标可以按建设项目组成分解为单项工程分目标、单位工程分目标、分部工程分目标等；也可以按建设计划期分解为期、年度、季度、月、旬分目标。

2. 确定工作内容并进行分类归并及组合

根据监理目标和监理合同中规定的监理任务，明确列出监理工作内容，并进行分类归并及组合，是一项重要组织工作。

对各项工作进行归并及组合应以便于监理目标控制为目的，并考虑监理项目的规模、性质、工期、工程复杂程度以及监理单位自身技术业务水平、监理人员数量、组织管理水平等因素而进行。

如果进行实施阶段全过程监理，监理工作内容可按设计阶段和施工阶段分别归并和组合，再进一步按投资、进度、质量目标进行归并和组合。

3. 组织结构设计

（1）确定组织结构形式

前述的四种组织结构形式各具特点，应根据工程项目规模、性质、建设阶段等的不同，选择不同的监理组织结构形式以适应监理工作需要。结构形式的选择应考虑有利于项目合同管理，有利于控制目标，有利于决策指挥，有利于信息沟通。

（2）合理确定管理层次

监理组织结构中一般应有3个层次：

1）决策层：由总监理工程师和其助手组成。要根据工程项目的监理活动特点与内容进行科学化、程序化决策。

2）中间控制层（协调层和执行层）：由专业监理工程师组成。具体负责监理规划的落实、目标控制及合同管理。属承上启下管理层次。

3）作业层（操作层）：由监理员组成，具体负责监理工作的操作。

（3）制定岗位职责与考核标准

岗位职务及职责的确定，要有明确的目的性，不可因人设事。不同的岗位具有不同的职责，根据责权一致的原则，应进行适当的授权，以承担相应的职责；同时应制定相应的考核标准，对监理人员的工作进行定期或不定期考核。

（4）选派监理人员

根据监理工作的任务，选择相应专业和数量的各层次人员时，除应考虑监理人员个人素质外，还应考虑总体的合理性与协调性。

4. 制定工作流程

为使监理工作科学、有序进行，应按监理工作的客观规律性制定工作流程，规范化地开展监理工作。可分阶段编制设计阶段监理工作流程和施工阶段监理工作流程。

各阶段内还可进一步编制若干细部监理工作流程。如施工阶段监理工作流程可以进一步细化出工序交接检查程序、隐蔽工程验收程序、工程变更处理程序、索赔处理程序、工程质量事故处理程序、工程支付核签程序、工程竣工验收程序等。

4.3　项目监理组织的人员结构及其基本职责

4.3.1　项目监理组织的人员结构

项目监理组织的人员配备要根据工作的特点、监理任务及合理的监理深度与密度，优化组织，形成整体素质高的监理组织。项目监理组织的人员一般包括总监理工程师、专业监理工程师、监理员以及必要的行政管理人员，必要时可配备总监理工程师代表。在组建时要注意合理的专业结构、技术结构和年龄结构，项目监理机构的监理人员应专业配套、数量满足工程项目监理工作的需要。

1. 人员结构

（1）合理的专业结构

项目监理组织的人员结构应当与监理项目的性质及业主对项目监理的要求相适应，也就是各种专业人员要配套。

项目监理组织应拥有与所承担的监理任务相适应的专业人员。如一般的民用建筑工程需要配备土建专业、给排水专业、电气专业、设备安装专业、装饰专业、建材专业、概预算专业等人员；而公路工程则需要配备公路专业、桥梁专业、交通工程专业、测量专业、试验检测专业等人员。当监理项目局部具有某些特殊性，或业主提出某些特殊的监理要求需要借助于某种特殊的监控手段时，可将这些局部的、专业性很强的监控工作另委托给相应的咨询监理机构来承担，这也应视为保证了人员合理的专业结构。

（2）合理的技术层次

合理的技术层次是指项目监理组织中各专业监理人员应有与监理工作要求相称的高级职称、中级职称和初级职称人员比例。监理工作是一种高智能的技术性劳动服务，要根据监理项目的要求确定技术层次。一般来说，决策阶段、设计阶段的监理，具有中级及以上职称的人员在整个监理人员构成中应占绝大多数，初级职称人员仅占少数。施工阶段监理的职称结构应以中级职称为主，初级职称人员为辅，这里所说的初级职称指助理工程师、助理经济师、技术员等，他们主要从事实际操作，如旁站、填写日记、现场检查、计量等。

（3）合理的年龄结构

合理的年龄结构是指项目监理组织中的老中青的构成比例。老年人有较丰富的经验和阅历，但身体条件受到一定限制，特别是高空作业和夜间作业。而青年人有朝气、精力充沛，但缺乏实际经验。为此，现场项目监理组织应以中年为主，有一定的经验和良好的身体条件，加上适当的老年人和青年人，形成一个合理的年龄结构。

2. 监理人员数量的确定

项目监理组织人员数量的确定，要视工程规模、技术复杂程度、监理人员自身的素质等确定。一般要考虑以下因素：

（1）工程建设强度

工程建设强度是指单位时间内投入的工程建设资金的数量，它是衡量一项工程紧张程度的标准，计算方法见式（4-1）。

$$工程建设强度＝投资/工期 \qquad (4-1)$$

其中，投资是指由监理单位所承担的那部分工程的建设投资，工期也是指这部分工程的工期。投资费用一般可按工程估算，概算或合同价计算，工期根据进度总目标及其分目标计算。

工程强度越大，需投入的监理人员越多。

（2）工程复杂程度

根据工程项目的特点，每项工程都具有不同的具体条件，如地点、位置、规模、空间范围、自然条件、施工条件、后勤供应等。工程项目的技术难度越大、越复杂，需要的人员就越多。

国外咨询专家曾向我国提供了亚太地区监理人员数额配置的经验。东南亚各国的经验认为：投资密度以每年完成 100 万美元为单位，将工程复杂程度分为简单、一般、较复杂、复杂、极复杂等五个等级。复杂程度的等级由工程的以下 9 个方面特征决定：

1）工程设计：简单到复杂。

2）工地位置：方便到偏僻。

3）工地气候：温和到恶劣。

4）工地地形：平坦到崎岖。

5）工地地质：简单到复杂。

6）施工方法：简单到复杂。

7）工地供应：方便到困难。

8）施工工期：由短到长。

9）工程种类（分项目的数量）：由少到多。

工程复杂程度定级可采用定量办法，即将构成工程复杂程度的各项因素再划分为各种不同情况，根据工程实际情况予以评分，累计平均后看分值大小以确定它的复杂程度等级。如每一项因素均按 10 分制计算，将各项因素的得分累计平均后，平均分值 1～3 分者为简单工程，平均分值为 3～5、5～7、7～9 分别依次为一般、较复杂、复杂工程，9 分以上者为极复杂工程。每完成 100 万美元的工程量所需监理人员可参考表 4-1。

监理人员需要量定额（单位：100 万美元/年）　　　　　　表 4-1

工程复杂程度	监理工程师	监理员	行政人员
简　单	0.20	0.75	0.10
一　般	0.25	1.00	0.10
较复杂	0.35	1.10	0.25
复　杂	0.50	1.50	0.35
极复杂	0.50	1.50	0.35

若试验、取样、计量等工作由承包商承担，表中所列监理员的数目可适当减少些。以上所列的监理需要量定额不是绝对的，只是参考数字，实际配备要以满足监理工作的需要为准。

（3）工程的专业种类

工程所需要的专业种类越多，所需要的人员就越多。

（4）监理人员的业务素质

每个监理单位的业务水平有所不同，派驻现场的人员素质、专业能力、管理水平、工程经验、设备手段等方面的差异影响监理工作效率的高低。整个监理组人员有较高的业务水平，都能独立承担各自权限范围内的工作，甚至一专多能，兼任各项工作，则需要的人员就少，反之，则需要的监理人员就多。

（5）监理组织结构和任务职能分工

监理组织情况牵涉具体人员配置，必须满足监理机构与任务职能分工的要求。要根据组织机构中设定的岗位职责将人员作进一步的调整。

3. 确定监理人员的数量示例

（1）工程概况

某高速公路工程，全长 43km，大桥 1 座，中小桥梁 21 座，通道 20 认，涵洞 86 座，路基土方 360 万 m^3，路面层 98.4 万 m^2，该工程地点位于市郊平面地区，交通方便，气候与地质情况较好，合同工期为 46 个月，合同总价为 146.07 百万美元。

（2）确定工程复杂程度等级

工程特征种类及特征值 表 4-2

序　号	工程特征种类	特征值	备　注
1	工程范围	7	工程规模较大
2	工地位置	2	位于市郊
3	工地气候	5	一般性海洋气候
4	工地地形	2	平原地区
5	工程地质	5	地质情况一般
6	施工方法	6	属于中等复杂程度
7	后勤供应	1	后勤供应条件较好
8	施工工期	4	不属于紧急工程
9	工程性质	7	重点工程
特征值合计	39	特征值平均值	4.33

工程复杂等级为一般工程。

（3）确定监理人员需要量

1）确定各类监理人员的密度系数 λ：根据工程复杂程度等级从表 4-1 中查出各类监理人员的密度系数为：监理工程师 0.25；监理人员 1.0；行政人员 0.1。

2）计算工程投资密度 M 见式（4-2）：

$$M = \frac{P}{T} \tag{4-2}$$

$$M = \frac{P}{T} = \frac{146.07}{46/12} = 38.1 \; (\text{百万美元}/\text{年})$$

式中　P——本工程的合同总价；

　　　T——合同工期折算年数。

　　3）计算各类监理人员的数量 R：

$$R_i = \lambda_i M$$
$$R = M \Sigma \lambda_i \qquad\qquad (4\text{-}3)$$

式中　R_i——某类监理人员的所需数量；

　　　λ_i——某类监理人员的密度系数。

监理工程师数量：$0.25 \times 38.1 = 9.5$ 人，取 9 人。

监理人员数量：$1.0 \times 38.1 = 38.1$ 人，取 38 人。

行政人员数量：$0.1 \times 38.1 = 3.81$ 人，取 4 人。

以上的人员数量均为估算，实际工作中可以此为基础，结合监理机构的设置情况、承包商机构的设置情况及现场试验和中间计量的分担情况等加以调整。

4.3.2　项目监理组织各类人员的基本职责

1. 总监理工程师的职责（见 4.3.3）

2. 总监理工程师代表的职责

总监理工程师代表是经监理单位法定代表人同意，由总监理工程师书面授权，代表总监理工程师行使其部分职责和权力的项目监理机构中的监理工程师。

总监理工程师代表应履行以下职责：

（1）负责总监理工程师指定或交办的监理工作。

（2）按总监理工程师的授权，行使总监理工程师的部分职责和权力。

3. 专业监理工程师的职责

专业监理工程师是根据项目监理岗位职责分工和总监理工程师的指令，负责实施某一专业或某一方面的监理工作，具有相应监理文件签发权的监理工程师。

专业监理工程师应履行以下职责：

（1）负责编制本专业的监理实施细则。

（2）负责本专业监理工作的具体实施。

（3）组织、指导、检查和监督本专业监理员的工作，当人员需要调整时，向总监理工程师提出建议。

（4）审查承包单位提交的涉及本专业的计划、方案、申请、变更，并向总监理工程师提出报告。

（5）负责本专业分项工程验收及隐蔽工程验收。

（6）定期向总监理工程师提交本专业监理工作实施情况报告，对重大问题及时向总监理工程师汇报和请示。

（7）根据本专业监理工作实施情况做好监理日记。

（8）负责本专业监理资料的收集、汇总及整理，参与编写监理月报。

（9）核查进场材料、设备、构配件的原始凭证、检测报告等质量证明文件及其质量情况，根据实际情况认为有必要时对进场材料、设备、构配件进行平行检验，合格时予以签认。

（10）负责本专业的工程计量工作，审核工程计量的数据和原始凭证。

4．监理员的职责

监理员是经过监理业务培训，具有同类工程相关专业知识，从事具体监理工作的监理人员。监理员应履行以下职责：

（1）在专业监理工程师的指导下开展现场监理工作。

（2）检查承包单位投入工程项目的人力、材料、主要设备及其使用、运行状况，并做好检查记录。

（3）复核或从施工现场直接获取工程计量的有关数据并签署原始凭证。

（4）按设计图及有关标准，对承包单位的工艺过程或施工工序进行检查和记录，对加工制作及工序施工质量检查结果进行记录。

（5）担任旁站工作，发现问题及时指出并向专业监理工程师报告。

（6）做好监理日记和有关的监理记录。

4.3.3 总监理工程师负责制

1．总监理工程师的概念

总监理工程师是由监理单位法定代表人书面授权，全面负责委托监理合同的履行、主持项目监理机构工作的监理工程师，是监理单位法定代表人在该建设项目上的代表人。总监理工程师由监理单位派驻工地，全面负责和领导项目的监理工作，代表监理单位全面履行工程建设监理合同。对外，总监理工程师向业主负责；对内，总监理工程师向监理单位负责。

2．总监理工程师负责制

我国建设监理实行总监理工程师负责制。总监理工程师负责制的内涵包括：

（1）总监理工程师是项目监理的责任主体。总监理工程师是实现项目监理目标的最高责任者。责任是总监理工程师负责制的核心，它构成了对总监理工程师的工作压力和动力，也是确定总监理工程师权力和利益的依据。

（2）总监理工程师是项目监理的权力主体。总监理工程师的权力来源于监理委托合同和有关法律法规。总监理工程师在承担所应负的责任的同时，也获得了相应的权力。

（3）总监理工程师是项目监理的利益主体。主要体现在他要对国家的利益负责，对业主的投资效益负责，同时也对监理单位的效益负责，并负责项目监理机构内所有监理人员利益的分配。

3．总监理工程师的资质

关于总监理工程师的任职资格，建设工程监理规范提出了一些基本要求，各地方可以根据实际情况提出具体性的要求。

总监理工程师应由具有三年以上同类工程监理工作经验的人员担任；总监理工程师代表应由具有二年以上同类工程监理工作经验的人员担任；专业监理工程师应由具有一年以上同类工程监理工作经验的人员担任。

监理单位应于委托监理合同签订后十天内将项目监理机构的组织形式、人员构成及对总监理工程师的任命书面通知建设单位。当总监理工程师需要调整时，监理单位应征得建设单位同意并书面通知建设单位；当专业监理工程师需要调整时，总监理工程师应书面通知建设单位和承包单位。

一名总监理工程师只宜担任一项委托监理合同的项目总监理工程师工作。当需要同时担任多项委托监理合同的项目总监理工程师工作时，须经建设单位同意，且最多不得超过三项。

4. 总监理工程师的职责

（1）确定项目监理机构人员的分工和岗位职责。

（2）主持编写项目监理规划、审批项目监理实施细则，并负责项目监理机构的日常管理工作。

（3）审查分包单位的资质，并提出审查意见。

（4）检查和监督监理人员的工作，根据工程项目的进展情况可进行人员调配，对不称职的人员应调换其工作。

（5）主持监理工作会议，签发项目监理机构的文件和指令。

（6）审定承包单位提交的开工报告、施工组织设计、技术方案、进度计划。

（7）审核签署承包单位的申请、支付证书和竣工结算。

（8）审查和处理工程变更。

（9）主持或参与工程质量事故的调查。

（10）调解建设单位与承包单位的合同争端、处理索赔、审批工程延期。

（11）组织编写并签发监理月报、监理工作阶段报告、专题报告和项目监理工作总结。

（12）审核、签认分部工程和单位工程的质量检验评定资料，审查承包单位的竣工申请，组织监理人员对待验收的工程项目进行质量检查，参与工程项目的竣工验收。

（13）主持整理工程项目的监理资料。

5. 总监理工程师的授权

总监理工程师可以将其部分权力授予其代表，但不得将下列工作委托总监理工程师代表：

（1）主持编写项目监理规划、审批项目监理实施细则。

（2）签发工程开工/复工报审表、工程暂停令、工程款支付证书、工程竣工报验单。

（3）审核签认竣工结算。

（4）调解建设单位与承包单位的合同争端、处理索赔，审批工程延期。

（5）根据工程项目的进展情况进行监理人员的调配，调换不称职的监理人员。

复 习 思 考 题

1. 组织的功能如何？

2. 监理组织的形式有哪些？各有何特点？

3. 建立监理组织的步骤如何？

4. 确定监理组织人员数量时通常要考虑哪些因素？

5. 试述各层次监理人员的基本职责。

6. 总监理工程师负责制的内涵是什么？

第5章 建设监理规划

　　本章首先介绍了监理规划的概念和作用；其次介绍了监理规划的主要内容，包括工程项目概况、监理工作范围、监理工作内容、监理工作目标、监理工作依据、项目监理机构的组织形式、项目监理机构的人员配备计划、项目监理机构的人员岗位职责、监理工作程序、监理工作方法及措施、监理工作制度和监理设施等；最后对监理规划的编制和实施作了一般说明，并介绍了一个工程项目监理规划实例。

5.1　监理规划的概念与作用

5.1.1　监理规划概念

　　工程建设监理规划是监理单位接受建设单位委托监理及收到设计文件后编制的，指导项目监理机构全面开展监理工作的指导性文件。它是根据项目监理委托合同规定范围和建设单位具体要求，在项目总监理工程师的主持下编制，经监理单位技术负责人审核批准后贯彻实施。其目的在于提高项目监理工作效果，保证项目监理委托合同全面得到实施。

5.1.2　监理规划作用

　　1. 监理规划是项目监理机构全面开展监理工作的指导性文件

　　工程建设监理的中心任务是协助建设单位实现项目总目标，它需要制定计划，建立组织，配备监理人员，进行有效地领导，实施目标控制。项目监理规划就是对项目监理机构开展的各项监理工作做出全面、系统的组织与安排。监理规划的编制应针对项目的实际情况，明确项目监理机构的工作目标，确定具体的监理工作制度、程序、方法和措施，并应具有可操作性。

　　监理规划应当明确地指出项目监理机构在工程实施过程中，应当做哪些工作，由谁来做这些工作，在什么时间和什么地点做这些工作，如何做好这些工作，它是项目监理机构工作的依据，也是监理业务工作的依据。

　　2. 监理规划是工程建设监理主管机构对监理单位实施监督管理的重要依据

　　工程建设监理主管机构对监理单位要实施监督、管理和指导，对其管理水平、人员素质、专业配套和监理业绩要进行核查和考评，以确认监理单位的资质和资质等级。因此，建设监理主管机构对监理单位进行考核时应当充分重视对监理规划和其实施情况的检查，它是建设监理主管机构监督、管理和指导监理单位开展工程建设监理活动的重要依据

　　3. 监理规划是建设单位确认监理单位是否全面、认真履行建设工程委托监理合同的主要依据

　　监理单位如何履行建设工程委托监理合同，如何落实建设单位委托监理单位所承担的各项监理服务工作，作为监理任务的委托方，建设单位不但需要而且应当加以了解和确认。同时，建设单位有权监督监理单位执行工程委托监理合同。监理规划正是建设单位了

解和确认这些问题的最好资料，是建设单位确认监理单位是否履行工程委托监理合同的主要说明性文件。监理规划应当能够全面而详细地为建设单位监督工程委托监理合同的履行提供依据。实际上，监理规划的前期文件，即监理大纲，就是监理规划的框架性文件，而且，经由谈判确定了的监理大纲应当纳入工程委托监理合同的附件之中，成为工程建设监理合同文件的组成部分。

4. 监理规划是监理单位重要的存档资料

项目监理规划的内容随着工程的进展而逐步调整、补充和完善，它在一定程度上真实地反映了一个工程项目监理的全貌，是最好的监理过程记录。因此，它是每一家监理单位的重要存档资料。

5.1.3 监理规划与监理大纲、监理实施细则、旁站监理方案

监理大纲是监理单位为获得监理任务在投标阶段编制的项目监理方案性文件，它是监理投标书的组成部分。其目的是要使建设单位相信采用本监理单位的监理方案，能实现建设单位的投资目标和建设意图，从而赢得竞争，获取监理任务。监理大纲的作用是为监理单位经营目标服务的，起着承接监理任务的作用。

监理规划是在总监理工程师的主持下编制、经监理单位技术负责人批准，用来指导项目监理机构全面开展监理工作的指导性文件。由于它是在明确监理委托关系，以及确定项目总监理工程师以后，在更详细占有有关资料基础上编制成的，所以，其包括的内容与深度比监理大纲更为具体和详细，它起着指导监理内部自身业务工作的作用。

监理实施细则是在监理规划指导下，在落实了各专业监理的责任后，由专业监理工程师编写，并经总监理工程师批准，针对工程项目中某一专业或某一方面监理工作的操作性文件。它起着具体指导监理实务作业的作用。

旁站监理是指监理人员在房屋建筑工程施工阶段监理中，对关键部位、关键工序的施工质量实施全过程现场跟班的监督活动。监理企业在编制监理规划时，应当制定旁站监理方案，明确旁站监理的范围、内容、程序和旁站监理人员职责等。

监理大纲、监理规划、监理实施细则、旁站监理方案文件的比较与区别见表 5-1。

监理大纲、监理规划、监理实施细则、旁站监理方案文件的比较 表 5-1

监理文件名称	编制对象	编制人员	编制时间和作用	内　容		
				为什么做？	做什么？	如何做？
监理大纲	项目整体	监理单位技术负责人	在监理招标阶段编制的，目的是使建设单位信服，进而获得监理任务。起着"方案设计"的作用	◎	○	
监理规划	项目整体	总监理工程师监理单位技术负责人批准	在监理委托合同签订后制订，目的是指导项目监理工作，起着"初步设计"的作用	○	◎	◎
监理实施细则	某项专业具体监理工作	专业监理工程师总监理工程师批准	在完善项目监理组织，落实监理责任后制订，目的是具体实施各项监理工作，起"施工图设计"的作用		○	◎

监理文件名称	编制对象	编制人员	编制时间和作用	内容		
				为什么做?	做什么?	如何做?
旁站监理方案	关键部位、关键工序	专业监理工程师 总监理工程师批准	在监理规划和监理实施细则完成后制订,提出对关键部位和关键工序从施工材料检验到施工质量验收进行全过程现场跟班旁站监理的要求		◎	◎

注:◎为重点内容。

5.2 监理规划的内容

工程项目建设监理规划通常应包括以下主要内容:

5.2.1 工程项目概况

1. 工程项目名称
2. 工程项目建设地点
3. 工程项目组成及建设规模
4. 主要建筑结构类型
5. 工程投资额

工程投资额可分两部分费用编列:

(1) 工程项目投资总额。

(2) 分项工程投资组成。

6. 工程项目计划工期

工程项目计划工期可以以工程项目的计划持续时间或以工程项目的具体日历时间表示:

(1) 以工程项目的计划持续时间表示:工程项目计划工期为_____个月或_____天。

(2) 以工程项目的具体日历时间表示:工程项目计划工期由_____年_____月_____日至_____年_____月_____日。

7. 工程质量目标

按照合同书提出的质量目标要求。

8. 工程项目建设单位

9. 工程项目设计单位

10. 工程项目承包单位

5.2.2 监理工作范围

1. 工程项目建设监理阶段

工程项目建设监理阶段是指监理单位所承担监理任务的工程项目建设阶段。可以按照监理合同中确定的监理阶段划分。

(1) 工程项目立项阶段的监理。

(2) 工程项目设计阶段的监理。

（3）工程项目招标阶段的监理。

（4）工程项目施工阶段的监理。

（5）工程项目保修阶段的监理。

2. 工程项目建设监理范围

工程项目建设监理范围是指监理单位所承担任务的工程项目建设监理的范围。如果监理单位承担全部工程项目的工程建设监理任务，监理的范围为全部工程项目，否则应按照监理单位所承担的项目的建设标段或子项目划分确定工程项目建设监理范围。

3. 工程项目建设监理目标

工程项目建设监理目标是指监理单位所承担的工程项目的监理目标。通常以工程项目的建设规模（投资）、进度、质量三大控制目标来表示。

（1）投资目标：以_____年预算为基价，静态投资为_____万元（合同承包价为_____万元）。

（2）工期目标：_____个月或自_____年_____月_____日至_____年_____月_____日。

（3）质量目标：工程项目质量要求按合同条件，应按质量验收标准通过验收。

5.2.3 监理工作内容

1. 工程项目立项阶段监理主要内容

（1）协助建设单位准备项目报建手续。

（2）项目可行性研究咨询。

（3）技术经济论证。

（4）编制工程建设框算。

（5）组织设计任务书编制。

2. 设计阶段建设监理工作的主要内容

（1）结合工程项目特点，收集设计所需的技术经济资料。

（2）编写设计要求文件。

（3）组织工程项目设计方案竞赛或设计招标，协助建设单位选择好勘测设计单位。

（4）拟定和商谈设计委托合同内容。

（5）向设计单位提供设计所需基础资料。

（6）配合设计单位开展技术经济分析，搞好设计方案的比选，优化设计。

（7）配合设计进度，组织设计单位与有关部门，如消防、环保、土地、人防、防汛、园林，以及供水、供电、供气、供热、电信等部门的协调工作。

（8）组织各设计单位之间的协调工作。

（9）参与主要设备、材料的选型。

（10）审核工程估算、概算。

（11）审核主要设备、材料清单。

（12）审核工程项目设计图纸。

（13）检查和控制设计进度。

（14）组织设计文件的报批。

3. 施工招标阶段建设监理工作的主要内容

（1）拟定工程项目施工招标方案并征得建设单位同意。

（2）准备工程项目施工招标条件。

（3）办理施工招标申请。

（4）编写施工招标文件。

（5）标底经建设单位认可后，报送所在地方建设主管部门审核。

（6）组织工程项目施工招标工作。

（7）组织现场勘察与答疑会，回答投标人提出的问题。

（8）组织开标、评标及定标工作。

（9）协助建设单位与中标单位商签承包合同。

4. 材料、物资采购供应的建设监理工作

对于有建设单位负责采购供应的材料、设备等物资，监理工程师应负责进行制定计划、监督合同执行和供应工作。具体监理工作的主要内容有：

（1）制定材料、物资供应计划和相应的资金需求计划。

（2）通过质量、价格、供货期、售后服务等条件的分析和比选，确定材料、设备等物资的供应厂家。重要设备尚应访问现有使用用户，并考察生产厂家的质量保证系统。

（3）拟订并商签材料、设备的订货合同。

（4）监督合同的实施，确保材料设备的及时供应。

5. 施工阶段监理

（1）施工阶段质量控制。

（2）施工阶段进度控制。

（3）施工阶段投资控制。

6. 合同管理

（1）拟定本工程项目合同体系及合同管理制度，包括合同草案的拟订、会签、协商、修改、审批、签署、保管等工作制度及流程。

（2）协助建设单位拟订项目的各类合同条款，并参与各类合同的商谈。

（3）合同执行情况的分析和跟踪管理。

（4）协助建设单位处理与项目有关的索赔事宜及合同纠纷事宜。

7. 委托的其他服务

监理工程师受建设单位委托，承担技术服务方面的内容：

（1）协助建设单位准备项目申请供水、供电、供气、电信线路等协议或批文。

（2）协助建设单位制定商品房营销方案。

（3）为建设单位培训技术人员等。

5.2.4 监理工作目标

工程项目的建设监理工作目标应重点围绕投资控制、质量控制、进度控制三大目标，进行目标分析并制定相关工作流程和控制措施等。

1. 投资控制

（1）投资目标分解

1）按基本建设投资的费用组成分解。

2）按年度、季度（月度）分解。

3）按项目实施的阶段分解。

A. 设计准备阶段投资分解。

B. 设计阶段投资分解。

C. 施工阶段投资分解。

D. 动用前准备阶段投资分解。

4）按项目结构的组成分解。

（2）投资使用计划

（3）投资控制的工作流程与措施

1）工作流程图。

2）投资控制的具体措施。

A. 投资控制的组织措施。

建立健全项目监理机构，完善职责分工及有关制度，落实投资控制的责任。

B. 投资控制的技术措施。

在设计阶段，推选限额设计和优化设计。

招标投标阶段，合理确定标底及合同价。

材料设备供应阶段，通过质量价格比选，合理确定生产供应厂家。

施工阶段，通过审核施工组织设计和施工方案，合理开支施工措施费以及按合理工期组织施工，避免不必要的赶工费。

C. 投资控制的经济措施。

除及时进行计划费用与实际开支费用的比较分析外，监理人员对原设计或施工方案提出合理化建议被采用由此产生的投资节约，可按工程委托监理合同规定予以其一定的奖励。

D. 投资控制的合同措施。

按合同条款支付工资，防止过早、过量的现金支付；全面履约，减少对方提出索赔的条件和机会；正确地处理索赔等。

（4）投资目标的风险分析

对政策性、市场变化、工程变更及环境等影响投资目标实现的因素进行分析。

（5）投资控制的动态比较

1）投资目标分解值与项目概算值的比较。

2）项目概算值与施工图预算值的比较。

3）施工图预算值（合同价）与实际投资的比较。

（6）投资控制表格

2. 进度控制

（1）项目总进度计划

（2）总进度目标的分解

1）年度、季度（月度）进度目标。

2）各阶段的进度目标。

A. 设计准备阶段进度分解。

B. 设计阶段进度分解。

C. 施工阶段进度分解。

D. 动用前准备阶段进度分解。

3）各子项目的进度目标。

（3）进度控制的工作流程与措施

1）工作流程图。

2）进度控制的具体措施。

A. 进度控制的组织措施。

落实进度控制的责任，建立进度控制协调制度。

B. 进度控制的技术措施。

建立多级网络计划和施工作业计划体系；增加同时作业的施工工作面；采用高效能的施工机械设备；采用施工新工艺、新技术，缩短工艺过程间和工序间的技术间歇时间。

C. 进度控制的经济措施。

对工期提前者实行奖励；对应急工程实行较高的计件单价；确保资金的及时供应等。

D. 进度控制的合同措施。

按合同要求及时协调有关各方的进度，以确保项目形象进度。

（4）进度目标实现的风险分析

对影响进度实现的各种因素进行预先分析和估计。

（5）进度控制的动态比较

1）进度目标分解值与项目进度实际值的比较。

2）项目进度目标值预测分析。

（6）进度控制表格

3. 质量控制

（1）质量控制目标的描述

1）设计质量控制目标。

2）材料质量控制目标。

3）设备质量控制目标。

4）土建施工质量控制目标。

5）设备安装质量控制目标。

6）其他说明。

（2）质量控制的工作流程与措施

1）工作流程图。

2）质量控制的具体措施。

A. 质量控制的组织措施。

建立健全项目监理机构织，完善职责分工及有关质量监督制度，落实质量控制的责任。

B. 质量控制的技术措施。

设计阶段，协助设计单位开展优化设计和完善设计质量保证体系。

材料设备供应阶段，通过质量价格比选，正确选择生产厂家，并协助其完善质量保证体系。

施工阶段，严格事前、事中和事后的质量控制措施。

C. 质量控制的经济措施及合同措施

严格质量检查和验收，不符合合同规定质量要求的拒付工程款；达到质量优良者，支付质量补偿金或奖金等。

（3）质量目标实现的风险分析

对影响质量目标的监理工作重点和难点进行分析。

（4）质量控制状况的动态分析

（5）质量控制表格

4. 合同管理

（1）合同结构

可以以合同结构图的形式表示。

（2）合同目录一览表（见表5-2）

合同目录一览表 表5-2

序 号	合同编号	合同名称	承包单位	合 同 价	合同工期	质量要求

（3）合同管理的工作流程与措施

1）工作流程图。

2）合同管理的具体措施。

（4）合同执行状况的动态分析

（5）合同争议调解与索赔程序

（6）合同管理表格

5. 信息管理

（1）信息流程图

（2）信息分类表（见表5-3）

信 息 分 类 表 表5-3

序 号	信息类别	信息名称	信息管理要求	责 任 人

（3）信息管理的工作流程与措施

1）工作流程图。

2）信息管理的具体措施。

（4）信息管理表格

6. 组织协调

（1）与工程项目有关的单位

1）项目系统内的单位：主要有工程建设单位、设计单位、施工承包单位、材料和设备供应单位、资金提供单位等。

2）项目系统外的单位：主要有政府管理机构、政府有关部门、工程毗邻单位、社会团体等。

（2）协调分析

1）项目系统内相关单位协调重点的分析。

2）项目系统外相关单位协调重点的分析。

（3）协调工作程序

1）投资控制协调程序。

2）进度控制协调程序。

3）质量控制协调程序。

4）其他方面协调程序。

（4）协调工作表格

主要对协调工作作出计划和分工安排。

5.2.5 监理工作依据

编制监理规划应依据：

（1）建设工程的相关法律、法规及项目审批文件。

（2）与建设工程项目有关的标准、设计文件、技术资料。

（3）监理大纲、工程委托监理合同文件及建设工程项目相关的合同文件等。

5.2.6 项目监理机构的组织形式

项目监理机构的组织形式和规模，应根据工程委托监理合同规定的服务内容、服务期限、工程类别、规模、技术复杂程度、工程环境等因素确定。一般可用组织机构图表示。

5.2.7 项目监理机构的人员配备计划

监理人员有总监理工程师、专业监理工程师和监理员，必要时可配备总监理工程师代表。项目监理机构的监理人员应专业配套、数量满足工程项目监理工作的需要。

5.2.8 项目监理机构的人员岗位职责

（1）项目监理机构职能部门的职责分工。

（2）各类监理人员的职责分工。

5.2.9 监理工作程序

根据监理目标编制监理工作程序控制流程图或表格。

（1）制定监理工作总程序应根据专业工程特点，并按工作内容分别制定具体的监理工作程序。

（2）制定监理工作程序应体现事前控制和主动控制的要求。

（3）制定监理工作程序应结合工程项目的特点，注重监理工作的效果。监理工作程序中应明确工作内容、行为主体、考核标准、工作时限。

（4）当涉及到建设单位和承包单位的工作时，监理工作程序应符合委托监理合同和施工合同的规定。

（5）在监理工作实施过程中，应根据实际情况的变化对监理工作程序进行调整和完善。

5.2.10 监理工作方法及措施

监理工作方法及措施是监理规划的重要内容，应根据监理目标拟定监理原则、监理方法和主控项目的控制措施。

1. 施工准备阶段的监理工作

（1）在设计交底前，总监理工程师应组织监理人员熟悉设计文件，并对图纸中存在的问题通过建设单位向设计单位提出书面意见和建议。

（2）项目监理人员应参加由建设单位组织的设计技术交底会，总监理工程师应对设计技术交底会议纪要进行签认。

（3）工程项目开工前，总监理工程师应组织专业监理工程师审查承包单位报送的施工组织设计（方案）报审表，提出审查意见，并经总监理工程师审核、签认后报建设单位。

（4）工程项目开工前，总监理工程师应审查承包单位现场项目管理机构的质量管理体系、技术管理体系和质量保证体系，确能保证工程项目施工质量时予以确认。对质量管理体系、技术管理体系和质量保证体系应审核以下内容：

1）质量管理、技术管理和质量保证的组织机构。

2）质量管理、技术管理制度。

3）专职管理人员和特种作业人员的资格证、上岗证。

（5）分包工程开工前，专业监理工程师应审查承包单位报送的分包单位资格报审表和分包单位有关资质资料，符合有关规定后，由总监理工程师予以签认。

（6）对分包单位资格应审核以下内容：

1）分包单位的营业执照、企业资质等级证书、特殊行业施工许可证、国外（境外）企业在国内承包工程许可证。

2）分包单位的业绩。

3）拟分包工程的内容和范围。

4）专职管理人员和特种作业人员的资格证、上岗证。

（7）专业监理工程师应按以下要求对承包单位报送的测量放线控制成果及保护措施进行检查，符合要求时专业监理工程师对承包单位报送的施工测量成果报验申请表予以签认。

1）检查承包单位专职测量人员的岗位证书及测量设备检定证书。

2）复核控制桩的校核成果、控制桩的保护措施以及平面控制网、高程控制网和临时水准点的测量成果。

（8）专业监理工程师应审查承包单位报送的工程开工报审表及相关资料，具备以下开工条件时，由总监理工程师签发，并报建设单位：

1）施工许可证已获政府主管部门批准。

2）征地拆迁工作能满足工程进度的需要。

3）施工组织设计已获总监理工程师批准。

4）承包单位现场管理人员已到位，机具、施工人员已进场，主要工程材料已落实。

5）进场道路及水、电、通信等已满足开工要求。

（9）工程项目开工前，监理人员应参加由建设单位主持召开的第一次工地会议。

2. 工程质量控制工作

（1）在施工过程中，当承包单位对已批准的施工组织设计进行调整、补充或变动时，应经专业监理工程师审查，并应由总监理工程师签认。

（2）专业监理工程师应要求承包单位报送重点部位、关键工序的施工工艺和确保工程质量的措施，审核同意后予以签认。

（3）当承包单位采用新材料、新工艺、新技术、新设备时，专业监理工程师应要求承包单位报送相应的施工工艺措施和证明材料，组织专题论证，经审定后予以签认。

（4）项目监理机构应对承包单位在施工过程中报送的施工测量放线成果进行复验和确认。

（5）专业监理工程师应从以下五个方面对承包单位的试验室进行考核：

1）试验室的资质等级及其试验范围。

2）法定计量部门对试验设备出具的计量检定证明。

3）试验室的管理制度。

4）试验人员的资格证书。

5）本工程的试验项目及其要求。

（6）专业监理工程师应对承包单位报送的拟进场工程材料、构配件和设备的工程材料/构配件/设备报审表及其质量证明资料进行审核，并对进场的实物按照委托监理合同约定或有关工程质量管理文件规定的比例采用平行检验或见证取样方式进行抽检。

对未经监理人员验收或验收不合格的工程材料、构配件、设备，监理人员应拒绝签认，并应签发监理工程师通知单，书面通知承包单位限期将不合格的工程材料、构配件、设备撤出现场。

（7）项目监理机构应定期检查承包单位的直接影响工程质量的计量设备的技术状况。

（8）总监理工程师应安排监理人员对施工过程进行巡视和检查。对隐蔽工程的隐蔽过程、下道工序施工完成后难以检查的重点部位，专业监理工程师应安排监理员进行旁站。

（9）专业监理工程师应根据承包单位报送的隐蔽工程报验申请表和自检结果进行现场检查，符合要求予以签认。

对未经监理人员验收或验收不合格的工序，监理人员应拒绝签认，并要求承包单位严禁进行下一道工序的施工。

（10）专业监理工程师应对承包单位报送的分项工程质量验评资料进行审核，符合要求后予以签认；总监理工程师应组织监理人员对承包单位报送的分部工程和单位工程质量验评资料进行审核和现场检查，符合要求后予以签认。

（11）对施工过程中出现的质量缺陷，专业监理工程师应及时下达监理工程师通知，要求承包单位整改，并检查整改结果。

（12）监理人员发现施工存在重大质量隐患，可能造成质量事故或已经造成质量事故，应通过总监理工程师及时下达工程暂停令，要求承包单位停工整改。整改完毕并经监理人员复查，符合规定要求后，总监理工程师应及时签署工程复工报审表。总监理工程师下达工程暂停令和签署工程复工报审表，宜事先向建设单位报告。

（13）对需要返工处理或加固补强的质量事故，总监理工程师应责令承包单位报送质量事故调查报告和经设计单位等相关单位认可的处理方案，项目监理机构应对质量事故的处理过程和处理结果进行跟踪检查和验收。

总监理工程师应及时向建设单位及本监理单位提交有关质量事故的书面报告，并应将完整的质量事故处理记录整理归档。

3．工程造价控制工作

（1）项目监理机构应按下列程序进行工程计量和工程款支付工作：

1）承包单位统计经专业监理工程师质量验收合格的工程量，按施工合同的约定填报工程量清单和工程款支付申请表。

2）专业监理工程师进行现场计量，按施工合同的约定审核工程量清单和工程款支付申请表，并报总监理工程师审定。

3）总监理工程师签署工程款支付证书，并报建设单位。

（2）项目监理机构应按下列程序进行竣工结算：

1）承包单位按施工合同规定填报竣工结算报表。

2）专业监理工程师审核承包单位报送的竣工结算报表。

3）总监理工程师审定竣工结算报表，与建设单位、承包单位协商一致后，签发竣工结算文件和最终的工程款支付证书报建设单位。

（3）项目监理机构应依据施工合同有关条款、施工图，对工程项目造价目标进行风险分析，并应制定防范性对策。

（4）总监理工程师应从造价、项目的功能要求、质量和工期等方面审查工程变更的方案，并宜在工程变更实施前与建设单位、承包单位协商确定工程变更的价款。

（5）项目监理机构应按施工合同约定的工程量计算规则和支付条款进行工程量计量和工程款支付。

（6）专业监理工程师应及时建立月完成工程量和工作量统计表，对实际完成量与计划完成量进行比较、分析，制定调整措施，并应在监理月报中向建设单位报告。

（7）专业监理工程师应及时收集、整理有关的施工和监理资料，为处理费用索赔提供证据。

（8）项目监理机构应及时按施工合同的有关规定进行竣工结算，并应对竣工结算的价款总额与建设单位和承包单位进行协商。当无法协商一致时，应按有关规定进行处理。

（9）未经监理人员质量验收合格的工程量，或不符合施工合同规定的工程量，监理人员应拒绝计量和该部分的工程款支付申请。

4．工程进度控制工作

（1）项目监理机构应按下列程序进行工程进度控制。

1）总监理工程师审批承包单位报送的施工总进度计划。

2）总监理工程师审批承包单位编制的年、季、月度施工进度计划。

3）专业监理工程师对进度计划实施情况检查、分析。

4）当实际进度符合计划进度时，应要求承包单位编制下一期进度计划；当实际进度滞后于计划进度时，专业监理工程师应书面通知承包单位采取纠偏措施并监督实施。

（2）专业监理工程师应依据施工合同有关条款、施工图及经过批准的施工组织设计制定进度控制方案，对进度目标进行风险分析，制定防范性对策，经总监理工程师审定后报送建设单位。

（3）专业监理工程师应检查进度计划的实施，并记录实际进度及其相关情况，当发现实际进度滞后于计划进度时应签发监理工程师通知单指令承包单位采取调整措施。当实际进度严重滞后于计划进度时应及时报总监理工程师，由总监理工程师与建设单位商定采取进一步措施。

（4）总监理工程师应在监理月报中向建设单位报告工程进度和所采取进度控制措施的

执行情况，并提出合理预防由建设单位原因导致的工程延期及其相关费用索赔的建议。

5. 竣工验收

（1）总监理工程师应组织专业监理工程师，依据有关法律、法规、工程建设强制性标准、设计文件及施工合同，对承包单位报送的竣工资料进行审查，并对工程质量进行竣工预验收。对存在的问题，应及时要求承包单位整改。整改完毕由总监理工程师签署工程竣工报验单，并应在此基础上提出工程质量评估报告。工程质量评估报告应经总监理工程师和监理单位技术负责人审核签字。

（2）项目监理机构应参加由建设单位组织的竣工验收，并提供相关监理资料。对验收中提出的整改问题，项目监理机构应要求承包单位进行整改。工程质量符合要求，由总监理工程师会同参加验收的各方签署竣工验收报告。

6. 工程质量保修期的监理工作

（1）监理单位应依据委托监理合同约定的工程质量保修期监理工作的时间、范围和内容开展工作。

（2）承担质量保修期监理工作时，监理单位应安排监理人员对建设单位提出的工程质量缺陷进行检查和记录，对承包单位进行修复的工程质量进行验收，合格后予以签认。

（3）监理人员应对工程质量缺陷原因进行调查分析并确定责任归属，对非承包单位原因造成的工程质量缺陷，监理人员应核实修复工程的费用和签署工程款支付证书，并报建设单位。

5.2.11 监理工作制度

1. 项目立项阶段

（1）可行性研究报告评审制度。

（2）工程框算审核制度。

（3）技术咨询制度。

2. 设计阶段

（1）设计大纲、设计要求编写及审核制度。

（2）设计委托合同管理制度。

（3）设计咨询制度。

（4）设计方案评审制度。

（5）工程估算、概算审核制度。

（6）施工图纸审核制度。

（7）设计费用支付签署制度。

（8）设计协调会及会议纪要制度。

（9）设计备忘录签发制度等。

3. 施工招标阶段

（1）招标准备工作有关制度。

（2）编制招标文件有关制度。

（3）标底编制及审核制度。

（4）合同条件拟订及审核制度。

（5）组织招标实务有关制度等。

4. 施工阶段

（1）施工图纸会审及设计交底制度。

（2）施工组织设计审核制度。

（3）工程开工申请制度。

（4）工程材料、半成品质量检验制度。

（5）隐蔽工程、检验批、分项、分部（子分部）工程质量验收制度。

（6）技术复核制度。

（7）单位工程、单项工程中间验收制度。

（8）技术经济签证制度。

（9）设计变更处理制度。

（10）现场协调会及会议纪要签发制度。

（11）施工备忘录签发制度。

（12）施工现场紧急情况处理制度。

（13）工程款支付签审制度。

（14）工程索赔签审制度等。

5. 项目监理机构内部工作制度

（1）项目监理机构工作会议制度。

（2）对外行文审批制度。

（3）建立监理工作日志制度。

（4）监理周报、月报制度。

（5）技术、经济资料及档案管理制度。

（6）监理费用预算制度等。

5.2.12 监理设施

根据监理目标拟定项目监理的主要检测设备，制定检测计划、方法和手段。

（1）建设单位应提供委托监理合同约定的满足监理工作需要的办公、交通、生活设施。项目监理机构应妥善保管和使用建设单位提供的设施，并应在完成监理工作后移交建设单位。

（2）项目监理机构应根据工程项目类别、规模、技术复杂程度、工程项目所在地的环境条件，按委托监理合同的约定，配备满足监理工作需要的常规检测设备和工具。

（3）在大中型项目的监理工作中，项目监理机构应实施监理工作的计算机辅助管理。

在监理工作实施过程中，如实际情况或条件发生重大变化而需要调整监理规划时，应由总监理工程师组织专业监理工程师研究修改，按原报审程序经过批准后报建设单位。

5.3 监理规划的编制与实施

5.3.1 监理规划的编制

监理规划应在签订委托监理合同及收到设计文件后开始编制，完成后必须经监理单位技术负责人审核批准，并应在召开第一次工地会议前报送建设单位。监理规划应由总监理工程师主持、专业监理工程师参加编制。

1. 监理规划编制依据

（1）工程项目外部环境调查研究资料

1）自然条件

包括：工程地质、工程水文、历年气象、区域地形、自然灾害等。

2）社会和经济条件

包括：政治局势、社会治安、建筑市场状况、材料和设备厂家、勘察和设计单位、施工承包单位、工程咨询和监理单位、交通设施、通信设施、公用设施、能源和后勤供应、金融市场情况等。

（2）工程建设方面的法律、法规

1）中央、地方和部门政策、法律、法规。

2）工程所在地的法律、法规、规定及有关政策等。

3）工程建设的各种规范、标准。

（3）政府批准的工程建设文件

1）可行性研究报告、立项批文。

2）规划部门确定的规划条件、土地使用条件、环境保护要求、市政管理规定等。

（4）建设工程委托监理合同

1）监理单位和监理工程师的权利和义务。

2）监理工作范围和内容。

3）有关监理规划方面的要求。

（5）其他工程建设合同

1）项目建设单位的权利和义务。

2）工程承包单位的权利和义务。

（6）项目建设单位的正当要求

根据监理单位应竭诚为客户服务的宗旨，在不超出合同职责范围内的前提下，监理单位应最大限度地满足建设单位的正当要求。

（7）工程实施过程中输出的有关工程信息

1）方案设计、初步设计、施工图设计。

2）工程实施状况。

3）工程招标投标情况。

4）重大工程变更。

5）外部环境变化等。

（8）项目监理大纲

1）项目监理机构织计划。

2）拟投入的主要监理成员。

3）投资、进度、质量控制方案。

4）信息管理方案。

5）合同管理方案。

6）定期提交给建设单位的监理工作阶段性成果。

2. 监理规划的编制要求

（1）监理规划的内容应当规范化、具体化

监理规划作为监理工作的指导性文件，应当全面反映社会监理单位监理工作的思想、组织、方法和手段，并根据工程项目的特点具体化，因此，在编写的总体内容上要统一，在具体内容上要有针对性。

监理规划的内容是根据建设单位委托监理的服务范围来编写的，所以不同项目上的监理规划内容有所不同。但是无论是全过程监理还是阶段性监理，无论是系统的目标控制还是单一的目标控制，监理工程师应当将目标控制作为一个核心来抓。所以，监理规划的内容首先应当把如何做好目标控制作为基本内容。同时，监理在进行目标控制的过程中离不开组织，组织是实现目标控制的基础，它是做好监理工作的前提，任何时候都不要忘记：组织是为实现系统目标的组织，目标决定组织，组织是为实现目标服务的。另外，合同管理与信息管理也是两项不可忽视的部分，它们对于目标控制并且使工程项目能够在预定的目标要求范围内实现都是十分重要的。所以说，项目组织、目标控制、合同管理和信息管理是构成监理规划的基本内容。这样，就可以将监理规划的内容统一起来，从而达到监理规划在内容上的规范化。

监理规划基本内容的统一和规范化并不排除它的针对性。监理规划是指导一个具体工程项目的监理工作文件，它的具体内容要适应这个工程项目。而每个工程项目都不相同，具有单件性和一次性的特点，因此需要在监理规划的大框架上用充实的、具有针对性的、反映出本工程特点的内容来写。不仅如此，每一个监理单位和每一位监理工程师对监理的思想、方法和手段都有自己的独到见解，他们的工作经历不同、水平不一，因此在编写监理规划具体内容时应当提倡各尽所能，只要能够有效地实施监理，圆满完成监理任务就是一个好的切实可行的监理规划。

（2）监理规划的表达方式应当格式化、标准化

现代的科学管理应当讲究效率、效能和效益。在监理规划的内容表达上也应当考虑采用哪一种方式、方法，能够使监理规划表现得更明确、更简洁、更直观，使它便于工作，图、表和简单的文字说明应当是采用的基本方法。

（3）监理规划编写的主持人和决策者应是项目总监理工程师

监理规划应当在总监理工程师主持下编写制定，同时要广泛征求各专业监理工程师的意见并吸收他们中的一部分共同参与编写。编写之前要搜集有关工程项目的状况资料和环境资料作为规划决策的基础。监理规划在编写过程中应当听取建设单位的意见，最大程度地满足他们的合理要求，为进一步搞好工程服务奠定基础。要听取被监理方的意见，不仅包括本工程项目的承包单位，还应当广泛地向有经验的承包单位征求意见。

总之，监理规划是指导整个项目监理工作的文件，它牵涉监理工作的各个方面，凡是有关的部门和人员都应该关心它，使监理规划在总监理工程师的主持下，由监理规划编写组具体完成。

（4）监理规划的编写应当强调动态性

监理规划是针对一个具体工程项目编写的，项目的动态性决定了监理规划的形成过程也具有较强的动态性。监理规划是进行微观的工程项目管理中的规划，所以它必须考虑工程项目的发展，富有余地，才能做到对工程有效的监理。

监理规划编写上的动态性主要是指随着工程项目的进展不断地以监理规划加以完善、补

充和修改，最后形成一个完整的规划。同时，动态性还指它的可调性，工程项目在运动过程中，内外因素的变化使监理规划的工作内容有所改变，需要对监理规划的偏离进行反复的调整，这就必然造成监理规划本身在内容上要相应地调整，使工程项目能够得到有效控制。

监理规划编写上的动态性还在于由于它所需要的编写信息是逐步提供的。当项目信息很少时，不可能对项目进行详尽的规划，随着设计的不断进展、工程招标方案的出台和实施，工程信息越来越多，监理规划也就越加趋于完整。随着项目的展开和环境的变化，监理规划的一些内容，如各项目标、职责分工、监理范围等也可做局部的调整和修改。

（5）监理规划的分阶段编写

监理规划编写阶段可按项目实施的各个阶段来划分。例如，可划分为设计阶段、施工招标阶段和施工阶段等。设计的前期阶段，即设计准备阶段应完成规划的总框架并将设计阶段的监理工作进行"近细远粗"地规划，使规划内容与已经把握住的工程信息紧密结合，既能有效地指导下阶段的监理工作，又为未来的工程实施进行筹划；设计阶段结束，大量的工程信息能够提供出来，所以施工招标阶段监理规划的大部分内容都能够落实；随着施工招标的进展，各承包单位逐步确定下来，工程承包合同逐步签订，施工阶段监理规划所需信息基本齐备，足以编写出完整的施工阶段监理规划。在施工阶段，有关监理规划工作主要是根据工程进展情况进行调整、修改，使它能够动态地指导整个工程项目的正常进行。

无论监理规划的编写如何进行阶段划分，但它必须起到指导监理工作的作用，同时还要留出审查、修改的时间。所以，监理规划编写要事先规定时间。

（6）监理规划的要用系统设计的方法编制

工程建设监理是一项复杂的系统工程。监理规划正是对这项工程所进行的设计，需要采取先进的科学方法。

监理规划所要建立的系统是目标、原则和众多实施细则所组成的有机整体。其内在因素相互影响并受到外部众多条件的约束。因此，需要按照系统设计的步骤来进行：

1）分析本项目监理的任务和目标。

2）确定监理规划编写准则。

3）提出若干备选方案。

4）对各备选方案进行物质、经济和财务方面的可行性分析。

5）评价各方案并确定最优方案。

6）形成并确定方案的具体内容。

按以上步骤开展的是一个反复的过程，是一个循环渐进的过程。所以，监理规划的制定要充分准备，要有较大的投入，包括人、物质和资金的投入，才能保证监理规划的针对性和指导性。

5.3.2　监理规划的实施

1. 监理规划的严肃性

（1）监理规划一经确定，进行审核并批准后，应当提交给建设单位确认和监督实施。所有监理工作和监理人员必须按此严格执行。

（2）监理单位应根据编制的监理规划建立合理的组织结构、有效的指挥系统和信息管理制度，明确和完善有关人员的职责分工，落实监理工作的责任，以保证监理规划的实现。

2. 监理规划的交底

项目总监理工程师应对编制的监理规划逐级及分专业进行交底。应使监理人员明确：

（1）为什么做

建设单位对监理工作的要求是什么？监理工作要达到的目标是什么？这要通过项目的投资控制、质量控制、进度控制目标体现出来。

（2）做什么

为了达到监理工作的目标，监理工作的范围和工作内容是什么？

（3）如何做

在监理工作中具体采用的监理措施，如组织方面的措施、技术方面的措施、经济方面的措施、合同方面的措施是什么等。

在监理规划的基础上，要求各专业监理工程师对监理工作"做什么"、"如何做"进行具体化和补充，即根据监理项目的具体情况负责编写监理实施细则。

3. 对监理规划执行情况进行检查、分析和总结

监理规划在实施过程中要定期进行执行情况的检查，检查的主要内容有：

（1）监理工作进行情况。建设单位为监理工作创造的条件是否具备；监理工作是否按监理规划或监理实施细则展开；监理工作制度是否认真执行；监理工作还存在哪些问题或制约因素等。

（2）监理工作的效果。在监理工作中，监理工作的效果只能分阶段表现出来。如工程进度是否符合计划要求；工程质量及工程投资是否处于受控状态等。

根据检查中发现的问题和对其原因的分析，以及监理实施过程中各方面发生的新情况和新变化，需要对原制定的规划进行调整或修改。监理规划的调整或修改，主要是监理工作内容和深度，以及相应的监理工作措施。凡监理目标的调整或修改，除中间过程的目标外，若影响最终的监理目标应与建设单位协商并取得认可。监理规划的调整或修改与编制时的职责分工相同，也应按照拟定方案、审核、批准的程序进行。

实行建设监理制，实现了项目活动的专业化、社会化管理，使得监理单位可以按照项目的特点对每个不同的监理项目实行不同的管理，对每个项目单独编制和实施监理规划就是这种管理的内容的一部分。监理单位为了提高监理水平，应对每个监理的项目进行认真的分析和总结，以此积累经验，并把这些经验转变为监理单位的监理规则，用它们长久地指导监理工作，这样才能从根本上杜绝"只有一次教训，没有二次经验"的现象，使我国的建设监理事业逐步适应工程建设发展的需要。

5.4 监理规划实例

某大厦工程建设监理规划是项目监理机构根据建设工程委托监理合同、监理大纲、有关的设计文件和国家有关规定而编制，使有关方面对监理的方法、组织、工作内容、工作流程、质量控制的原则和内容等有较详细的了解。随着工程的进展和深入，项目监理机构将在监理规划的基础上，逐步编写有关工程的监理实施细则，使有关方面对监理在各分项工程、分部工程和单位工程中的具体要求和签证手续有更明确的了解。

5.4.1 工程项目概况

参照监理大纲和建设工程委托监理合同编写（略）。

5.4.2 监理工作范围

监理的范围：自工程开工之日起至工程竣工验收后（包括保修期）结束为止的施工全过程监理（见图5-1）。

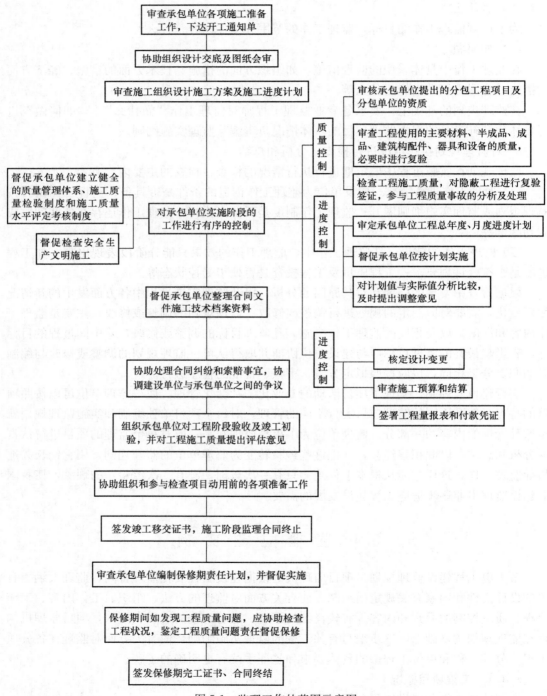

图 5-1　监理工作的范围示意图

5.4.3 监理工作内容
监理工作内容参照监理大纲和建设工程委托监理合同编写（略）。

5.4.4 监理工作目标
工程造价目标、工程进度目标、工程质量目标参照施工合同编写（略）。

5.4.5 监理工作依据
（1）本工程施工合同。
（2）本工程委托监理合同。
（3）国家和当地有关工程建设方面的法律、法规、政策和规定。
（4）设计图纸和其他有关文件（包括经批准的施工组织设计、施工方案以及技术核定单）。
（5）现行的工程建设规范和质量检验标准。
（6）为本工程制订的有关技术文件及规定。

5.4.6 项目监理机构的组织形式
（1）项目组织结构图（略）。
（2）监理与各方的关系：参照监理大纲和工程委托监理合同编写（略）。
（3）现场项目监理机构织：
项目监理机构组织机构（见图 5-2）：

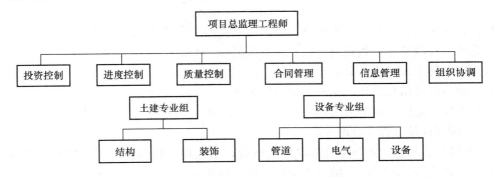

图 5-2 项目监理机构组织机构示意图

5.4.7 项目监理机构的人员配备计划
项目监理机构的人员配备计划根据情况作好安排和分工，一般通过表格形式列出，见表 5-4。

监理人员岗位分工 表 5-4

姓 名	年 龄	专 业	职 称	岗 位	培训情况	备 注

5.4.8 项目监理机构的人员岗位职责
项目监理机构的人员岗位职责参照监理大纲和工程委托监理合同编写（略）。

5.4.9 监理工作程序
根据工程委托监理合同目标和工程情况绘制工程主控项目和一般项目监理工作程序图（略）。

5.4.10 监理工作方法及措施
1. 施工阶段的投资控制

（1）投资（造价）控制的原则

1）控制实际投资（造价）额不超出计划投资（造价）额。

2）加强合同管理，严格控制索赔事项。

3）投资（造价）控制做到建设单位投资有控制、承包单位不吃亏。

（2）投资（造价）控制的任务

1）健全组织体制，明确职能分工，编制各类投资控制程序及实施计划。

2）编制项目总投资（造价）切块、分解规划。

3）编制项目各阶段、各年、各季、各月资金使用计划。

4）按月进行工程计量、审核并签署承包单位上报的月进度报表及付款凭证。

5）对承包单位作阶段工程进度款价款结算单的复核工作。

6）控制设计变更对造价的影响。

7）参与主要设备、材料的选用。

8）参与合同的修改、补充工作，着重考虑合同对投资（造价）的影响。

9）及时做好工程价款的动态管理，对新工艺、新技术和新产品的使用进行技术经济分析和比较。

10）协助建设单位处理合同纠纷和索赔费用的核定，协调建设单位与承包单位之间的争议。

11）在施工过程中每月（季）进行投资计划值与实际值作比较，及时向建设单位提供投资（造价）控制动态分析报告或数据及有关凭证。

12）审核施工预（决）算。

13）加强经济信息管理，及时提供信息咨询。

（3）投资（造价）控制的流程

1）工程量计量流程（见图 5-3）。

2）工程付款流程。承包单位提出付款申请，总监理工程师审查工程进度、质量，如符合要求，则签署付款凭证，报建设单位审核后付款。

3）主要设备订货流程。承包单位提出订货申请，申报并交总监理工程师审查，由总监理工程师与建设单位及设计单位磋商，同意后批准订货。

2. 施工阶段的进度控制

（1）进度控制的原则

在工程项目的实施过程中，随时掌握工程进展，进行计划值与实际值比较分析，提出意见，确保施工总工期的实现。

（2）进度控制的任务

1）审核工程施工总进度计划能否满足总工期要求，并提出合理意见。

2）审查承包单位施工管理组织机构、人员配备、资质、业务水平是否适应工程的需要，并提出意见。

3）根据承包单位施工总进度计划的要求，敦促建设单位所供应材料与设备及时订货、进场。

4）督促承包单位季度、月度施工计划的实施。

5）督促承包单位按月提交施工计划完成情况报表，并对计划值与实际值进行分析

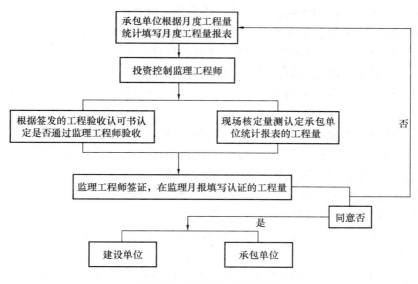

图 5-3　工程量计量流程图

比较。

6）根据工程实际情况，调整工程进度计划，确保工程总进度目标的实现。

7）承包单位如因故修改计划，应向总监理工程师申明原因，提出具体修改计划，经同意后方可变更。

8）参加承包单位（或建设单位）定期召开的工程进度计划协调会议，听取工程问题汇报，对其中有关进度问题提出监理意见。

（3）进度控制的工作流程（见图 5-4）。

3. 施工阶段质量控制

（1）质量控制的原则

监理工程师坚持"严格控制、积极参与、热情服务"的宗旨，通过"超前监理、预防为主、跟踪监理、动态管理，加强验收、严格把关"的方法，处理协调好质量、进度、投资三个互相制约的目标要求，实现工程质量目标。

（2）施工准备工作的监理

1）审核承包单位提出的分包工程项目内容和分包单位的资质，未经同意承包单位不得将工程分包出去。

2）承包单位应按合同条款的约定将经上级主管部门批准的施

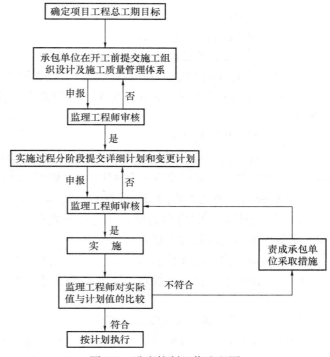

图 5-4　进度控制工作流程图

工组织设计（包括施工组织体系、质量管理体系等）报送项目监理机构进行审核，项目监理机构将审核意见于工程开工前规定时间内书面函告承包单位。

3）熟悉图纸和有关设计文件、规范、规程、标准，参加图纸会审，掌握设计意图及技术要求，力争把施工图纸中的疑点消灭在图纸上，解决在施工之前。

图纸会审记录，经各有关参与方会审后，作为设计文件之一，由监理工程师负责督促执行。

（3）主要材料、半成品、成品、建筑构配件、器具及设备的监控

1）用于工程上的主要材料，如钢材、水泥以及半成品、成品和各种构件等，进场时必须出具正式的合格证和材质化验单等有关技术资料，承包单位还应按有关规定进行检验复试，然后将上述资料一并提交监理工程师复核验证，否则一律不准用于工程上。

2）建筑配件、铝合金门窗及主要设备在订货前，承包单位应提出样品（或看样）及有关供货厂家情况、单价等资料向监理单位申报，由监理单位会同设计、建设单位研究同意后方可订货。

3）对进口材料及设备必须具有海关商检书，进口钢筋除按规定抽样作机械性能试验外，焊接前还应做化学分析试验和可焊性试验；进口水泥应做强度及安定性试验。

4）钢筋和钢筋接头应抽样检验，其机械性能须符合规范要求。

5）工程中所用的构件，如由于运输及安装等原因出现质量问题时，应进行分析研究，采取处理措施，经监理工程师同意后方能使用。

6）检查加工订货的主要材料、设备及配件等是否符合设计文件或标书规定的厂家、型号、规格和标准。

7）材料试验单位的资质审查凭证应提交项目监理机构审查、认可。

（4）复核签证项目

1）建筑物轴线、标高复核。

2）±0.00以上各层轴线、标高抽测。

3）对所有模板预留孔、预埋件的标高、位置抽查。

以上分部、分项工程均应在承包单位自检确认（签字）后，提前一天交监理工程师复验签证。

（5）隐蔽工程验收项目

所有隐蔽工程均应在承包单位自行验收确认（签字）后，提前一至三天交项目监理机构各专业复验签证（同时必须提供配料单、大样图），未经复验签证一律不得进行隐蔽。

1）检验批、分项工程隐蔽验收项目及内容：

各项钢筋混凝土中的钢筋绑扎（包括预埋件）验收：主要检验钢筋数量、品种、规格、间距、搭接长度和接头质量。

埋入结构中的避雷导线验收：主要检验导线的连续性，用料规格、数量和焊接质量。

埋入结构中的工艺管线验收：主要检验预埋工艺管线的数量、规格、材质、走向、接头质量。

2）分部（子分部）工程隐蔽验收：

分部（子分部）工程验收，系指分部（子分部）工程已施工完毕的验收，主要验收内容是对该分部施工全过程的质量情况（包括质量问题的处理）作出质量上的综合评估。因

此，承包单位应在验收前三天将工程验收单提交项目监理机构，经项目监理机构会同建设单位、承包单位和有关部门等共同进行验收签证。

通风与空调工程风管系统及给排水管、热水管道、煤气管道的强度试验和严密性试验验收，主要检查验收各系统的泵压强度、严密性和施工全过程的质量，并作出各系统质量的综合评估。

（6）结构工程质量监理

1）测量工程

建筑物的定位、轴线、水准点、层高及垂直度、沉降观测等。

A. 对总承包单位提供的测量方案进行审核并督促其落实，其中包括对承包单位所用仪器的有效鉴定书和岗位人员的审核。

B. 协调承包单位与及监理机构之间的测量、监测事宜，并及时对各检验批、分项、分部（子分部）工程的测量复核单签证、认可，对测量工作提出评估意见。

C. 施工测量质量控制：

定期对建筑物外边的控导点控制网和建筑物的平面控制点进行复核，并督促承包单位对控制点的保护，对总承包单位所测定的控制点坐标进行认可、签证，并督促其定期校核。

每隔三层对建筑物进行平面轴线和垂直度复核。

在钢柱安装以前对底板上的螺栓坐标进行反算实测，测边、测角平差计算，最后对承包单位的点位进行认可，并对其承面标高进行复测。

在整个工程施工过程，由于有多方施工，因此，督促总承包单位严格要求高程引测，其中考虑到钢柱的压缩变形和大楼沉降因素，每隔一个阶段，督促总承包单位对高程进行测量及复核，监理在其基础上进行复核。

2）围护及土方工程：

深基础施工，包括基坑围护、支撑、降水、挖土等工程必须采取总包负责制，以利于明确责任、统一协调。在施工前，应由施工总承包单位负责编制施工组织设计。制订切实可行、安全可靠、技术质量有保证的施工方案，并由企业技术负责人审核签字。其中，深基坑设计审查应按有关文件精神进行。施工前7天报送项目监理机构审核，项目监理机构将在施工前三天将审核意见告知承包单位。

监督承包单位加强施工现场技术质量管理，严格按照审定的施工组织设计进行施工。

监理机构审核开挖前应提交桩的试验资料、监测计划以及围护结构之间的关系和必要条件、应变技术措施。基坑平面尺寸及标高、基坑土质应符合要求。如有异常情况，项目监理机构应会同设计单位派人至现场共同研究处理，在地下室结构完成后，对基坑外围空间进行回填土时，承包单位必须提出技术措施，按规定进行施工。

3）钢筋工程：

钢筋的型号、规格、数量及尺寸、钢筋的接头部位及搭接长度以及间距、排距等须符合设计及规范要求，框架结构节点钢筋的锚固长度及抗震结构的箍筋必须符合有关规定。

4）模板工程：

严格控制轴线、标高及垂直度、模板及其支架的强度、刚度和稳定性。

5）混凝土工程：

混凝土的配合比、原材料计量、搅拌、振捣、养护和施工缝处理须符合设计要求及规范规定。凡大体积混凝土及特种混凝土施工，应按经批准的专门编制的施工方案或技术措施施工。混凝土试块的数量及强度应符合规范规定。

（7）装修工程质量监理

对装修材料进场前的产品、样品和装修工程质量实行实样封存验收。要求如下：

1）内外墙面、楼地面、平顶（含木制品和金属制品）饰面材料。总承包单位均须先送样检验，并附产品质量合格证明和技术标准资料，经项目监理机构会同有关单位检验认可后，对样品进行封存签字。以后进场材料质量必须达到样品标准，不符合样品标准的材料不准使用。

2）对于供货产地远的材料，提供样品确有困难，要求承包单位必须在事前将产品质量合格证明和技术标准资料（样本）提供给项目监理机构，并经有关单位确认签证。进场材料质量必须达到样本和技术标准要求，不符合标准的材料不准使用。

3）要求承包单位对进场材料根据不同材料进行妥善保管，由于保管不善或其他原因造成材料损坏变形，均不准使用。

4）提醒承包单位应注意材料是实行封样验收的，为避免材料进场因质量不符样品要求，引起供求纠纷及经济损失，在采购或订货时，应向供货单位说清情况，并把它写入供（订）货合同条款中。

5）在装修工程开始之前，要求承包单位应向项目监理机构提供施工技术措施、产品保护措施，并做出样板间、样板块或样板件。样板产品施工完毕后，项目监理机构会同有关单位共同检验认可。而后大面积施工质量必须达到样板质量，达不到样板质量，可拒绝工程竣工验收。

6）装修工程验收不是在施工过程中进行的，而是在整个工程竣工交付使用前验收，所以在施工过程中只有检查，不存在验收。因此必须认真做好产品保护工作。

（8）设备安装工程质量监理

1）安装原材料、非标准制作件、主要配件及设备的监控除前文3中（3）条规定的外，还应做到：

A. 重要焊接材料机械和化学性能应有文字证明，必要时按有关规定复验。

B. 有防火要求的材料必须提供防火性能资料，必要时送有关单位复验。

C. 焊接钢管和铸铁管应有可靠的产品质量保证资料，用于重要部位者，在安装前抽检耐压和渗漏指标。

D. 中压以下阀门安装前应抽检，进行耐压和泄漏试验。

E. 重要非标准件制作安装前应在现场按原图校核产品及装配尺寸。

以上各点，承包单位应将有关资料提交项目监理机构验证；否则不准用于工程上。

2）安装施工的监控实行分步到位，跟踪检查，复验签证的方法。

安装施工开始前根据设计图纸，会同安装施工分包商，按专业、分系统确定分步节点，建立检测点和停止点制度，监理人员必须到点检查和复验。

3）设备安装质量监控基本要求：

A. 主要设备安装前参与设备供应单位向承包单位的交接，按前文3中（3）条要求实施。

B. 复验设备基础坐标、标高、螺栓孔尺寸、电梯井及其他重要设备基础沉降及倾斜资料。如误差超限，必须会同设计、土建及安装承包单位研究处理后，才能进入设备安装。

C. 按规范或产品说明书要求，安装前拆洗（或拆洗某一部分）的设备，应检验其是否达到要求及装配精度复测纪录。

D. 设备垫铁规格，放置垫铁前的基础表面处理，垫铁与基础及其本身接触面以及两次灌浆，对一般设备必须抽查，对主要设备必须逐台复查。

E. 设备的水平度、垂直度、同心度、各处安装间隙对同类型一般设备按比例抽查，对主要设备必须逐台复查。

F. 严格控制高速旋转设备同心度、震动频率和振幅在设计和产品技术文件允差之内，检测时监理人员必须到场。

G. 旋转设备必须每台进行空载试运转，同时检查相关伺服机构动作正确无误。监理人员必须检查全部空载试运转记录，并直接参与主要设备空载试运转。

H. 协助建设单位组织系统联动试车，作好试车记录。

4）电气安装质量监控基本要求：

A. 主要电气设备、材料，如变压器、开关柜、主要电缆，安装前应检查其产品保证书及外观质量，按前文3中（3）条要求实施。

B. 检查埋入土建基础或结构中的接地连接质量、导线规格、布局、方位，以及电阻测试值是否符合规范和设计要求，必要时会同土建监理人员共同检查。

C. 配合土建的预埋电管和箱盒、过墙套管，根据土建施工进度，实地校核其标高、方位、走向、规格后，才能同意进行下一道工序。

D. 对电缆敷设、照明灯具、电气箱柜接线、电缆桥架、电气设备支架等按施工验收规范及质量检验评定标准实物抽查，主要部位逐路检查。

E. 对高压电器、电缆的绝缘性能，除检查其产品质量保证书外，严格检查其外表质量，如高压瓷件表面严禁有裂缝、缺损和瓷釉损伤，严格监控耐压试验，泄漏电流和绝缘电阻超差者，禁止使用。

F. 监理人员直接参加电力变压器及其附件的器身检查及相应的测试。

G. 变电器受电前，监理人员全面检查受电条件，经确认后才同意办理申请受电手续。

H. 供电系统及主要屋宇设备系统的电气调试，监理人员应直接参与。

I. 智能建筑部分按有关规范进行验收。

5）管道安装质量监控基本要求：

A. 管道及其配件的产品质量按前文3中（3）及（8）条要求实施。

B. 认真检查管线预埋及在土建结构中的预留孔、过墙套管的标高、位置、规格，如有错误或缺漏，属于施工问题，责成承包单位改正；属于设计问题，通知设计单位补充图纸，然后才能进入下道工序；必要时会同土建监理人员一同处理。

C. 对于有洁净要求的的管道，安装前应按规范要求洁净并加以保护，监理人员应跟踪检查。

D. 跟踪检查各类管道的压力、气密试验以及通过球检查，检查各类试验记录。

E. 对管道的标高、走向、倾斜度、平直度，除检查其施工记录外，应现场实物抽查。

F. 对有探伤要求的管道焊接，除检查其探伤及拍片资料外，必要时监理人员随机指定抽拍复验，并按规定增拍及返工。

G. 对消防喷淋系统，除按以上几条监控外，喷淋头的位置、排列、接管及控制（会同电气专业）必须现场跟踪检查。

6）仪表安装质量监控基本要求：

A. 电气仪表除电气系统监控外，其余温度仪表、压力仪表、流量及压差仪表、物位仪表等的位置应排列整齐，便于观察，应按系统列位检查。连接方式应牢固和严密。其产品精度达不到设计要求者，不得使用。

B. 仪表连接管必须吹扫干净，畅通无阻，试压合格，才能与仪表贯通，监理人员应检查施工记录并实物抽查。

C. 仪表的电气线路必须接线正确、牢固、接触良好、标志整齐、正确，监理人员按系统检查。

7）通风空调安装质量监控基本要求：

A. 通风空调设备及附件产品质量按前文 3 中（3）条要求实施。

B. 空调冷热管按前文 3 中（8）条监控。

C. 空调机组按前文 3 中（8）条监控，注意防震及隔音措施是否按规定设置。

D. 风管安装前，监理人员先检查制作质量，特别是咬边、法兰接口，不达标准者，责令承包单位改正后才能安装。

E. 保温材料与风管及管路应贴紧，黏结部分牢固，绑扎部位间距、支架间距均应符合规定要求，监理人员应在土建平顶施工前检查处理完毕。

F. 监理人员直接参与系统调试。

（9）工程质量事故处理

1）工程若发生质量事故（特别是重大事故），承包单位应根据事故原因、责任人、事故处理"三不放过"的原则认真进行处理。

2）项目监理机构要对事故进行全面地调查，并参加事故原因分析及处理方案讨论，对重大事故应请建设单位、设计单位和质监站等共同讨论。

3）承包单位要对事故调查、分析结果及处理意见写出详细的事故报告，并应及时逐级上报。

4）项目监理机构对事故的处理执行情况要加强监督检查，并作验收签证。

（10）督促检查安全防护措施

1）审核承包单位提出的安全防护措施方案，并监督其实施。

2）施工过程的安全防护措施，应由承包单位负责定期检查，项目监理机构配合监督，发现施工中存在不安全因素可直接向承包单位负责人提出，并督促其整改。

3）监理人员对高危作业的关键工序实施现场跟班监督检查。

4）当安全与进度产生矛盾时，监理工程师有权作出是否调整进度的决定，并向建设单位备案。

（11）工程验收及质量评估

1）分部工程需进行分阶段验收（如基础工程、主体结构工程等），承包单位应初步验收并整改合格后提前三天报请项目监理机构会同有关单位进行验收，在工程验收通过后方可进行下一阶段施工。

2）承包单位在单位工程竣工时，应首先组织本单位有关人员对工程进行自验收，经检验合格，方可向项目监理机构申报初验收。

3）项目监理机构在接到承包单位提交的竣工验收申请报告和技术档案资料后，对工程进行初验，发现有施工漏项、工程质量等问题时，应书面通知承包单位并限定处理时间，处理完毕后，项目监理机构进行复验。

4）当工程完工时，监理要对工程质量作出全面的评估，特别对工程上存在的质量问题以及处理情况，要有详细陈述并有确切结论。

5）工程初验或复验合格后，项目监理机构协助承包单位向建设单位提出竣工报告，由建设单位组织有关单位和人员正式验收。

6）承包单位应设专人负责工程档案的管理工作，并按现行的文件及其他有关规定收集、整理工程档案资料。工程开工前承包单位应将本工程的档案全部内容列表报监理单位，经核准后及时积累和整理。工程竣工时承包单位将完整的工程档案报送建设单位。凡资料不全的工程不得正式验收。

7）竣工验收通过后，签发竣工移交证书。

（12）保修阶段的监理工作

1）审查承包单位编制的保修期责任计划。

2）定期对工程回访，督促检查责任计划的实施。

3）督促维修，确定工程缺陷责任。

4）签发保修期完工证书。

5）编写工程最终完工综合报告。

4. 合同管理

（1）合同管理原则

承包单位一旦开始执行合同，监理将按合同要求对可能出现的各类问题，及时作出反应并提出处理意见。监理在具体项目监理实施中要制定出完善的管理程序、办法和制度，通过有效的管理对进度、投资（造价）和质量进行控制。

（2）合同管理的任务

1）协助建设单位确定本工程项目的合同结构。

2）协助建设单位起草与本工程项目有关的各类合同，并参与各类合同的谈判。

3）加强合同分析工作。监理向有关各方索取合同副本，了解掌握合同内容，经常对合同条款的执行情况进行分析，督促合同各方严格履行义务。

4）形成合同数据档案，使之网络系统化。监理及时把合同数据按有关条款分门别类进行整理，并将合同工期、工序、价格以网络形式列出，进行动态的追踪管理。

5）实行时效管理。监理根据所掌握的工程实际进度、工程质量、影响进度质量的关键因素，将及时提出明确的解决意见。对于有关的来往信函、文件、建设单位指示和会议记录等，监理将作出迅速反应。

6）加强索赔管理。根据实际发生的事件，监理将遵循公正、科学的原则，按照相关的合同条款进行实事求是的评价和处理。为了防止索赔事件的发生，避免建设单位利益受损，监理应经常提醒建设单位易引起索赔的事项并保持自己发布有关技术、经济指令的准确性。

5. 信息管理

信息管理的任务：

（1）建立本工程项目的信息编码体系。

（2）负责本工程项目各类信息的收集、整理和保存。

（3）运用电子计算机进行本工程项目的投资（造价）、进度、质量目标控制和合同管理，向建设单位提供有关本工程项目的管理信息服务，定期提供多种监理报表。

（4）建立工程会议制度，整理各类会议记录。

（5）督促承包单位及时整理工程技术、经济资料。

6. 组织协调

组织协调的任务：

（1）组织协调与建设单位签订合同关系的、参与本工程项目建设的各单位的配合关系，协助建设单位处理有关问题，并督促总承包单位协调其各分包商的关系。

（2）协助建设单位向各建设主管部门办理各项审批事项。

（3）协助建设单位处理各种与本工程项目有关的纠纷事宜。

7. 监理文书资料

（1）监理文书资料是项目监理实施过程中直接形成的、具有保存价值的各种形式的原始记录。因此，监理文书资料工作要与工程建设进程同步，从项目监理机构进场起即应开始进行文书资料的积累、整理、审查工作，监理合同终止完成文书资料的归档。

（2）项目监理机构建立收发文制度、传阅制度、借阅资料。

（3）监理文书资料内容（略）。

（4）工程竣工后，对监理文书资料整理归档。部分资料移交建设单位。

5.4.11 监理工作制度

1. 项目监理机构在总监理工程师主持下编写以下监理工作制度

（1）监理人员岗位责任制。

（2）监理人员守则。

（3）工作例会和学习制度。

（4）工作报告制度。

（5）监理文书档案管理制度。

（6）监理人员生活管理制度等。

2. 项目监理机构成员严格遵守以上的监理工作制度并作定期检查（见表5-5）

监 理 人 员 名 单 表 5-5

组　别	序　号	姓　名	职称或职务（专业）	拟进场时间

5.4.12 监理设施（略）

附件：监理实施细则编写计划

1. 施工阶段投资控制监理实施细则

2. 施工阶段进度控制监理实施细则

3. 施工阶段质量控制监理实施细则

（1）桩基工程监理实施细则（编写日期：略）。

（2）基坑围护及土方工程监理实施细则（编写日期：略）。

（3）混凝土与钢筋混凝土工程监理实施细则（编写日期：略）。

（4）工程测量监理实施细则（编写日期：略）。

（5）幕墙工程监理实施细则（编写日期：略）。

（6）管道安装工程监理实施细则（编写日期：略）。

（7）电气安装工程监理实施细则（编写日期：略）。

（8）智能建筑工程监理实施细则（编写日期：略）。

（9）通风与空调工程监理工作实施细则（编写日期：略）。

（10）设备安装工程监理工作实施细则（编写日期：略）。

4. 施工阶段安全监理实施细则

复 习 思 考 题

1. 编制工程建设监理规划有何作用？监理大纲、监理规划、监理实施细则、旁站监理方案有何联系和区别？

2. 监理规划包括哪些主要内容？

3. 施工阶段监理工作一般制定哪些工作制度？

4. 监理规划的编写依据是什么？

5. 监理规划的实施应注意哪些问题？

第6章 工程建设监理目标控制

本章从系统论角度阐述了工程建设监理目标系统，从控制论的角度概述了工程建设监理目标控制的基本原理；分别介绍了建设监理的投资、进度和质量三大目标控制的概念、内容和具体的方法等。

6.1 工程建设监理目标控制基本原理

工程建设监理的中心工作是对工程项目建设的目标进行控制，即对投资、进度和质量目标进行控制。监理工作的好坏主要是看能否将工程项目置于监理工程师的有效控制之下。监理的目标控制是建立在系统论和控制论的基础上的。从系统论的角度认识工程建设监理的目标，从控制论的角度理解监理目标控制的基本原理，对工程建设项目实施有效的控制是有意义的。

6.1.1 工程建设监理目标系统

1. 监理目标系统

（1）监理目标

目标是指想要达到的境地或标准。对于长远总体目标，多指理想性的境地；对于具体的目标，多指数量描述的指标或标准。监理目标即监理活动的目标，是具体的目标，它除了具有目标的一般涵义，还有监理的涵义。

工程建设监理是监理工程师受业主的委托，对工程建设项目实施的监督管理。由于监理活动是通过项目监理组织开展的，因此，监理目标是相对于项目监理组织而言的，监理目标也就是监理组织的目标。监理组织是为了完成业主的监理委托而建立的，其任务是帮助实现业主的投资目的，即在计划的投资和工期内，按规定质量完成项目，监理目标也应是由工期、质量和投资构成的具体标准；其次，监理目标是监理活动的目的和评价活动效果（标准）的统一，监理活动的目的是通过提供高智能的技术服务，对工程项目有效地进行控制，评价监理工作也只能是用对质量、投资、进度的具体标准加以说明；第三，监理目标是在一定时期内监理活动达到的成果，这一定的时期，指的是业主委托监理的时间范围；最后，监理目标是指项目监理组织的整体目标。监理组织的每个部门乃至每个人的目标都有所不同，但必须重视整体目标意识。

（2）监理目标系统

由于监理目标不是单一的目标，而是多个目标，强调目标的整体性以及这些不同目标之间的联系就显得非常重要。这就需要从系统的角度来理解监理目标。

系统论是从"联系"和"整体"这两个最普遍、最重要的问题出发，为各种社会实践活动提供了科学的方法论。无论是目标体系的建立，还是实施过程中的协调与控制，系统理论都可起到指导作用。

用系统论的观点来指导建设监理工作，首先就是要把整个监理目标作为一个系统（建设监理目标系统）来看待。所谓系统，是指诸要素相互作用、相互联系，并具有特定功能的整体。这一概念有要素、联系和功能三个要点。要素是指影响系统本质的主要因素，一个系统必须有两个以上相互联系、相互作用的要素，才能构成系统。联系即要素之间相互作用、相互影响、相互依存的关系。由于要素之间的联系形式与内容较要素抽象，不易察觉，而且不同的联系又会产生不同的效能，因此研究联系比认识要素更加复杂、更加重要。功能是系统的本质体现，是指系统的作用和效能。系统的功能要以各要素的功能为基础，但不是要素功能的简单相加，而是指要素经联系后所产生的整体功能。对系统的研究和用系统理论指导实践时，必须把着眼点和注意力放在整体上。

建设监理目标系统可划分为三个要素，即投资目标、进度目标和质量目标。三者之间有着一定的联系。该系统的功能是指导项目监理组织开展监理工作。

2. 投资、进度、质量三大目标的关系

系统理论有一系列的指导原则，这些原则应用于建设监理目标系统，可以说明投资、进度、质量这三大目标的关系。

系统的一个指导原则是整分合原则，即整体把握、科学分解、组织综合。整体把握，是由系统的本质特性决定的，它告诉人们办事情必须把握住整体，因为没有整体也就没有系统；科学分解，是从目标系统的设计和控制的角度提出的要求，通过分解，可以研究和搞清系统内部各要素之间的相互关系；组织综合，就是经过分解后的系统在运行过程中，必须回到整体上来。对于监理目标系统，该原则指导我们必须从整体上把握项目的投资、进度和质量目标，不能偏重于某一个目标；而在建立目标系统时，则应对目标进行合理的分解，即使是对进度、投资和质量子目标，也应如此，以有利于进行目标的控制。而监理组织的各部门、各单位都要按总体目标来指导工作。如进度目标的控制部门，在采取措施控制进度目标时，必须考虑到采取这些措施对目标整体的影响，如对质量、投资目标的影响。

系统的相关性原则主要揭示了各要素之间的关系。既然系统是诸要素构成的整体，要素之间必然存在各种相互关系，而这些关系正是系统赖以存在的基础；如果要素之间的联系没有了，系统也就解体了。因此，任何一个要素在系统中的存在和有效运行，都与其他要素有关，某一个要素的变化，其他相关要素也必须做相应变化，才能保证系统整体功能优化。相关性原则对于认识建设监理目标系统中各子目标的关系，有着重要的指导意义。

监理目标是一个目标系统，包含质量、投资、进度三大目标子系统，它们之间相互依存，相互制约。一方面，投资、进度、质量三大目标之间存在着矛盾和对立的一面。例如，如果提高工程质量目标，就要投入较多的资金和花费较长的建设时间；如果要缩短项目的工期，投资就要相应提高，或者就不能保证原来的质量标准；如果要降低投资，那么就要降低项目的功能要求和质量标准。另一方面，投资、进度和质量目标还存在着统一的关系。例如，适当增加投资的数量，为采取加快进度措施提供经济条件，就可以加快项目建设速度，缩短工期，使项目提前运营，投资尽早收回，项目的全寿命经济效益就会得到提高；适当提高项目功能要求和质量标准，虽然会造成一次性投资的提高和工期的延长，但能够节约项目动用后的经常费用和维修费用，降低产品成本，从而获得更好的投资经济效益；如果项目进度计划制定得既可行又优化，使工程进展具有连续性、均衡性，则不但可以使工期得以缩短，而且有可能获得较好质量和较低的费用。三大目标之间的关系如图6-1所示。

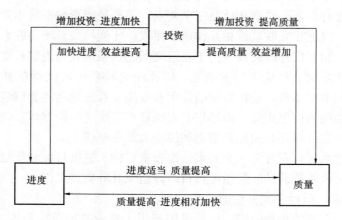

图 6-1　投资、进度、质量三大目标的关系

由于工程项目的投资、进度和质量目标的对立统一关系，因此，对一个工程项目，通常不能说某个目标最重要。同一个工程项目，在不同的时期，三大目标的重要程度可以不同。对监理工程师而言，应把握住特定条件下工程项目三大目标的关系及重要顺序，恰如其分地对整个目标系统实施控制。

6.1.2　工程建设监理目标控制基本原理

1. 控制与反馈

（1）控制

进行控制活动，必须搞清楚控制的含义。控制这个概念的内涵很丰富。首先，控制是一种有目的的主动行为，没有明确的目的或目标，就谈不上控制，控制必须有明确的目的或目标，明确活动的目的是实施控制的前提。其次，控制行为必须由控制主体和控制对象两个部分构成。控制主体即实施控制的部分，由它决定控制的目的，并向控制对象提供条件，发出指令。控制对象即被控部分，它是直接实现控制目的部分，其运行效果反映出控制的效果。第三，控制对象的行为必须有可描述和量测的状态变化，没有这种变化，就没有必要控制；没有这种变化，就不可能找到控制对象的行为与控制目的的偏差，进而实施控制。第四，控制是目的和手段的统一。能否实现有效的控制，不仅要有明确的目的，还必须有相应的手段。

综合以上含义，控制就是控制者对控制对象施加一种主动影响（或作用），其目的是为了保持事物状态的稳定性或促使事物由一种状态向另一种状态转换。

（2）反馈

反馈是控制论的一个重要概念。反馈是指把施控系统的信息作用（输入）到被控系统后产生的结果再返送回来，并对信息的再输出发生影响的过程。如图 6-2 所示。

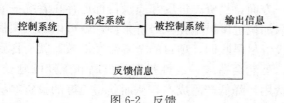

图 6-2　反馈

反馈有两种基本类型：正反馈和负

反馈。正反馈是指：输入变化的方向与反馈信号的变化方向相同，即当系统的信号增加时，系统的影响也增加；或当系统输入的信号减少时，系统输入影响也减少。正反馈的结果使系统的行为更加偏离原来的目标值。负反馈是指：反馈信号与输入的符号相反，即当系统的输出信号增加时，使系统输入影响减少；或当系统的输出信号减少时，使系统输入影响增加。负反馈的结果使系统的行为对控制目标的偏离减小，使系统趋于稳定状态。

控制理论最重要的原理之一就是反馈控制原理，即利用反馈来进行控制。当控制的目的是为了保持事物状态的稳定性时，采用负反馈控制；当控制的目的是促使事物由一种状态向另一种状态转换时，采用正反馈控制。

（3）前馈

与反馈相应的是前馈，前馈是指施控系统根据已有的可靠信息分析预测得出被控系统将要产生偏离目标的输出时，预先向被控系统输入纠偏信息，使被控系统不产生偏差或减少偏差。利用前馈来进行控制称为前馈控制。

2. 控制过程和主要的环节性工作

（1）控制过程

控制过程的形成依赖于反馈原理，它是反馈控制和前馈控制的组合。图 6-3 示出了控制的过程。从图中可以看出，控制过程始于计划，项目按计划开始实施，投入人力、材料、机具、信息等，项目开展后不断输出实际的工程状况和实际的质量、进度和投资情况的指标。由于受系统内外各种因素的影响，这些输出的指标可能与相应的计划指标发生偏离。控制人员在项目开展过程中，要广泛收集各种与质量、进度和投资目标有关的信息，并将这些信息进行整理、分类和综合，提出工程状况报告。控制部门根据这些报告将项目实际完成的投资、进度和质量指标与相应的计划指标进行比较，以确定是否产生了偏差。如果计划运行正常，就按原计划继续运行，如果有偏差，或者预计将要产生偏差，就要采取纠正措施，或改变投入、或修改计划，或采取其他纠正措施，使计划呈现一种新状态，然后工程按新的计划进行，开始一个新的循环过程。这样的循环一直持续到项目建成运用。

一个建设项目目标控制的全过程就是由这样的一个个有限的循环过程所组成的，是动态过程。图 6-3 亦称为动态控制原理图。

（2）控制过程的主要环节性工作

从上述动态控制过程可以看出，控制过程的每次循环，都要经过投入、转换、反馈、对比、纠正等工作，这些工作是主要环节性工作。

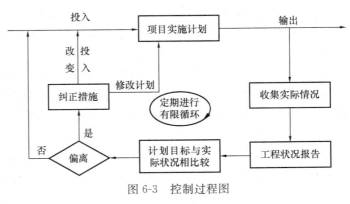

图 6-3 控制过程图

1）投入。就是根据计划要求投入人力、财力、物力。计划是行动前制定的具体活动内容和工作步骤，其内容不但反映了控制目标的各项指标，而且拟定了实现目标的方法、手段和途径。控制同计划有着紧密的联系，控制保证计划的执行并为下一步计划提供依据，而计划的调整和修改又是控制工作的内容，控制和计划构成一个连续不断的"循环链"。作好投入工作，就是要按质量、数量符合计划要求的资源按规定时间投入到工程建设中去。例如，监理工程师在每项工程开工之前，要认真审查承包商的人员、材料、机械设备等的准备情况，保证与批准的施工组织计划一致。

2）转换。主要是指工程项目由投入到产出的过程，也就是工程建设目标实现的过程。转换过程受各方面因素的干扰较大，监理工程师必须做好控制工作。一方面，要跟踪了解工程进展情况，收集工程信息，为分析偏差原因、采取纠正措施做准备；另一方面，要及时处理出现的问题。

3）反馈。是指反馈各种信息。信息是控制的基础，及时反馈各种信息，才能实施有效控制。信息包括项目实施过程中已发生的工程状况、环境变化等信息，还包括对未来工程预测信息。要确定各种信息流通渠道，建立功能完善的信息系统，保证反馈的信息真实、完整、正确和及时。

4）对比。是将实际目标值与计划目标值进行比较，以确定是否产生偏差以及偏差的大小。进行对比工作，首先是确定实际目标值。这是在各种反馈信息的基础上，进行分析、综合，形成与计划目标相对应的目标值。然后将这些目标值与衡量标准（计划目标值）进行对比，判断偏差。如果存在偏差，还要进一步判断偏差的程度大小，同时，还要分析产生偏差的原因，以便找到消除偏差的措施。

5）纠正。即纠正偏差。根据偏差的大小和产生偏差的原因，有针对性地采取措施来纠正偏差。如果偏差较小，通常可采用较简单的措施纠偏，如果偏差较大，则需改变局部计划才能使计划目标得以实现。如果已经确认原定计划不能实现，就要重新的确定目标，制定新计划，然后工程在新计划下进行。

投入、转换、反馈、对比和纠正工作构成一个循环链，缺少某一工作，循环就不健全；同时，某一工作作得不够，都会影响后续工作和整个控制过程。要做好控制工作，必须重视每一项工作，把这些工作做好。

3. 控制的方式

控制方式是指约束、支配、驾驭被控对象行为的途径和方法，是控制的表现形式。

监理控制的方式可以按照不同的方法来划分。按照被控系统全过程的不同阶段，控制可划分为事前控制、事中控制和事后控制。事前控制，即在投入阶段对被控系统进行控制，又称为预先控制；事中控制又称为过程控制，是在转化过程阶段对被控系统进行控制；事后控制是在产出阶段对系统进行控制。按照反馈的形式可以划分为前馈控制和反馈控制。总的说来，控制方式可分为两类：主动控制和被动控制。

（1）被动控制

被动控制是根据被控系统输出情况，与计划值进行比较，以及当实际值偏离计划值时，分析其产生偏差的原因，并确定下一步的对策。被动控制是事后控制，也是反馈控制。

被动控制的特点是根据系统的输出来调节系统的再输入和输出，即根据过去的操作情况，去调整未来的行为。这种特点，一方面决定了它在监理控制中具有普遍的应用价值；另一方面，也决定了它自身的局限性。这个局限性首先表现在，在反馈信息的检测、传输和转换过程中，存在着不同程度的"时滞"，即时间延迟。这种时滞表现在三方面：一是当系统运行出现偏差时，检测系统常常不能及时发现，有时等到问题明显严重时，才能引起注意；二是对反馈信息的分析、处理和传输，常常需要大量的时间；三是在采取了纠正措施，即系统输入发生变化后，其输出并不立即改变，常常需要等待一段时间才变化。

反馈信息传输、变换过程中的时滞，引起的直接后果就是使系统产生振荡，或使控制过程出现波动。有时输出刚达到标准值时，输入的变化又使其摆过头，而难以使输出稳定在标准值上。

即使在比较简单的控制过程中，要查明产生偏差的原因也往往要花费很多时间，而把纠正措施付诸实施则要花费更多的时间。对于工程建设这样的复杂过程更是如此。有效的实时信息系统可以最大限度地减少反馈信息的时滞。

其次，由于被动控制（指负反馈）是通过不断纠正偏差来实现的，而这种偏差对控制工作来说，则是一种损失。例如，工程进度产生较大延误，要采取加大人、财、物的投入，或者就要影响项目竣工使用。可以说，监理过程中的负反馈控制总是以某种程度上的损失为代价的。

以上是被动（反馈）控制局限性的主要方面。要克服这种局限性，除了提高控制系统本身的反馈效率之外，最根本的方法就是在进行被动控制的同时，加强主动控制，即前馈控制。

（2）主动控制

主动控制指事先主动地采取决策措施，以尽可能地减少、甚至避免计划值与实际值的偏离。很显然，主动控制是事前控制，也是前馈控制。它对控制系统的要求非常高，特别是对控制者的要求很高，因为它是建立在对未来预测的基础之上的，其效果的大小，有赖于准确的预测分析。由于工程项目具有一次性的特点，因而从理论上讲，监理的控制都应当是主动控制，这也是对监理工程师的素质要求很高的原因。

但实现主动控制是相当复杂的工作，要准确地预测到系统每一变量的预期变化，并不是一件容易的事。某些难以预测的干扰因素的存在，也常常给主动控制带来困难。但这些并不意味着主动控制是不可能实现的。在实际工作中，重要的是准确地预测决定系统输出的基本的和主要的变量或因素，并使这些变量及其相互关系模型化和计算机化，至于一些次要的变量和某些干扰变量，不可能全部预测到。对于这些不易预测的变量，可以在主动控制的同时，辅以被动控制不断予以消除。这就是要把主动控制和被动控制结合起来。

实际上，主动控制和被动控制对于有效的控制而言都是必要的，两者目标一致，相辅相成，缺一不可。控制过程就是这两种控制的结合，是两者的辩证统一。

4. 工程建设监理目标控制系统

工程建设监理目标控制系统（以下简称目标控制系统），是运用系统原理将围绕工程建设目标控制所进行的各种活动视为相互联系的整体，而建立起来的控制系统。

目标控制系统由施控主体和被控对象两个要素组成。在施控主体和被控对象之间，作用的是信息流。目标控制系统是一个开放系统，该系统与外部环境进行着各种形式的交换。

施控主体是建设监理目标控制系统中产生和发出控制信息的机构，即项目监理组织。它具有以下功能：

（1）确定目标控制标准。标准是检查被控对象的尺度，是衡量工作成效的依据。监理目标控制标准与监理三大目标具有一致性，前者是对后者的具体阐述和规定。制定控制标准是整个控制过程的基础，是项目监理组织的首要任务。因为没有一套完整的控制标准，就无法检查、衡量工作成效和行为偏差，当然也就无法采取正确的纠正措施。

（2）检查、预测工作行为及偏差。监理工程师首先要对承包商的行为和工程进展情况进行适时检查和监控，并将所得结果与相应的控制标准进行比较，从中找出偏差，为采取控制措施提供依据。其次，监理工程师要通过一定的预测方法，在实际偏差出现之前，就预见到可能出现的各种偏差，这需要建立和完善信息反馈和信息前馈系统。

（3）采取控制措施。监理工程师针对偏差出现的具体情况采取不同的控制措施，同时，还要考虑偏差，特别是重大偏差带来的对监理目标系统的影响，对目标系统进行调整。

被控对象是指目标控制系统中直接或间接接受监理组织控制信息的机构，即承包商项目经理部。它本身也是一个系统，有着明显的目的性；它虽然在项目监理组织的约束下运作，但却具有能动性；它还能根据环境的变化自动调节自己的行为，即具有自控性。它的主要功能是把项目监理组织确定的目标变成现实。监理工程师要利用承包商组织的自控性，调动其主观能动性，促使工程建设项目目标系统的实现。

施控主体和被控对象的联系是通过监理信息系统来实现的。信息系统通过信息的传递使整个监理目标控制系统成为一体化运行的动态系统。

5. 工程建设监理目标控制的措施

为了对监理目标系统进行有效的控制，必须采取一定的措施。这些措施包括：组织措施、技术措施、经济措施和合同措施四个方面。

（1）组织措施

是指对被控对象具有约束功能的各种组织形式、组织规范、组织指令的集合。组织是目标控制的基本前提和保障。控制的目的是为了评价工作并采取纠偏措施，以确保计划目标的实现。监理人员必须知道，在实施计划的过程中，如果发生了偏差，责任由谁承担，采取纠偏行动的职责由谁承担，由于所有控制活动都是由人来实现的，如果没有明确机构和人员，就无法落实各项工作和职能，控制也就无法进行。因此组织措施对控制是很重要的。

组织措施具有权威性和强制性，使被控对象服从一个统一的指令，这是通过相应的组织形式、组织规范和组织命令体现的；组织手段还具有直接性，控制系统可以直接向被控系统下达指令，并直接检查、监督和纠正其行为。通过组织措施，采取一定的组织形式，能够把分散的部门或个人联成一个整体；通过组织的规范作用，能把人们的行为导向预定方向；通过一定的组织规范和组织命令，能使组织成员的行为受到约束。

监理工程师在采取组织措施时，首先要采取适当的组织形式，因为，对于被控对象而言，任何组织形式都意味着一种约束和秩序，意味着其行为空间的缩小和确定。组织形式越完备、越合理，被控对象的可控性就越高，组织控制形式不同，其控制效果也不同。因此，采取组织措施，必须首先建立有效的组织形式。其次，必须建立完善配套的组织规范，完善监理组织的职责分工及有关制度。同组织形式一样，任何组织规范也都意味着一种约束。对于被控对象来说，组织规范是对其行为空间的限定，也界定了合理的行为规范。第三，要实行组织奖惩，对违犯组织规范的行为人追究其责任。从控制角度看，奖励是对被控系统行为的正反馈，惩罚属于负反馈。它们都能有效地缩小被控对象的行为空间，提高他们行为调整和行为选择的正确性。

（2）技术措施

工程建设监理为业主提供的是技术服务，控制在很大程度上需要技术来解决问题，技术措施是必要的控制措施。技术措施是被控对象最易接受的，因而也是很有效的措施。监理在三大目标的控制上均可采取技术措施。在投资控制方面：协助业主合理确定标底和合同价；通过质量价格比，确定材料设备供应商；通过审核施工组织设计和施工方案，合理开支施工措施费等。在质量控制方面：通过各种技术手段严格进行事前、事中、事后的质量控制。进度控制方面：采用网络控制技术；增加同时作业的施工面；采用高效能施工机械设备；采用新技术、新工艺、新材料等。

（3）合同措施

合同措施具有强大的威慑力量，它能使合同各方处于一个安定的位置。还具有强制性。合同是法律文件，一旦生效，就必须遵守，否则就要受到相应的制裁。合同措施更加具有稳定性。在合同中，合同各方的权利、义务和责任都已写明，对各方都有强大的约束力。合同措施是监理工程师实施控制的主要措施。

为了有效地采取合同措施，监理工程师首先在合同的签订方面要协助业主确定合同的形式，拟定合同条款，参与合同谈判。合同的形式和内容，直接关系到合同的履行和合同的管理，对监理工程师采取合同措施有很大的影响。其次，要强化合同管理工作，认真监督合同的实施，处理好合同执行中出现的问题，公正处理合同纠纷，做好防止和处理索赔的工作等。

（4）经济措施

经济措施是把个人或组织的行为结果与其经济利益联系起来，用经济利益的增加或减少来调节或改变个人或组织行为的控制措施。其表现形式包括价格、工资、利润、资金、罚款等经济杠杆和价值工具，以及经济合同、经济责任制等。

与组织措施、合同措施相比，经济措施的一个突出特点是非强制性，即它不像组织措施或合同措施那样要求被控对象必须做什么或不做什么。其次是它的间接性，即它并不直接干涉和左右被控对象的行为，而是通过经济杠杆来调节和控制人们的行为。

采用经济手段，把被控对象那些有价值、有益处的正确行为或积极行为及其结果变换成它的经济收益，而把那些无价值、无益处的非正确行为或消极行为及其结果变换为它的经济损失，通过这种变换作用，就能有效地强化被控对象的正确行为或积极行为，而改变其错误行为或消极行为。在市场经济下，各方都很关心自己的利益，经济手段能发挥很大的作用。

监理工程师常用的经济措施有：收集、加工、整理工程经济信息；对各种实现目标的计划进行资源、经济、财务等方面的可行性分析；对经常出现的各种设计变更和其他工程变更方案进行技术经济分析；对工程概、预算进行审核；对支付进行审查；采取各种奖励制度等。

在实际工作中，监理工程师通常要从多方面采取措施进行控制，即将上述四种措施有机地结合起来，采取综合性的措施，以加大控制的力度，使工程建设整体目标得以实现。

6.2 工程建设投资控制

6.2.1 基本概念

1. 投资与工程建设投资

投资,从一般意义上理解是指为获取利润而将资本投放于企业的行为。从物质生产和物资流通的角度来理解,投资通常是指购置和建造固定资产、购买和储备流动资产的经济活动。

工程建设投资,广义概念是指工程项目建设阶段、运营阶段和报废阶段所花费的全部资金,狭义概念是指工程项目建设阶段所需要的全部费用总和。目前我国监理工程师对工程建设项目投资的控制主要是在项目建设阶段,所以以下所提的工程建设项目投资是指其狭义概念。

2. 工程建设投资的构成及计价特点

我国现行工程建设投资构成及计算方法见表 6-1。

工程建设投资构成及各项费用的计算方法　　　　　表 6-1

投资构成	费用项目			参考计算方法
建筑安装工程投资（一）	直接费			Σ(实物工程量×概预算定额基价)+措施费
	间接费			(直接工程费×取费定额)或(人工费×取费定额)
	利润			[(直接工程费+间接费)×利润率]或(人工费×利润率)
	税金			(直接费+间接费+利润)×规定的税率
设备、工器具投资（二）	设备购置费（包括备品备件）			设备原价×(1+设备运杂费率)
	工器具及生产家具购置费			设备购置费×费率
工程建设其他投资（三）	土地使用费	通过划拨取得土地使用权		按有关规定计算征用费和迁移补偿费
		通过出让取得土地使用权		按有关规定计算土地使用权出让金
	与建设有关	1. 建设单位管理费		[(一)+(二)]×费率或按规定的金额计算
		2. 勘察设计费		按有关定额计算
		3. 研究试验费		按批准的计划编制
		4. 建设单位临时设施费		按有关定额计算
		5. 引进技术和进口设备其他费用		按有关定额计算
		6. 供电贴费		按有关定额计算
		7. 施工机构迁移费		按有关定额计算
		8. 工程监理费		按有关定额计算
		9. 工程保险费		按有关定额计算
		10. 工程承包费		总承包工程的总承包管理费,按有关定额计算
	与生产有关	1. 生产准备费		按有关定额计算
		2. 办公和生活家具购置费		按有关定额计算
		3. 联合试运转费		[(一)+(二)]×费率或按规定的金额计算
预备费（四）	1. 基本预备费			[(一)+(二)+(三)]×费率
	2. 涨价预备费			按规定计算
（五）	建设期贷款利息			按规定计算
（六）	铺底流动资金			按规定计算

我国现行建筑安装工程费用的具体构成见表 6-2。

我国现行建筑安装工程费用的构成 表 6-2

建安费构成	费 用 项 目		参 考 计 算 方 法
直接费 （一）	直接工程费	人工费	Σ（人工工日概预算定额×日工资单价×实物工程量）
		材料费	Σ（材料概预算定额×材料预算价格×实物工程量）
		施工机械使用费	Σ（机械概预算定额×机械台班预算单价×实物工程量）
	措施费		1. 环境保护费等按费率计：直接工程费×取费率
			2. 模板、脚手架等按实计算
			3. 按质论价费等：双方在合同中约定
间接费 （二）	规费		为不可竞争费，以不含税工程造价×取费率
	管理费		直接工程费×取费率
盈 利	利润（三）		土建工程：（直接工程费＋间接费）×计划利润率
			安装工程：人工费×计划利润率
	税金（含营业税、城市建设税、教育费附加）（四）		以不含税工程造价×计税系数

作为建设工程这一特殊商品的价值表现形式，建设工程造价的运动除具有一切商品价格运动的共同特点之外，又有其自身的特点。

（1）单件性计价。由于建设工程设计的单件性，使得建设工程的实物形态千差万别，所以对建设工程不能像对工业产品那样按品种规格、质量成批定价，只能针对具体的工程单件计价。

（2）分阶段动态计价。工程项目的建设周期一般较长，消耗大；而且有许多影响工程计价的动态因素，如工程变更、材料涨价等。为适应项目管理的要求，适应工程造价控制和管理的要求，需要按照设计和建设分阶段多次动态计价。如，项目决策阶段的投资估算，初步设计阶段的设计概算，施工图设计阶段的施工图预算，招标阶段的合同价，竣工验收阶段的竣工决算，整个计价过程是一个由粗到细、由浅到深，最后确立实际造价的过程。

（3）分部组合计价。一个建设项目由若干单项工程组成，一个单项工程由若干单位工程组成，一个单位工程由若干分部工程组成，一个分部工程可由几个分项工程组成。与此特点相应，计价时，首先要求对工程建设项目进行分解，按构成进行分部计算，逐层汇总。

3. 建设项目投资控制的主要工作内容

建设工程投资控制就是在投资决策、设计、发包、施工、竣工验收等阶段，把发生的建设投资控制在批准的投资限额以内，随时纠正可能的偏差，以保证投资控制目标的实现。进而，通过动态的、全过程的主动控制，合理地使用人力、物力、财力，取得较好的投资效益和社会效益。

（1）项目建设前期阶段（决策阶段）。主要是对拟建项目进行可行性研究，确定项目投资估算数，进行财务评价和国民经济评价。

（2）项目设计阶段。利用按费用设计原则，提出设计要求，用技术经济方法组织评选设计方案，确定设计概算。

（3）施工招标阶段。协助业主做好招标工作，如协助评标、决标、签订合同等工作。

（4）施工阶段。确定建设项目的实际投资数，使它不超过项目的计划投资数（合同价），在保证工程质量和进度的前提下做好计量和支付工作，并在实施过程中，进行费用动态管理与控制。

6.2.2 工程建设项目决策阶段的投资控制

决策阶段的投资控制，对整个项目来说，节约投资的可能性最大。在项目投资决策之前，要做好项目可行性研究工作，使项目投资决策科学化，减少和避免投资决策失误，提高项目投资的经济效益。

1. 工程建设项目可行性研究的概述

可行性研究又称可行性分析技术，它是在投资之前，对拟议中的建设项目进行全面的综合的技术经济分析和论证，从而为项目投资决策提供可靠依据的一种科学方法。一个项目的可行性研究，一般要解决项目技术上是否可行、经济上效益是否显著、财务上是否盈利、工期多长、需要的投入是多少等问题。

可行性研究报告的内容，会因研究项目的不同而有所变化，但还是有很多相似之处。下面以工业企业建设项目为例，说明其主要内容，见表6-3。

工业企业建设项目可行性研究内容 表6-3

序　号	名　　称	内　　容
1	总论	项目背景、投资额、研究依据和范围
2	市场需求预测	产品供需情况、价格趋势、营销网络、渗透程度
3	资源、动力、公用设施	储量、质量、价格
4	专业化协作	比较全能厂与专业化厂的投资和成本的大小
5	建厂条件和厂址方案	对拟建点进行自然条件和社会经济条件的比较
6	工程设计方案	工艺设计、设备选型、总平面规划、土建工程量估算
7	环境保护与劳动安全	"三废"排出量估算，处理方案论证、处理费用估算；劳动保护措施
8	生产组织准备与培训	研究生产组织形式、人员培训计划
9	进度计划	采用横道图或用网络图表示
10	投资估算与资金筹措	建设项目所需投资总额、资金筹措计划
11	项目经济评价	财务评价、国民经济评价
12	综合评价与结论、建议	综合论述项目可行性、推荐方案、指出存在问题和改进建议

2. 工程建设投资估算

工程建设项目投资估算，是项目主管部门审批项目建议书的依据之一，是建设项目投资的最高限额，不得随意突破，是研究分析计算项目投资经济效果的重要条件，是资金筹措及制定贷款计划的依据，也是进行设计招标、优选设计单位和设计方案的依据。故在建设投资决策阶段应做好投资估算工作。工程建设项目投资估算的编制方法很多，如生产规模指数估算法、以设备投资为基础的比例估算法、单位面积综合指标估算法等，在实际工作中应根据项目的性质，选用适宜的估算方法。

3. 工程建设项目经济评价

项目的经济评价，是根据项目的各项技术经济因素和各种财务、经济预测指标，对项目的财务、经济、社会效益进行分析和评估，从而确定项目投资效果的一系列分析、计算和研究工作。

经济评价的任务是在完成市场要求预测、建设地点选择、技术方案比较等可行性研究的基础上，运用定量分析与定性分析相结合、动态分析与静态分析相结合、宏观效益分析与微观效益分析相结合等方法，计算项目投入的费用和产出的效益，通过多方案的比较，对拟建项目的经济可行性、合理性进行分析论证，作出全面经济评价，提出投资决策的经济依据，确定推荐最佳投资方案。

项目的经济评价，一般应进行财务评价、国民经济评价和社会效益评价。

（1）财务评价的内容

财务评价的内容包括项目的盈利能力分析、清偿能力分析和外汇平衡分析。

盈利能力分析要计算财务内部收益率、投资回收期、财务净现值、投资利润率、投资利税率、资本金利润率等指标。清偿能力分析要计算资产负债率、借款偿还期、流动比率、速动比率等指标。外汇平衡分析要计算经济换汇成本、经济节汇成本等指标。

（2）国民经济评价的内容

国民经济评价是按照资源合理配置的原则，从国家整体角度考察项目的效益和费用，用影子价格、影子汇率和社会折现率等经济参数分析、计算项目对国民经济的净贡献，评价项目的经济合理性。

影子价格是自然资源、劳动力、资金等资源对国民经济收益，在最优产出水平时所具有的以货币表示的价值。影子汇率即外汇的影子价格，是项目国民经济评价中用于外汇与人民币之间的换算。社会折现率是国家规定的把不同时间发生的各种费用、效益的现金流量折算成现值的参数，它表明社会对资金时间价值的估算，表示社会最低可以接受的社会收益率的极限，并作为衡量经济内部收益率的基准值。

（3）社会效益评价

目前，我国现行的建设项目经济评价指标体系中，还没有规定出社会效益评价指标，关键问题是有些指标不好量化。故社会效益评价以定性分析为主，主要分析项目建成投产后，对环境保护和生态平衡的影响，对提高地区和部门科学技术水平的影响，对提供就业机会的影响，对产品质量的提高和对产品用户的影响，对提高人民物质文化生活及社会福利生活的影响，对提高资源利用率的影响等。

（4）建设项目不确定性经济分析

建设项目的财务评价和国民经济评价，都属于确定性经济评价，因其所用的变量参数均假定是确定的。实际情况中，这些变量或参数几乎很少能与原来假定（预测）的值完全一致，而是存在着许多不确定性。这些不确定性有时会对建设项目经济评价的结果产生重大影响，所以有必要对建设项目进行不确定性经济分析，包括敏感性分析、盈亏平衡分析和概率分析，其中盈亏平衡分析只用于财务评价，敏感性分析和概率分析可同时用于财务评价和国民经济评价。

6.2.3 工程建设项目设计阶段的投资控制

设计阶段的投资控制是建设项目全过程投资控制的重点之一，应努力做到使工程设计在满足工程质量和功能要求的前提下，其活劳动和物化劳动的消耗，达到相对较少的水平，最大不应超过投资估算数。为达到这一目的，应在有条件的情况下积极开展设计竞赛和设计招标活动，严格执行设计标准，推广标准化设计，应用限额设计、价值工程等理论对工程建设项目设计阶段的投资进行有效的控制。

1. 严格执行设计标准，积极推广标准设计设计标准是国家的重要技术规范，来源于工程建设实践经验和科研成果，是工程建设必须遵循的科学依据，设计标准体现科学技术向生产力的转化，是保证工程质量的前提，是工程建设项目创造经济效益的途径之一。设计规范（标准）的执行，有利于降低投资、缩短工期；有的设计规范虽不直接降低项目投资，但能降低建筑全寿命费用；还有的设计规范，可能使项目投资增加，但保障了生命财产安全，从宏观讲，经济效益也是好的。

标准设计是指按照国家规定的现行标准规范，对各种建筑、结构和构配件等编制的具有重复作用性质的整套技术文件，经主管部门审查、批准后颁发的全国、部门或地方通用的设计。推广标准设计，能加快设计速度，节约设计费用；可进行机械化、工厂化生产，提高了劳动生产率，缩短建设周期；有利于节约建筑材料，降低工程造价。

2. 价值工程及其在设计阶段的应用

价值工程，又称价值分析，是研究产品功能和成本之间关系问题的管理技术。功能属于技术指标，成本则属于经济指标，它要求从技术和经济两方面来提高产品的经济效益。"价值"是功能和实现这个功能所耗费用（成本）的比值，其表达式见式（6-1）：

$$V = \frac{F}{C} \tag{6-1}$$

式中　V——价值系数；

　　　F——功能（一种产品所具有的特定职能和用途）系数；

　　　C——成本（从为满足用户提出的功能要求进行研制、生产到用户使用所花费的全部成本）系数。

（1）价值工程的工作步骤

价值工程，是运用集体智慧和有组织的活动，对产品进行功能分析，以最低的总成本，可靠地实现产品必要功能。其工作大致分为以下步骤：①价值工程对象选择；②收集资料；③功能分析；④功能评价；⑤提出改进方案；⑥方案的评价与选择；⑦试验证明；⑧决定实施方案。这些步骤可概括为：分析问题、综合研究和方案评价三个阶段。

（2）提高产品价值的途径

从价值公式可以看出，价值与功能成正比关系，而与成本成反比关系。提高产品价值的途径概括起来有以下五个方面：

1）功能不变，成本降低。如通过材料的有效替换来实现。

2）成本不变，功能提高。如通过改进设计来实现。

3）成本小幅增加，功能大幅提高。经过科研和设计的努力，通过增加少量成本，使产品功能有较大幅度的提高。

4）功能小幅降低，成本大幅降低。根据用户的需要，适当降低产品的某些功能，以使产品成本有较大幅度的降低。

5）功能提高，成本降低。运用新技术、新工艺、新材料，在提高产品功能的同时，降低产品成本，使产品的价值有大幅度的提高。

（3）价值工程在设计阶段的应用

通过以上的介绍，很容易看出，只要是投入了资金进行建设的大、小工程项目，都可以应用价值工程。

1）运用价值工程进行设计方案的选择

同一个建设项目，或是同一单项、单位工程可以有不同的设计方案，每一设计方案有各自的功能特点和不同的造价。可以根据价值工程的理论，对每一个设计方案进行功能分析和评价，投资费用计算，进而计算每一个设计方案的价值系数，比较其大小，选择优秀方案。

2）价值工程在优化工程设计中的运用

即从价值工程的观点出发，对现有的工程设计进行严密的分析，从功能和成本两个角度综合考虑，提出新的改进设计方案，使工程建设的经济效益得到明显的提高，其具体应用的途径有上文"（2）"中叙述的五类。价值工程的作用也越来越被人们所认识。

3. 限额设计的应用

限额设计就是按照批准的设计任务书及投资估算控制初步设计，按照批准的初步设计总概算控制施工图设计，同时各专业在保证达到要求的使用功能的前提下，按分配的投资限额控制设计，严格控制技术设计和施工图设计的不合理变更，保证总投资限额不被突破。建设项目限额设计的内容如下：

（1）建设项目从可行性研究开始，便要建立限额设计观念。合理地、准确地确定投资估算，是确定项目总投资额的依据。

（2）初步设计应按核准后的投资估算限额，通过多个方案的设计比较优选来实现。初步设计应严格按照施工规划和施工组织设计，按照合同文件要求进行，并要切实、合理地选定费用指标和经济指标，正确地确定设计概算，经审核批准后的设计概算限额，便是下一步施工详图设计控制投资的依据。

（3）施工图是设计单位的最终产品，必须严格地按初步设计确定的原则、范围、内容和投资额进行设计，即按设计概算限额，进行施工图设计。但由于初步设计受外部条件如工程地质、设备、材料供应、价格变化以及横向协作关系的影响，加上人们主观认识的局限性，往往给施工图设计和它以后的实际施工，带来局部变更和修改，合理地修改、变更是正常的，关键是要进行核算和调整，控制施工图设计不突破设计概算限额。

（4）对于确实可能发生的变更，为减少损失，应尽量提前实现，如在设计阶段变更，只需修改图纸，其他费用尚未发生，损失有限；如果在采购阶段变更，则不仅要修改图纸，设备材料还必须重新采购；若在施工中变更，限上述费用外，已施工的工程还需拆除，势必造成重大变更损失，为此，要建立相应设计管理制度，尽可能把设计变更控制在设计阶段，对影响工程造价的重大设计变更，更要用先算后变的办法。

4. 建设项目设计概算的编制

设计概算是确定建设项目投资依据，是进行拨款和贷款的依据，是实行投资包干的依据，是考核设计方案的经济合理性和控制施工图预算的依据。设计概算由单位工程概算、单项工程综合概算和建设项目总概算三级组成。设计概算的编制，是从单位工程概算这一级编制开始，经过逐级汇总而成的。

（1）单位工程概算的主要编制方法

1）建筑工程概算编制的主要方法

A. 扩大单价法。又叫概算定额法，当初步设计达到一定深度、建筑结构比较明确时采用。主要步骤有：第一，根据初步设计图纸和说明书，按概算定额中划分的项目计算工程量；第二，根据计算的工程量套用概算定额单价，计算出材料费、人工费、施工机械费之和；第三，根据有关取费标准计算其他直接费、间接费、计划利润和税金；第四，汇总各项费用得建筑工程概算造价。

B. 概算指标法。当初步设计深度不够，不能准确计算工程量而有类似概算指标可用时采用。概算指标，是按一定计量单位规定的，比概算定额更综合扩大的分部工程或单位工程等的劳动、材料和机械台班的消耗量标准和造价指标。在建筑工程中，它按完整的建筑物、构筑物以 m^2、m^3 或座等为计量单位。

C. 类似工程预算法。当工程设计对象与已建或在建工程相类似，结构特征基本相同又没有可用的概算指标时采用。该法以原有的相似工程的预算为基础，按编制概算指标方法，考虑建筑结构差异和价差，求出单位工程的概算指标，再按概算指标法编制建筑工程概算。

2）设备及安装工程概算编制方法

设备购置费由设备原价和设备运杂费组成。国产标准设备原价一般是根据设备型号、规格、材质数量及所附带的配件内容，套用主管部门规定的或工厂自行制定的现行产品出厂价格逐项计算。对于非主要标准设备的原价也可按占主要设备总原价的百分比计算。百分比指标按主管部门或地区有关规定执行。

设备安装工程概算编制方法有预算单价法、扩大单价法、安装设备百分比法和综合吨位指标法。

A. 预算单价法。当初步设计较深，有详细的设备清单时，可直接按安装工程预算定额单价编制设备安装工程概算，其程序基本同于安装工程施工图预算。

B. 扩大单价法。当初步设计深度不够，设备清单不完备，只有主体设备或仅有成套设备重量时，可采用主体设备或成套设备的综合扩大安装单价来编制概算。

C. 安装设备百分比法。当初步设计深度不够，只有设备出厂价而无详细规格、重量时，安装费可按占设备费的百分比计算。

D. 综合吨位指标法。当初步设计提供的设备清单有规格和重量时，可采用综合吨位指标法来编制概算。

（2）单项工程综合概算编制

将单项工程内各个单位工程的概算汇总得到综合概算。在不编总概算时应加列工程建设其他费用，如土地使用费、勘察设计费、监理费、预备费等。

（3）建设项目总概算编制

总概算是确定整个建设项目从筹建到建成全部建设费用的文件，它由组成建设项目的各个单项工程综合概算及工程建设其他费用和预备费等汇总编制而成。

6.2.4 工程建设招标阶段的投资控制

监理工程师在项目施工招标阶段进行投资控制的主要工作是协助业主编制招标文件、标底，评标、向业主推荐合理报价，协助业主与承包商签订工程承包合同。

1. 建安工程施工图预算的编制

施工图预算是确定建筑安装工程预算造价的文件。其编制方法常用的有工料单价法和综合单价法两种。

（1）工料单价法

用单价法编制施工图预算，就是根据地区统一单位估价表（或综合预算定额）中的各项工程综合单价，乘以相应的各分项工程的工程量，并相加，得到单位工程的直接费，再加上其他直接费、现场经费、间接费、计划利润和税金，即可得到单位工程的施工图预算。其具体步骤如下：

1）准备资料，熟悉施工图纸和拟定施工组织设计。

2）按综合预算定额（或单位估价表）说明和拟定施工组织设计进行项目划分，分别计算分部分项工程量和措施项目工程量。

3）查预算定额单价（视具体工程做法和市场价格，进行定额换算）。

4）将工程量与定额单价相乘，汇总得到直接费。

5）以直接费为基础，乘以一定费率标准得管理费和利润。

6）以直接费、管理费和利润为基础乘以费率得到规费。

7）以直接费、管理费、规费和利润为基础乘以计税系数得到税金。

8）将工程直接费、间接费、利润和税金相加得到施工图预算。

计算程序如图 6-4 所示。

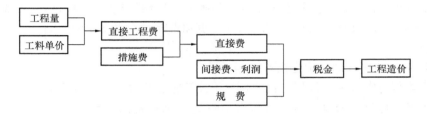

图 6-4　用工料单价法进行施工图预算的程序

（2）综合单价法

2003 年 7 月 1 日，经建设部批准的国家标准《建设工程工程量清单计价规范》（GB 50500—2003)正式施行，用综合单价法编制施工图预算即被各地广泛采用。综合单价包括完成分部分项工程或措施项目工程所需的人工费、材料费、机械设备使用费、管理费、利润和风险费，其计算步骤见图 6-5 所示：

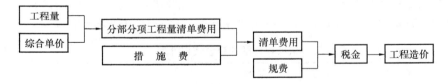

图 6-5　用综合单价法进行施工图预算的程序

2. 施工招标标底的编制

标底是建筑安装工程造价的表现形式之一，是由招标单位或具有编制标底价格资格和能力的单位根据设计图纸和有关规定计算，并经工程造价管理部门核准审定的发包造价，是招标工程的预期价格，是招标者对招标工程所需费用的自我测算。

国内建筑安装工程招标的标底编制，常采用工料单价法和综合单价法。以施工图预算或设计概算为基础，考虑诸如工期、质量、材料价差、自然环境等因素，适当调整得到工程招标标底。

对于采用标准图建造的住宅工程，地方造价管理部门通过实践，对不同结构体系的住宅工程造价进行测算，制定出每平方米造价包干标准，招标时根据装修、设备的不同，适当调整得正负零以上部分工程造价，对基础和地下工程按施工图预算编制造价，将二者合并得该工程招标标底。

国外工程项目施工招标标底编制，FIDIC 的作法，是在招标期前的一定时间内，由监理工程师根据详细的工程设计图纸、施工规划和工程量清单等，按照当时当地的市场预算单价或综合单价编制工程师概算。一般工程师概算的编制时间，与建设项目招标之间，时间间隔通常较小，工程师概算所确定的计划投资数，除去业主自身和监理费，以及业主掌握的物质的和物价上涨的预备费外，一般就是建设项目招标标底。

6.2.5 工程建设施工阶段的投资控制

决策阶段、设计阶段和招标阶段的投资控制工作，使工程建设规划在达到预先功能要求的前提下，其投资预算数也达到最优程度，这个最优程度的预算数的实现，取决于工程建设施工阶段投资控制工作。监理工程师在施工阶段进行投资控制的基本原理是把计划投资额作为投资控制的目标值，在工程施工过程中定期地进行投资实际值与目标值的比较，找出偏差及其产生的原因，采取有效措施加以控制，以保证投资控制目标的实现。其间日常的核心工作是工程计量与支付，同时工程变更和索赔对工程支付的影响较大，也需引起足够的重视。

1. 编制资金使用计划，确定投资控制目标

施工阶段编制资金使用计划的目的是为了控制施工阶段投资，合理地确定工程项目投资控制目标值，也就是根据工程概算或预算确定计划投资的总目标值、分目标值、细目标值。

（1）按项目分解编制资金使用计划

根据建设项目的组成，首先将总投资分解到各单项工程，再分解到单位工程，最后分解到分部分项工程，分部分项工程的支出预算既包括材料费、人工费、机械费，也包括承包企业的间接费、利润等，是分部分项工程的综合单价与工程量的乘积。按单价合同签订的招标项目，可根据订合同时提供的工程量清单所定的单价确定。其他形式的承包合同，可利用招标编制标底时所计算的材料费、人工费、机械费及考虑分摊的间接费、利润等确定综合单价，同时核实工程量，准确确定支出预算。资金使用计划表见表 6-4。

按项目分解的资金使用计划 表 6-4

编　码	工程内容	单　位	工程数量	综合单价	合　价	备　注

编制资金使用计划时，既要在项目总的方面考虑总预备费，也要在主要的工程分项中安排适当的不可预见费。所核实的工程量与招标时的工程量估算值有较大出入时，应予以调整并作"预计超出子项"注明。

（2）按时间进度编制资金使用计划

建设项目的投资总是分阶段、分期支出的，资金应用是否合理与资金时间安排有密切关系。为了合理地制订资金筹措计划，尽可能减少资金占用和利息支付，编制按时间进度分解的资金使用计划是很有必要的。

通过对施工对象的分析和施工现场的考察，结合当代施工技术特点制定出科学合理的

施工进度计划，在此基础上编制按时间进度划分的投资支出预算。其步骤如下：

1）编制施工进度计划。

2）根据单位时间内完成的工程量计算出这一时间内的预算支出、在时标网络图上按时间编制投资支出计划。

3）计算工期内各时点的预算支出累计额，绘制时间投资累计曲线（S形曲线）。

对时间投资累计曲线，根据施工进度计划的最早可能开始时间和最迟必须开始时间来绘制，则可得两条时间投资累计曲线，俗称"香蕉"形曲线。一般而言，按最迟必须开始时间安排施工，对建设资金贷款利息节约有利，但同时也降低了项目按期竣工的保证率，故监理工程师必须合理地确定投资支出预算，达到既节约投资支出，又能控制项目工期的目的。

在实际操作中可同时绘出计划进度预算支出累计线、实际进度预算支出累计线和实际进度实际支出累计线，以进行比较，了解施工过程中费用的节约超支情况。

2. 工程计量

采用单价合同的承包工程，工程量清单中的工程量，只是在图纸和规范基础上的估算值，不能作为工程款结算的依据。监理工程师必须对已完工的工程进行计量，只有经过监理工程师计量确定的数量才是向承包商支付工程款的凭证。所以，计量是控制项目投资支出的关键环节。计量同时也是约束承包商履行合同义务的手段，监理工程师对计量支付有充分的批准权和否决权，对不合格的工作和工程，可以拒绝计量。监理工程师通过按时计量，可以及时掌握承包商工作的进展情况和工程进度，督促承包商履行合同。

（1）计量程序

1）《建设工程施工合同》规定的程序

按照建设部颁布的《建设工程施工合同》（GF-1999—0201）第25条规定，工程计量的一般程序是：承包方按专用条款约定的时间（承包方完成的工程分项获得质量验收合格证书以后），向监理工程师提交已完工程的报告，监理工程师接到报告后7天内按设计图纸核实已完工程数量（简称计量），并在计量24小时前通知承包方，承包方必须为监理工程师进行计量提供便利条件，并派人参加予以确认。承包方在收到通知后不参加计量，计量结果有效，作为工程价款支付的依据。

2）FIDIC规定的工程计量程序

FIDIC条款56.1条对工程计量程序作了相应的规定，如当监理工程师要求对任何部位进行计量时，应适时地通知承包商授权的代理人，代理人应立即参加或派出一名合格的代表协助工程师进行上述计量，并提供监理工程师所要求的一切详细资料。如承包商不参加，或由于疏忽遗忘而未派上述代表参加，则由监理工程师单方面进行的计量应被视为对工程该部分的正确计量。

（2）计量的前提、依据和范围

准备计量的工程必须是符合质量要求，并且备有各项质量验收手续，这是计量的前提条件。

工程计量的依据是计量细则。在工程承包合同中，每个合同对计量的方法都有专门条款进行详细说明和规定，合同中称之为计量细则，或叫清单序言。承包商在投标时按计量细则提出单价，所以监理工程师必须严格按计量细则的规定进行计量，不能按习惯去做或是按别的合同计量细则去做。

监理工程师进行工程计量的范围一般有三个方面。第一是工程量清单的全部项目；第二是合同文件中规定的项目；第三是工程变更项目。

3. 工程支付

工程付款是合同双方极为关注的事项，承包商希望早日收到施工款项，业主希望所付款项均落到实处，尽量延期付款，以利各自的资金周转。

（1）工程支付的一般形式

1）预付款。在工程开工以前业主按合同规定向承包商支付预付款，有动员预付款和材料预付款两种。

2）工程进度款。一般是每月结算一次。承包商每月末向监理工程师提交该月的付款申请，其中包括完成的工程量，使用材料数量等计价资料。监理工程师收到申请以后，在限定时间内进行审核、计量、签字、支付工程价款。但要按合同规定的具体办法扣除预付款和保留金。

3）工程结算。工程完工后要进行工程结算工作。当竣工报告已由业主批准，该项目已被验收，即应支付项目的总价款。

4）保留金。保留金即业主从承包商应得到的工程进度款中扣留的金额，目的是促使承包商抓紧工程收尾工作，尽快完成合同任务，做好工程维护工作。一般合同规定保留金额约为应付金额的 5%～10%。但其累计总额不应超过合同价的 5%。随着项目的竣工和维修期满，业主应退还相应的保留金，当项目业主向承包商颁发竣工证书时，退还该项保留金的 50%。到颁发维修期满证书时退还其余的 50%。合同宣告终止。

5）浮动价格支付。一般建设项目大多采用固定价格计价，风险由承包商承担。但是在项目规模较大、工期较长时，由于物价、工资等的变动，业主为了避免承包商因冒风险而提高报价，常常采用浮动价格结算工程款合同，此时在合同中应注明其浮动条件。

（2）常见的工程支付方法

1）我国按月结算建安工程价款支付

A. 预付备料款。

施工企业承包工程，一般都实行包工包料，需要有一定数量的备料周转资金。根据《建设工程施工合同》（GF-1999-0201）第 24 条规定，实行工程预付款的，双方应当在专用条款内约定发包人向承包人预付工程款的时间和数额，开工后按约定的时间和比例逐次扣回。预付时间应不迟于约定开工日期前 7 天。发包人不按约定预付，承包人在约定预付时间 7 天后向发包人发出要求预付的通知，发包人收到通知后仍不能按要求预付，承包人可在发出通知后 7 天停止施工，发包人应从约定应付之日起向承包人支付应付款的贷款利息，并承担违约责任。

a. 预付备料款的限额。备料款限额由下列主要因素决定：①主要材料（包括外购构件）占工程造价的比重；②材料储备期；③施工工期。

一般建筑工程的预付备料款不应超过当年建筑工作量（包括水、电、暖）的 30%；安装工程按年安装工作量的 10%；材料占比重较多的安装工程按年计划产值的 15% 左右拨付。

在实际工作中，备料款的数额，要根据各工程类型、合同工期、承包方式和供应体制等不同条件而定。

b. 备料款的扣回。业主拨付给承包单位的备料款属于预支性质，到了工程中后期，随着工程所需主要材料储备的逐步减少，应以抵充工程价款的方式陆续扣回。扣款的方法有两种：①是从未施工工程尚需的主要材料及构件的价值相当于备料款数额时起扣，从每次结算工程价款中，按材料比重扣抵工程价款，竣工前全部扣清。②是在承包人完成工程金额累计达到合同总价的 10%~95% 间均匀扣回。

B. 中间结算。

施工企业在工程建设过程中，按逐月完成的分部分项工程数量计算各项费用，向建设单位办理中间结算手续。

现行的中间结算办法是，施工企业在旬末或月中向建设单位提出预支工程款账单，预支一旬或半月的工程款，月终再提出工程款结算帐单和已完工程月报表，收取当月工程价款，并通过银行进行结算。

按月进行结算，要对现场已施工完毕的工程逐一进行清点，资料提出后要交监理工程师和建设单位审查签证。

当未完建筑安装工程价为合同总价的某一约定比例时（如 5%）停止支付，预留该部分工程款作为保留金（尾留款），在工程竣工办理竣工结算时最后拨款。

根据《建设工程施工合同》（GF-1999—0201）第 26 条规定，工程款在双方确认计量结果后 14 天，发包人应向承包人支付工程款。按约定时间发包人应扣回的预付款，与工程款同期结算。符合规定范围的合同价款的调整，工程变更调整的合同价款及其他条款约定的追加合同价款，应与工程款同期调整支付。发包人超过约定的支付时间不支付工程款，承包人可向发包人发出要求付款的通知，发包人收到通知后仍不能按要求付款，可与承包人协商签定延期付款协议，经承包人同意后可延期支付。协议应明确延期支付的时间和从计量结果确认后第 15 天起应付款的贷款利息。发包人不按合同约定支付工程款，双方又未达成延期付款协议，导致施工无法进行，承包人可停止施工，由发包人承担违约责任。

C. 竣工结算。

竣工结算是施工企业在所承包的工程按照合同规定的内容全部完工，经验收质量合格，并符合合同要求之后，向业主进行的最终工程价款结算。

在竣工结算时，若因某些条件变化，使合同工程价款发生变化，则需按规定对合同价款进行调整。

《建设工程施工合同》（GF-1999—0201）第 33 条规定：

a. 工程竣工验收报告经发包人认可后 28 天内，承包人向发包人递交竣工结算报告及完整的结算资料，双方按照协议书约定的合同价款及专用条款约定的合同价款调整内容，进行工程竣工结算。

b. 发包人收到承包人递交的竣工结算报告及结算资料后 28 天内进行核实，给予确认或者提出修改意见。发包人确认竣工结算报告后通知经办银行向承包人支付工程竣工结算款。承包人收到竣工结算价款后 14 天内将竣工工程交付发包人。

c. 发包人收到竣工结算报告及结算资料后 28 天内无正当理由不支付工程竣工结算价款，从第 29 天起按承包人同期向银行贷款利率支付拖欠工程价款的利息，并承担违约责任。

d. 发包人收到竣工结算报告及结算资料后 28 天内不支付工程竣工结算价款，承包人可以催告发包人支付结算价款。发包人收到竣工结算报告及结算资料后 56 天仍不支付的，承包人可以与发包人协议将工程折价，也可以由承包人申请人民法院将工程依法拍卖，承包人就该工程折价或拍卖的价款优先受偿。

e. 工程竣工验收报告经发包人认可后 28 天内，承包人未能向发包人递交竣工结算报告及完整的结算资料，造成工程竣工结算不能正常进行或工程竣工结算价款不能及时支付，发包人要求交付工程的，承包人应当交付；发包人不要求交付工程的，承包人承担保管责任。

f. 发包人承包人对工程竣工结算价款发生争议时，按争议的约定处理。

2）我国工程项目设备、工器具费用支付

A. 国内设备、工器具费用支付。

建设单位订购的国内设备、工器具，一般不预付定金，只对制造期在半年以上的大型专用设备和船舶的价款，按合同分期付款。建设单位在收到设备、工器具后，要按合同规定及时结算付款，不应无故拖欠。

B. 进口设备费用支付。

a. 标准机械设备（有现货）的费用支付。

标准机械设备费用支付，大都使用国际贸易广泛使用的不可撤销的信用证，这种信用证在合同生效之后一定日期由买方委托银行开出，经买方认可的卖方所在地银行为议付银行。以卖方为收款人的不可撤销的信用证，其金额与合同总额相等。

标准机械设备首次合同付款。当采购货物已装船，卖方提交合同规定的相关文件和单证后，即可支付合同总价的 90%。

最终合同付款。机械设备在保证期截止时，卖方提交相关单证后支付合同总价的尾款 10%。

b. 专制机械设备的费用支付。

（a）预付款。一般专制机械设备的采购，在合同签订后开始制造前，卖方向买方提交有关文件和单证后，由买方向卖方提供合同总价的 10%～20% 的预付款。

（b）阶段付款。按照合同条款，当机械制造开始加工到一定阶段，可按设备合同价一定的百分比进行付款。

（c）最终付款，指在保证期结束时的付款。

3）FIDIC 合同条件下的工程费用支付

A. 工程支付范围：FIDIC 合同条件下的工程费用支付范围包括工程量清单中的费用和工程量清单外费用两大部分，详细内容见表 6-5。

工程支付内容 表 6-5

清单费用	工程量清单
清单外费用	工程变更
	费用索赔
	成本增减
	预付款
	保留金
	迟付款利息、违约罚金

B. 工程支付条件。

a. 质量合格是工程支付的必要条件。

b. 符合合同条件。一切支付均需要符合合同规定的要求，例如：在承包商提供履约保函和承包预付款保函之后才予以支付承包预付款。

c. 变更项目必须有监理工程师的变更通知。FIDIC 合同条件规定，没有工程师的指示，承包商不得作任何变更。

d. 支付金额必须大于临时支付证书规定的最小限额。

e. 承包商的工作使监理工程师满意。

C. 工程支付办法。

a. 工程量清单项目。

工程量清单项目分为一般项目、暂定金额和计日工三种。

一般项目是指工程量清单中除暂定金额和计日工以外的全部项目，这类项目的支付是以经过监理工程师计量的工程数量为依据，乘以工程量清单中的单价。

暂定金额是指包括在合同中，并在工程量表中以此名称标明，供工程的任何部分的施工，或货物、材料、工程设备或服务的提供，或供不可预料事件之用的金额。承包商按监理工程师指示完成的指定金额项目，其费用可按合同中有关费率和价格估价，或按有关发票、凭证等计价支付。

计日工指工程量清单中没有合适项目的零星附加工作。根据 FIDIC 条款，使用计日工费用的计算一般是按合同中所定费率和价格计算，对合同中没有定价的项目，可按实际发生的费用计算。

b. 工程量清单以外项目。

动员预付款，是业主借给承包商进驻场地和工程施工准备用款，一般为合同价的 5%～10%。付款条件有三点：第一是已签订合同协议书；第二是承包商已提供了履约保函（或保证金）；第三是承包商已提供了动员预付款保函。按照合同规定，当承包商的工程进度款累计金额超过合同价的 10%～20% 时开始扣回，至竣工前三个月全部扣清。材料预付款，是指运至工地尚未用于工程的材料设备预付款。按材料设备价的某一比例支付（通常为材料发票价 70%～75%），当材料和设备用于工程后，从工程进度款中扣回。

保留金的扣留与返还如前所述。工程变更价款、索赔费用将在后面叙述。

D. 工程费用支付程序。

FIDIC 条款（红皮书）第四版 60 条规定了支付程序，主要有三个步骤：

a. 承包商提出支付款申请。

b. 监理工程师审核，编制期中付款证书。

c. 业主批准支付。

d. 建设项目已完投资费用的动态结算

动态结算就是在工程款结算时，要考虑货币的时间价值，随着施工进度的进程，把价格上涨因素、通货膨胀因素等的影响，反映到结算中去不断地进行价格的"滚动"调价，使结算能较好地反映实际消耗的费用。动态结算有利于业主按照市场经济规律控制投资。按照国际惯例对建设项目已完投资费用的结算，通常都是采用动态结算法。

应用较普遍的调价方法有文件证明法和调价公式法。文件证明法通俗地讲就是凭正式发票向业主结算价差，为了避免因承包商对降低成本不感兴趣而引起的副作用，合同文中应规定业主和监理工程师有权指令承包商选择更廉价的供应货源。调价公式法常用的计算公式见式（6-2）

$$P = P_0 \left(a_0 + a_1 \frac{A_{11}}{A_{10}} + \cdots + a_i \frac{A_{i1}}{A_{i0}} + \cdots + a_n \frac{A_{n1}}{A_{n0}} \right) \tag{6-2}$$

式中　　P——调值后合同价款或工程实际结算款；

　　　　P_0——签订合同中的原价；

　　　　a_0——固定要素，代表合同支付中不能调整的部分；

$a_1 \cdots a_n$——代表各项费用（如：人工费、钢材费、运输费等）在合同总价中所占的比重，$a_0 + a_1 + \cdots a_n = 1$；

$A_{10} \cdots A_{n0}$——投标截止日期前 28 天各项费用的基期价格指数或价格；

$A_{11} \cdots A_{n1}$——代表结算时各项费用的现行价格指数或价格。

4. 工程变更估价与索赔费用计算

（1）工程变更估价

1）我国现行工程变更价款的确定方法

由监理工程师签发工程变更令，进行设计变更或更改作为投标基础的其他合同文件，由此导致的经济支出和承包方损失，由业主承担，延误的工期相应顺延，因此监理工程师作为建设单位的委托人必须合理确定变更价款，控制投资支出。若变更是由于承包方的违约所致，此时引起的费用必须由承包方承担。

合同价款的变更价格，是在双方协商的时间内，由承包方提出变更价格，报监理工程师批准后调整合同价款和竣工日期。监理工程师按以下原则审核承包方所提出的变更价款是否合理：

A. 合同中有适用于变更工程的价格，按合同已有的价格计算变更合同价款。

B. 合同中只有类似于变更情况的价格，可以此作为基础，确定变更价格，变更合同价款。

C. 合同中没有类似和适用的价格，由承包方提出适当的变更价格，由监理工程师批准执行，这一批准的变更价格，应与承包方达成一致，否则应通过工程造价管理部门裁定。

2）FIDIC 条款下工程变更估价

按 FIDIC 合同条件（红皮书）第四版第 52 条进行估价。如监理工程师认为适当，应以合同中规定的费率及价格进行估价。如合同中未包括适用于该变更工作的费率或价格，则应在合理的范围内使用合同中的费率和价格作为估价的基础。若合同清单中，既没有与变更项目相同，也没有相似项目时，在监理工程师与业主和承包商适当协商后，由监理工程师和承包商商定一合适的费率或价格作为结算的依据，当双方意见不一致时，监理工程师有权单方面确定其认为合适的费率或价格。但费率或价格确定的不合理很可能导致承包商提出费用索赔。

如果监理工程师在颁发整个工程的移交证书时，发现由于工程变更和工程量表上实际工程量的增加或减少（不包括暂定金额、计日工和价格调整），使合同价格的增加或减少合计超过有效合同价（指不包括暂定金额和计日工补贴的合同价格）的 15％时，在监理工程师与业主和承包商协商后，应在合同价格中加上或减去承包商和监理工程师议定的一笔款额。该款额仅以超过或低于"有效合同价"15％的那一部分为基础。

（2）索赔费用计算

1）常见可以索赔的费用及不可索赔的费用

A. 可以索赔的费用。

常见可以索赔的费用无论对承包商还是监理工程师（业主），根据合同和有关法律规定，事先列出一个将来可能索赔的损失项目的清单，这是索赔管理中的一种良好做法，可以帮助防止遗漏或多列某些损失项目。下面这个清单列举了常见的损失项目（并非全部），可供参考。

a. 人工费。人工费在工程费用中所占的比重较大。人工费的索赔，也是施工索赔中数额最多者之一。人工费一般包括：额外劳动力雇佣，劳动效率降低，人员闲置，加班工作，人员人身保险和各种社会保险支出。

b. 材料费。材料费的索赔关键在于确定由于业主方面修改工程内容，而使工程材料增加的数量，这个增加的数量，一般可通过原来材料的数量与实际使用的材料数量的比较来确定。材料费一般包括：额外材料使用，材料破损估价，材料涨价，运输费用。

c. 设备费。设备费是除人工费外的又一大项索赔内容，通常包括：额外设备使用，设备使用时间延长，设备闲置，设备折旧和修理费分摊，设备租赁实际费用，设备保险。

d. 低值易耗品。一般包括：额外低值易耗品使用，小型工具，仓库保管成本。

e. 现场管理费。一般包括：工期延长期的现场管理费，办公设施，办公用品，临时供热、供水及照明，保险，额外管理人员雇佣，管理人员工作时间延长，工资和有关福利待遇的提高。

f. 总部管理费。一般包括：合同期间的总部管理费超支，延长期中的总部管理费。

g. 融资成本。一般包括：贷款利息，自有资金利息。

h. 额外担保费用。

i. 利润损失。

B. 不允许索赔的费用。

一般情况下，下列费用是不允许索赔的。

a. 承包商的索赔准备费用。

b. 工程保险费。

c. 因合同变更或索赔事项引起的工程计划调整、分包合同修改等费用，这类费用已在现场管理费中得到补偿。

d. 因承包商的不适当行为而扩大的损失。

e. 索赔金额在索赔处理期间的利息。

2）计算方法

A. 实际费用法。

实际费用法是工程索赔计算时最常用的一种方法。这种方法的计算原则，以承包商为某项索赔事件所支付的实际开支为根据，向业主要求费用补偿。每一项工程索赔的费用，仅限于在该项工程施工中所发生的额外人工费、材料费和施工机械使用费，以及相应的管理费。

用实际费用法计算时，在直接费的额外费用部分的基础上，再加上应得的间接费和利润，即是承包商应得的索赔金额。由于实际费用法所依据的是实际发生的成本记录或单据，所以在施工过程中，系统而准确地积累记录资料是非常重要的。

B. 总费用法。

总费用法即总成本法，就是当发生多次索赔事件以后，重新计算该工程的实际总费用，实际总费用减去投标报价时的估算总费用，即为索赔金额，见式（6-3）：

$$索赔金额＝实际总费用－投标价估算总费用 \qquad (6-3)$$

但应注意实际发生的总费用中可能包括了承包商的原因（如施工组织不善）而增加的费用，所以这种方法只有在难以采用实际费用法时才应用。

6.2.6 竣工决算

1. 竣工决算的概念

建设项目竣工后，承包商与业主之间应及时办理竣工验收和竣工核验手续，在规定的期限之内，编制竣工结算书和工程价款结算单，向业主办理竣工结算，业主凭此办理建设项目竣工决算。

建设项目竣工决算是业主向国家汇报建设成果和财务状况的总结性文件，也是竣工验收报告的重要组成部分。及时、正确编报竣工决算，对于考核建设项目投资，分析投资效果，促进竣工投产，以及积累技术经济资料等，都具有重要意义。

2. 竣工决算报表

竣工决算报表由许多规定的报表组成。大、中型建设项目包括：竣工工程概况表（项目一览表）；竣工财务决算表；交付使用财产明细表；总概（预）算执行情况表；历年投资计划完成表。小型建设工程项目，一般包括：竣工决算总表；交付使用财产明细表。单项工程竣工决算报表包括：单项工程竣工决算表；单项工程设备安装清单。

竣工工程概况表：主要反映竣工的大、中型建设项目新增生产能力、建设时间、完成主要工程量、建设投资、主要材料消耗和主要技术经济指标等。

竣工财务决算表：反映竣工的大中型建设项目的资金来源和运用，作为考核分析基本建设投资贷款及其使用效果的依据。

交付使用财产总表：反映竣工的大、中型建设项目建成后新增固定资产和流动资产的价值，作为交接财产、检查投资计划完成情况、分析投资效果的依据。

交付财产明细表：反映竣工的大、中型建设项目交付使用固定资产和流动资产的详细内容，使用单位据此建立明细账。

6.3 工程建设进度控制

6.3.1 进度控制概述

1. 进度控制的概念

工程建设的进度控制是指在工程项目各建设阶段编制进度计划，将该计划付诸实施，在实施的过程中经常检查实际进度是否按计划要求进行，如有偏差则分析产生偏差的原因，采取补救措施或调整、修改原计划，直至工程竣工，交付使用。进度控制的最终目的是确保项目进度目标的实现，建设项目进度控制的总目标是建设工期。

进度与质量、投资并列为工程项目建设三大目标。它们之间有着相互依赖和相互制约的关系。监理工程师在工作中要对三个目标全面系统地加以考虑，正确处理好进度、质量和投资的关系，提高工程建设的综合效益。特别是对一些投资较大的工程，对进度目标进行有效的控制，确保进度目标的实现，往往会产生很大的经济效益。

工程项目的进度，受许多因素的影响，建设者需事先对影响进度的各种因素进行调查，预测它们对进度可能产生的影响，编制科学合理的进度计划，指导建设工作按计划进行。然后根据动态控制原理，不断进行检查，将实际情况与计划安排进行对比，找出偏离计划的原因，特别是找出主要原因，采取相应的措施，对进度进行调整或修正，再按新的计划实施，这样不断地计划、执行、检查、分析、调整计划的动态循环过程，就是进度控制。

2. 影响进度的因素

由于建设项目具有庞大、复杂、周期长、相关单位多等特点，因而影响进度的因素很多。从产生的根源看，有来源于建设单位及上级机构；有来源于设计、施工及供货单位；有来源于政府、建设部门、有关协作单位和社会；也有来源于监理单位本身。归纳起来，这些因素包括以下几方面：

（1）人的干扰因素。如建设单位使用要求改变而设计变更；建设单位应提供的场地条件不及时或不能满足工程需要；勘察资料不准确，特别是地质资料错误或遗漏而引起的不能预料的技术障碍；设计、施工中采用不成熟的工艺或技术方案失当；图纸供应不及时、不配套或出现差错；计划不周，导致停工待料和相关作业脱节，工程无法正常进行；建设单位越过监理职权进行干涉，造成指挥混乱等。

（2）材料、机具、设备干扰因素。如材料、构配件、机具、设备供应环节的差错，品种、规格、数量、时间不能满足工程的需要等。

（3）地基干扰因素。如受地下埋藏文物的保护、处理的影响。

（4）资金干扰因素。如建设单位资金方面的问题，未及时向承包单位或供应商拨款等。

（5）环境干扰因素。如交通运输受阻，水、电供应不具备，外单位临近工程施工干扰，节假日交通、市容整顿的限制；向有关部门提出各种申请审批手续的延误；安全、质量事故的调查、分析、处理及争端的调解、仲裁；恶劣天气、地震、临时停水停电、交通中断、社会动乱等。

受以上因素影响，工程会产生延误。工程延误有两大类，其一是指由于承包单位自身的原因造成的工期延长，其一切损失由承包单位自己承担，同时建设单位还有权对承包单位施行违约误期罚款；其二是指由于承包单位以外的原因造成的工期延长，经监理工程师批准的工程延误，所延长的时间属于合同工期的一部分，承包单位不仅有权要求延长工期，而且还有向建设单位提出赔偿的要求以弥补由此造成的额外损失。

监理工程师应对上述各种因素进行全面的预测和分析，公正地区分工程延误的两大类原因，合理地批准工程延长的时间，以便有效地进行进度控制。

3. 进度控制的任务

进度控制是一项系统工作，是按照计划目标和组织系统，对系统各个部分的行为进行检查，以保证协调地完成总体目标。进度控制的主要任务是：

（1）编制工程项目建设监理工作进度控制计划。

（2）审查承包单位提交的进度计划。

（3）检查并掌握工程实际进度情况。

（4）把工程项目的实际进度情况与计划目标进行比较，分析计划提前或拖后的主要原因。

（5）决定应该采取的相应措施和补救方法。

（6）及时调整计划，使总目标得以实现。

4. 进度控制的措施

进度控制的措施主要有组织措施、技术措施、合同措施、经济措施等。

（1）组织措施如落实项目监理班子中进度控制部门的人员，具体控制任务和管理职责进行项目分解，如按项目进展阶段分，按合同结构分，并建立编码体系；确定进度协调工作制度，包括协调会议举行的时间，协调会议的参加人员等，对影响进度目标实现的干扰和风险因素进行分析。

（2）技术措施主要是规划、控制和协调。规划就是确定项目的总进度目标和分进度目标；控制就是在项目进展的全过程中，进行计划进度与实际进度的比较，发现偏离就及时采取措施进行纠正；协调就是协调参加单位之间的进度关系。

（3）合同措施主要有分段发包、提前施工，及各合同的合同期与进度计划的协调等。

（4）经济措施是采用它以保证资金供应。建设单位通过招标的进度优惠条件鼓励施工单位加快进度；建设单位通过工期提前奖励和延期罚款实施进度控制。

6.3.2 工程进度计划实施中的监测

工程项目实施过程中，计划的不变是相对的，变化是绝对的。因此在项目进度计划的执行过程中，必须采取系统的进度控制措施，即采用准确的监测手段不断发现问题，为将来进一步分析产生的原因、采取行之有效的进度调整方法并及时解决问题提供依据。

在建设项目实施过程中，监理工程师要经常监测进度计划的执行情况。进度监测系统过程主要包括以下工作：

1. 进度计划执行中的跟踪检查

跟踪检查的主要工作是经常收集反映实际工程进度的有关数据。收集的数据质量要高，不完整或不正确的进度数据将导致不全面或不正确的决策。为了全面准确地了解进度计划的执行情况，监理工程师必须认真做好以下三方面的工作：

（1）及时收集进度报表资料

进度报表是反映实际进度的主要方式之一，承包单位要按照监理制度规定的时间、格式和报表内容填写进度报表。监理工程师根据进度报表数据了解工程实际进度。

（2）派监理人员常驻现场、检查进度计划的实际情况

监理人员常驻现场，可以加强进度监测工作，掌握实际进度的第一资料，使其数据更准确。

（3）定期召开现场会议

定期召开现场会议，监理工程师与执行单位有关人员面对面了解实际进度情况，同时也可以协调有关方面的进度。

进度检查的时间间隔与工程项目的类型、规模、监理的对象和有关条件等多方面因素有关。可视具体情况，每半月或每周进行一次。

2. 整理、统计和分析收集的数据

收集的数据要进行整理、统计和分析，形成与计划具有可比性的数据。

3. 实际进度与计划进度的对比

是将实际进度的数据与计划进度的数据进行比较。得出实际进度比计划进度拖后、超

前还是一致。常用的比较方法有：

（1）横道图比较法：横道图比较法是指将在项目实施中检查实际进度收集的信息，经整理后直接用横道线并列标于原计划的横道线处，进行直观比较的方法。如图 6-6 所示。

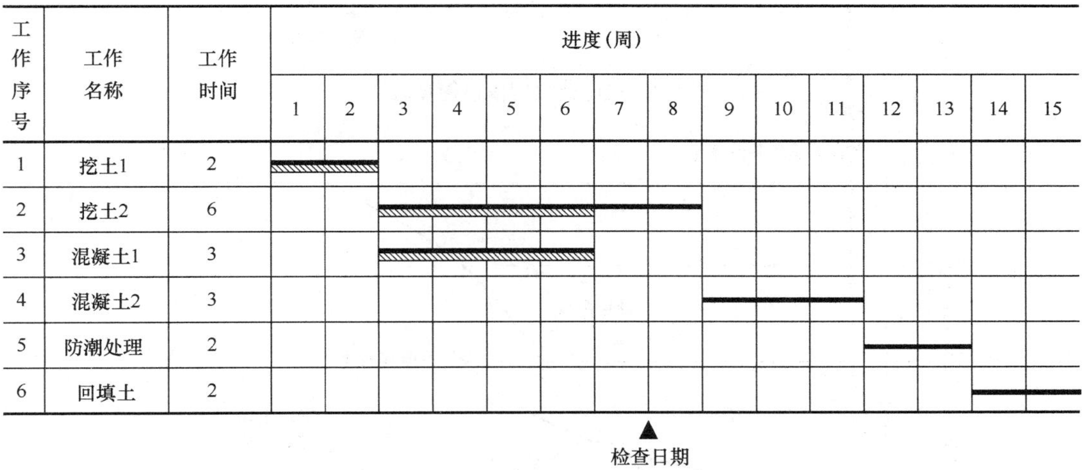

工作序号
工作名称
工作时间
进度(周)
1 2 3 4 5 6 7 8 9 10 11 12 13 14 15
1 挖土1 2
2 挖土2 6
3 混凝土1 3
4 混凝土2 3
5 防潮处理 2
6 回填土 2
检查日期

图 6-6　某基础工程实际进度与计划进度比较图

（其中粗实线表示计划进度，阴影部分则表示工程施工的实际进度）

工程项目实施中各项工作的速度不一定相同，进度控制要求和提供的进度信息也不尽相同，因而可以采用以下几种方法：

1 2 3 4 5 (月)
检查日期

图 6-7　匀速进展横道图比较法

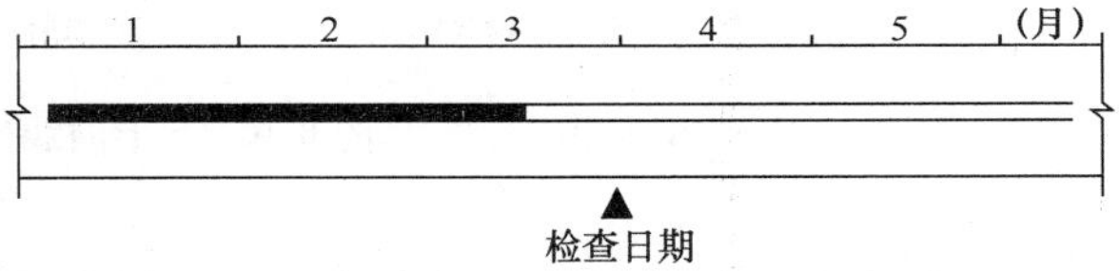

1）匀速进展横道图比较法，如图 6-7 所示。

该方法只适用于工作从开始到完成的整个过程中其进展速度是不变的，累计完成的任务量与时间成正比。若工作的进展速度是变化的，则必须采用双比例单侧横道图比较法或双比例双侧横道图比较。

2）双比例单侧横道图比较法，如图 6-8 所示。

1 2 3 4 5 6 7 8 9 10 (日)
0 5 10 20 35 50 60 80 90 100 (%) 计划累计完成百分比
(%) 实际累计完成百分比
0 6 12 22 40
检查日期

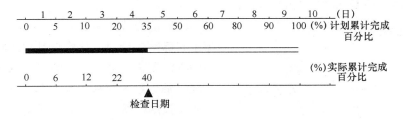

图 6-8　双比例单侧横道图比较法

3）双比例双侧横道图比较法，如图 6-9 所示。

（2）S 形曲线比较法：以横坐标表示进度时间，纵坐标表示累计完成任务量，绘制出一条计划时间—累计完成任务量的曲线，该曲线往往是 S 形的，将工程项目各检查时间—实际完成任务量曲线绘在一坐标图中，进行实际进度与计划进度相比较的一种方法。如图

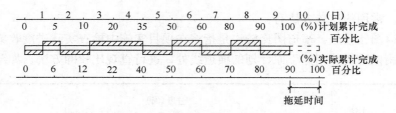

图 6-9　双比例双侧横道图比较法

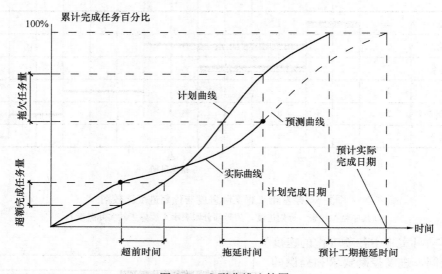

图 6-10　S形曲线比较图

6-10 所示。

（3）香蕉形曲线比较法：香蕉形曲线是两种S形曲线组合的闭合曲线。一般说来，按任何一个计划，都可以绘制出两种曲线：一是以各项工作最早开始时间安排进度而绘制的S形曲线，称为ES曲线；二是以各项工作最迟开始时间安排进度而绘制的S形曲线，称为LS曲线。两条S形曲线都是从计划的开始时刻开始和完成时刻结束，因此两条曲线是闭合的。一般情况下，ES曲线上的各点均落在LS曲线相应的左侧，形成一个形如香蕉的曲线，如图 6-11 所示。在项目的实施中进度控制的理想状况是任一时刻按实际进度描出的点，应落在该香蕉形曲线的区域内。

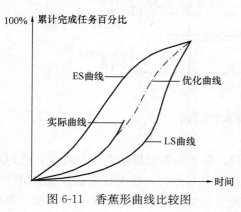

图 6-11　香蕉形曲线比较图

（4）前锋线比较法：前锋线比较法主要适用于时标网络计划。从检查时刻的时标点出发，将检查时刻正在进行工作的点都依次连接起来，组成一条一般为折线的前锋线。根据前锋线与箭线交点的位置判定工程实际进度与计划进度的偏差。如图 6-12 所示。

（5）列表比较法：该方法是记录检查时正在进行的工作名称和已进行的天数，然后列表计算有关时间参数，根据原有总时差和剩余总时差判断实际进度与计划进度的比较方法。

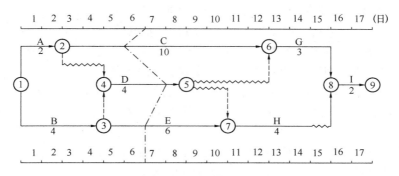

图 6-12　某网络计划前锋线比较图

6.3.3　工程进度计划实施中的调整

通过对进度计划实施中的监测，能及时发现是否出现了进度偏差，一旦出现了偏差必须分析该偏差对后续工作及总工期的影响，以便决定是否需要进行进度计划的调整，以及如何调整。

1. 分析偏差对后续工作及总工期的影响

当出现进度偏差时，需要分析该偏差对后续工作及总工期产生的影响。偏差的大小及其所处的位置不同，则对其后续工作和总工期的影响程度也是不同的。分析的方法主要是利用网络计划中总时差和自由时差的概念进行判断。由时差概念可知：当偏差小于该工作的自由时差时，对工作计划无影响；当偏差大于自由时差，而小于总时差时，对后续工作的最早开工时间有影响，对总工期无影响；当偏差大于总时差时，对后续工作和总工期都有影响。具体分析步骤如图 6-13 所示。

2. 进度计划的调整方法

在对实施的进度计划分析的基础上确定调整原计划的方法，一般主要有以下两种：

（1）改变某些工作间的逻辑关系

若实施中的进度产生的偏差影响了总工期，并且有关工作之间的逻辑关系允许改变，可以改变关键线路和超过计划工期的非关键线路上的有关工作之间的逻辑关系，达到缩短工期的目的。这种方法用起来效果显著。例如可以把依次进行的有关工作改变为平行的或互相搭接的以及分成几个施工段进行流水施工的工作，都可以达到缩短工期的目的。

（2）缩短某些工作的持续时间

这种方法是不改变工作之间的逻辑关系，只是缩短某些工作的持续时间，而使施工进度加快，以保证实现计划工期的方

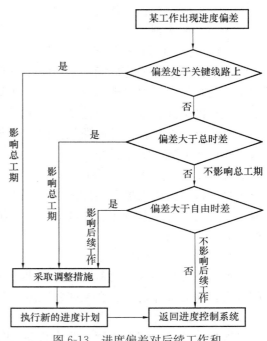

图 6-13　进度偏差对后续工作和
总工期影响分析过程图

123

法。这种方法通常可在网络图上直接进行。一般可分为以下三种情况：

1）某些工作进度拖延的时间在该项工作的总时差范围内但超过其自由时差。这一拖延并不会对总工期产生影响，而只对后续工作产生影响。因此，在进行调整前，需确定后续工作允许拖延的时间限制，并以此作为进度调整的限制条件。

2）某项工作进度拖延的时间超过该项工作的总时差。该工作不管是否为关键工作，这种拖延都对后续工作和总工期产生影响，其进度计划的调整方法又可分为以下三种情况：

A. 项目总工期不允许拖延。调整的方法只能采取缩短关键线路上后续工作的持续时间以保证总工期目标的实现。其实质是工期优化的方法。

B. 项目总工期允许拖延。此时只需以实际数据取代原始数据，并重新计算网络计划有关参数。

C. 项目总工期允许拖延的时间有限。以总工期的限制作为规定工期，并对还未实施的网络计划进行工期优化，即通过压缩网络计划中某些工作的持续时间，来使总工期满足规定工期的要求。

3）网络计划中某项工作进度超前。在计划阶段所确定的工期目标，往往是综合考虑各方面因素而优选的合理工期，因此，时间的任何变化，无论是拖延还是超前，都可能造成其他目标的失控。因此，实际中若出现进度超前的情况，进度控制人员也必须综合分析由于进度超前对后续工作产生的影响，并与有关承包单位共同协商，提出合理的进度调整方案。

6.3.4　工程建设设计阶段的进度控制

工程建设设计阶段是项目建设程序中的一个重要阶段，同时也是影响项目建设工期的关键阶段，监理工程师必须采取有效措施对工程项目的设计进度进行控制，以确保项目建设总进度目标的实现。

1. 确定设计进度目标体系

设计进度控制的最终目标就是在保质、保量的前题下，按规定的时间提供施工图纸。在这个总目标下，根据设计各阶段的工作内容确定各阶段的进度目标，每阶段内还应明确各设计专业的进度目标，形成进度目标体系。它是实施进度控制的前提。

工程设计主要包括：设计准备工作、初步设计、技术设计、施工图设计等阶段。每一个阶段都应有明确的进度目标。

2. 编制设计进度控制计划体系

根据所确定的进度控制总目标及各阶段、各专业分目标，编制设计进度控制总计划、阶段性设计进度计划及专业设计进度作业计划，用来指导设计进度控制工作的实施。设计进度控制计划体系包括：

（1）设计总进度计划

设计总进度计划主要用来控制自设计准备至施工图设计完成的总设计时间及各设计阶段的安排，从而确保设计进度控制总目标的实现。

（2）阶段性设计进度计划

阶段性设计进度计划包括：设计准备工作进度计划、初步设计（技术设计）工作进度计划和施工图设计工作进度计划。这些计划是用来控制各阶段的设计进度，从而实现阶段性设计进度目标。在编制阶段性设计进度计划时，必须考虑设计总进度计划对各阶段的时间要求。

（3）专业设计进度作业计划

为了控制各专业的设计进度，并作为设计人员承包设计任务的依据，应根据施工图设计工作进度计划、单项工程设计工日定额及所投入的设计人员数量，编制设计进度作业计划。

3. 设计进度控制措施

对设计进度的控制必须从设计单位自身的控制及监理单位的监控两方面着手：

（1）设计单位的进度控制

为了履行设计合同，按期交付施工图设计文件，设计单位应采取有效措施，控制工程设计进度。

1）建立计划部门，负责设计年度计划的编制和工程建设项目设计进度计划的编制。

2）建立健全的设计技术经济定额，并按定额要求进行计划的编制与考核。

3）实行设计工作技术经济责任制。

4）编制切实可行的设计总进度控制计划、阶段性设计进度计划和专业设计进度作业计划。在编制计划时，加强与建设单位、监理单位、科研单位及承包单位的协作与配合，使设计进度计划积极可靠。

5）认真实施设计进度计划，力争设计工作有节奏、有秩序、合理搭接地进行。在执行计划时，要定期检查计划的执行情况，并及时对设计进度进行调整，使设计工作始终处于可控制状态。

6）坚持按基本建设程序办事，尽量避免进行"边设计、边准备、边施工"的"三边"工程。

7）不断分析总结设计进度控制工作经验，逐步提高设计进度控制工作水平。

（2）监理单位的进度监控

监理单位受建设单位的委托进行工程设计监理时，应落实项目监理班子中专门负责设计进度控制的人员，按合同要求对设计工作进度进行严格的监控。

对于设计进度的监控应实施动态控制。在设计工作开始之前，首先应由监理工程师审查设计单位所编制的进度计划的合理性。在进度计划实施过程中，监理工程师应定期检查设计工作的实际完成情况，并与计划进度进行比较分析。一旦发现偏差，就应在分析原因的基础上提出措施，以加快设计工作进度。必要时，应对原进度计划进行调整或修订。

6.3.5 工程建设施工阶段进度控制

建设项目在施工过程中，需要消耗大量的人力和物力，建筑产品和施工生产也具有特定的技术经济特点，施工阶段的进度控制是整个工程项目进度控制的重点。

1. 确定施工阶段进度控制目标

工程建设施工阶段进度控制的最终目标是保证建设项目如期建成交付使用。为了有效地控制施工进度，首先要对施工进度总目标从不同角度层层分解，形成施工进度控制目标体系，它是实施施工进度控制的前提。

2. 施工进度目标的确定

确定施工进度目标时，必须全面细致地分析与工程项目进度有关的各种有利因素和不利因素，制订出一个科学的、合理的进度控制目标。

确定施工进度控制目标的主要依据有：工程建设总进度目标对施工工期的要求；工期定额；类似工程项目的实际进度；工程难易程度和工程条件的落实情况等。

在确定施工进度分解目标时，还要考虑以下几个方面：

（1）对于大型工程建设项目，应根据尽早提供可动用单元的原则，集中力量分期分批建设，以便尽早投入使用，尽快发挥投资效益。这时，为保证每一动用单元能形成完整的生产能力，就要考虑这些动用单元交付使用时所必须的全部配套项目的进度。因此，要处理好前期动用和后期建设的关系、每期工程中主体工程与辅助及附属工程之间的关系、地下工程与地上工程之间的关系、场外工程与场内工程之间的关系等。

（2）合理安排土建与设备的协调施工。要按照它们各自的特点，合理安排土建施工与设备基础、设备安装的先后顺序，明确设备工程对土建工程的要求和土建工程为设备工程提供施工条件的内容及时间。

（3）结合本工程的特点，参考施工工期定额及同类工程建设的经验来确定施工进度目标。避免只按主观愿望盲目确定进度目标，造成实施过程中进度失控。

（4）做好资金供应能力、施工力量配备、物资（材料、构配件、设备）供应能力与施工进度需要的平衡工作，确保工程进度目标的实现。

（5）考虑外部协作条件的配合情况，包括施工过程中及项目竣工动用所需的水、电、气、通信、道路及其他社会服务项目。它们必须与有关项目的进度目标相协调。

（6）考虑工程项目所在地区地形、地质、水文、气象等方面的限制条件。

总之，要想对工程项目的施工进度实施控制，就必须有明确、合理的进度目标（进度总目标和进度分目标），否则控制便失去了意义。

3. 工程项目施工进度控制工作内容

工程项目的施工进度控制从审核承包单位提交的施工进度计划开始，直至工程项目保修期满为止。其工作内容主要有：

（1）编制施工阶段进度控制工作细则

施工进度控制工作细则是按照工程项目监理规划，由专业监理工程师负责编制的更具有实施性和操作性的监理业务文件。其主要内容包括：

1）施工进度控制目标分解图。

2）施工进度控制的主要工作内容和深度。

3）进度控制人员的具体分工。

4）与进度控制有关各项工作的时间安排及工作流程。

5）进度控制的方法（包括进度检查日期、数据收集方式进度报表格式、统计分析方法等）。

6）进度控制的具体措施。

7）施工进度控制目标实现的风险分析。

8）尚待解决的有关问题。

（2）施工进度控制程序

项目监理机构应按下列程序进行工程进度控制。

1）总监理工程师审批承包单位报送的施工总进度计划。

2）总监理工程师审批承包单位编制的年、季、月度施工进度计划。

3）专业监理工程师对进度计划实施情况进行检查、分析。

4）当实际进度符合计划进度时，应要求承包单位编制下一期进度计划；当实际进度滞后于计划进度时，专业监理工程师应书面通知承包单位采取纠偏措施并监督实施。

施工进度计划编制或审核的内容主要有：

A. 进度安排是否符合工程项目建设总目标和分目标的要求，是否符合施工合同中开竣工日期的规定。

B. 施工顺序的安排是否符合施工程序的要求。

C. 劳动力、材料、构配件、机具和设备的供应计划是否能保证进度计划的实现且均衡，需求高峰期是否有足够能力实现计划供应。

D. 建设单位的资金供应能力是否能满足进度需要。

E. 施工进度的安排是否与设计单位的图纸供应进度相一致。

F. 建设单位应提供的场地条件及原材料和设备，特别是国外设备的到货与进度计划是否衔接。

G. 总分包单位分别编制的各项单位工程施工进度计划之间是否相协调，专业分工与计划衔接是否明确合理。

H. 进度安排是否合理，是否有造成建设单位违约而导致索赔的可能存在。

如果监理工程师在审查施工进度计划的过程中发现问题，应及时向承包单位发出书面修改意见，要求承包单位修改。其中重大问题应及时向建设单位汇报。

（3）进度控制管理

1）专业监理工程师应依据施工合同有关条款、施工图及经过批准的施工组织设计制定进度控制方案，对进度目标进行风险分析，制定防范性对策，经总监理工程师审定后报送建设单位。

2）专业监理工程师应检查进度计划的实施，并记录实际进度及其相关情况，当发现实际进度滞后于计划进度时，应签发监理工程师通知单指令承包单位采取调整措施。当实际进度严重滞后于计划进度时应及时报总监理工程师，由总监理工程师与建设单位商定采取进一步措施。

3）总监理工程师应在监理月报中向建设单位报告工程进度和所采取进度控制措施的执行情况，并提出合理建议，预防由建设单位原因导致的工程延期及其相关费用索赔。具体内容包括：

A. 建立现场办公室，以保证施工进度的顺利实施。

B. 监督施工单位实施进度计划，随时跟踪施工进度计划的关键控制点，了解进度实施的动态。

C. 及时检查和审核施工单位提交的进度统计分析资料和进度控制报表。

D. 进行必要的现场跟踪检查，以检查现场工作量的实际完成情况，为进度分析提供可靠的数据资料。

E. 做好工程施工进度记录。

F. 对收集的进度数据进行整理和统计，并将计划与实际进行比较，从中发现是否出现进度偏差。

G. 分析进度偏差将带来的影响并进行工程进度预测，从而提出可行的修改措施。

H. 根据需要及时调整进度计划并付诸实施。

I. 审批工程延期。

J. 定期向建设单位汇报工程实际进展状况，按期提供必要的进度报告。

K. 组织定期和不定期的现场会议，及时分析通报工程施工进度状况，并协调施工单位之间的生产活动。

L. 核实已完工程量，签发应付工程进度款。

（4）工程竣工阶段进行的进度控制

具体内容有：

1）及时组织验收工作。

2）处理工程索赔。

3）工程进度资料的归类，编目和建档。

4）根据实际施工进度，及时修改和调整验收阶段进度计划及监理工作计划，以保证下一阶段工作的顺利开展。

6.4 工程建设质量控制

6.4.1 工程建设质量控制概述

1. 工程项目质量

按《中华人民共和国标准质量管理体系标准》GB/T 1900—2000（下文简称 GB/T 19000）和《国际标准化组织质量管理体系标准》ISO 9000∶2000（下文简称 ISO 9000）的定义，质量是一组固有特性满足要求的程度。工程项目质量是一组固有特性满足工程建设中有关法律、法规、技术标准、设计文件及工程合同中对工程的安全、使用、经济、美观等综合要求的程度。

工程项目一般都是按照合同条件承包建设的，因此，工程项目质量是在"合同环境"下形成的。从功能和使用价值来看，工程项目质量体现在适用性、可靠性、经济性、外观质量与环境协调等方面。

由于工程项目是根据建设单位的要求而兴建的，不同建设单位也就有不同的功能要求。所以工程项目的功能与使用价值的质量是相对建设单位的需要而言，并无一个统一的标准。

工程项目质量的形成有以下几个阶段：

（1）可行性研究质量：是研究质量目标和质量控制程度的依据，直接影响决策质量和设计质量。

（2）工程决策质量：是确定质量目标和质量控制水平的依据，明确三大控制的协调统一。

（3）工程设计质量：是体现目标的主体文件，是制定质量控制的具体依据，是工程项目质量的决定性环节。

（4）工程施工质量：是实现质量目标的实施过程，是质量控制的关键性环节。

（5）工程竣工验收质量：是最终确认工程质量是否达到要求，是工程项目质量控制的最后重要环节。

在工程项目施工阶段，质量的形成是通过施工中的各个控制环节逐步实现的，即通过工序质量→分项工程质量→分部工程质量→单位工程质量，最终形成工程项目质量。

工程项目质量还包含工作质量。工作质量是指参与工程建设者，为了保证工程项目质量所从事工作的水平和完善程度。工作质量包括社会工作质量和生产过程工作质量，前者如社会调查、市场预测、质量回访和保修服务等，后者如政治工作质量、管理工作质量、技术工作质量和后勤工作质量等。

2. 工程项目质量特点及控制

（1）工程项目质量特点

工程项目质量的特点具体表现在：

1）影响因素多：如决策、设计、材料、机械、环境、施工工艺、管理制度、人员素质等均直接或间接地影响工程质量。

2）质量波动大：工程建设不能像一般工业产品那样制造出相同系列规格和相同功能产品，所以质量波动性大。

3）质量变异大：由于影响工程质量的因素较多，任一因素的变异，均会引起工程项目的质量变异。

4）质量的隐蔽性：工程项目施工过程中，由于工序交接多、中间产品多、隐蔽工程多，若不及时检查并发现其中存在的问题，就可能留下质量隐患。

5）终检局限大：工程项目建成后，不可能像一般工业产品那样，可以解体或拆卸来检查内在的质量，所以在工程项目终检验收时难以发现工程内在的、隐蔽的质量缺陷。

（2）质量控制

质量控制是质量管理的一部分，致力于满足质量要求。

质量要求需要转化为可用定性或定量的规范表示的质量特性，以便于质量控制的执行和检查。质量控制的目的在于，在质量形成过程中控制各个工序和过程，实现以"预防为主"的方针，采取行之有效的技术工艺和技术措施，达到规定要求的产品质量。

质量控制活动划为三个阶段：预防阶段，即控制计划阶段；实施阶段，即操作和检验阶段；措施阶段，即分析差异、纠正偏差阶段。

（3）工程项目质量控制

工程项目的质量控制是工程项目质量管理的一部分，致力于满足工程项目质量要求。工程项目质量控制按其实施者不同，来自于三个方面：

1）建设单位的质量控制

实行建设监理制，建设单位对工程项目的质量控制是通过监理工程师来实现的，其特点是外部的、横向的控制。

监理工程师受建设单位的委托对工程项目进行质量控制，其目的在于保证工程项目能够按照工程合同的质量要求，达到建设单位的建设意图，符合合同文件规定的质量标准，取得良好的投资效益。其控制依据是国家制定的法律、法规、合同文件、设计图纸等。其工作方式是进驻现场进行全过程的监理。

2）承包单位的质量控制

承包单位是工程建设实施的主体，其对工程项目质量控制的特点是内部的、自身的控制。

承包单位对工程项目进行质量控制，主要是避免返工，提高生产效率，降低成本，同时为保持良好的信誉。其最终目的在于提高市场的竞争力，控制成本，取得较好的经济利益。

3）政府的质量控制

政府对工程项目的质量控制是通过政府的质量监督机构来实现的，其特点是外部的、纵向的控制。

工程质量监督机构对工程项目质量控制的目的在于维护社会公共利益，保证技术性法规和标准贯彻执行。其控制依据是国家的法律文件和法定的技术标准。其工作方式是对工程主要环节进行定期或不定期抽验。其作用是监督国家法规、标准的执行，把好工程质量关，提高质量意识，使承包单位向国家和用户提供合格工程项目。

3. 工程建设监理质量控制

（1）监理工程师质量控制的责任

在参与质量控制的各方中，监理工程师处于质量控制的中心地位。监理工程师根据工程建设监理委托合同中明确的权利和义务，在监理过程中，贯彻执行工程建设法律、法规、技术标准，严格依据监理委托合同和承包合同对工程实施监理。

由于监理工程师在质量控制中的中心地位，监理人员对其把关不严、决策或指挥失误、工作失误、犯罪行为等原因所造成的工程质量问题，应承担不可推卸的质量控制责任，因为监理人员具有事前介入权、事中检查权、事后验收权、质量认证和否决权，具备了承担质量控制责任的条件，并取得相应的经济报酬。但这种责任的性质是间接的。施工中出现的质量问题，应由承包单位承担主要责任，不能因监理的介入而转化责任的性质。

工程质量的好坏最终取决于承包单位的工作，监理工程师的质量控制工作必须通过承包单位的实际工作才能起作用。因此，监理工程师应把承包单位的质量管理工作纳入自己的控制系统中。

（2）监理工程师质量控制应遵循的原则

监理工程师在质量控制过程中，应遵循以下几点原则：

1）坚持质量第一：工程项目使用期长，直接关系到人民生命财产的安全和国民经济的发展，是"百年大计"，监理工程师应始终把"质量第一"作为工作准则。

2）坚持以人为核心：人是质量的创造者，质量控制必须"以人为核心"，充分发挥人的主动性和创造性，增强人的责任感，提高人的质量意识，以人的工作质量保证工序质量和工程质量。

3）坚持以预防为主："以预防为主"就是要重点做好质量的事前控制，严格进行工作质量、工序质量的预控。这是确保工程质量的有效措施。

4）坚持质量标准：要以合同规定的质量验收标准为依据，一切用数据说话，严格检查，做好质量监控。

5）坚持公正、科学、守法的职业规范，做到实事求是、严守法纪、尊重科学、秉公办事、以理服人、热情帮助。

（3）监理工程师质量控制的主要工作内容

1）审核承包单位的资格和质量保证体系，优选承包单位，确认分包单位。

2）明确质量标准和要求。

3）督促承包单位建立与完善质量保证体系。

4）组织与建立本项目的质量监理控制体系。

5）跟踪、监督、检查和控制项目实施过程中的质量。

6）处理质量缺陷或事故。

（4）监理工程师质量控制的任务

工程质量控制的任务就是根据工程合同规定的工程建设各阶段的质量目标，对工程建设全过程的质量实施监督管理。

1）项目决策阶段质量控制的任务。审核可行性研究报告是否符合相关的技术经济方面的规范、标准和定额指标等；报告的内容、深度和计算指标是否达到标准要求；是否符合项目建议书或建设单位的要求；是否有可靠的自然、经济、社会环境等基础资料和数据。

2）设计阶段质量控制的任务。审查设计基础资料的正确性和完整性；协助建设单位编制设计招标文件，组织设计方案竞赛；审查设计方案的先进性和合理性，确定最佳设计方案；督促设计单位完善质量保证体系，建立内部专业交底及专业会签制度；进行设计质量跟踪检查，控制设计图纸质量；组织施工图会审；评定验收设计文件。

3）施工阶段质量控制的任务。施工阶段的质量控制是工程项目全过程质量控制的关键环节，是一个经由对投入资源和条件的质量进行控制（事前控制）进而对生产过程及各环节质量进行控制（事中控制），直到对完成的工程产出品的质量检验与控制（事后控制）为止的全过程系统控制过程。如图 6-14 所示。

4）保修阶段质量控制的任务。审核承包单位的保修任务书；检查、鉴定工程质量和工程使用状况；对出现的质量缺陷，确定责任；督促承包单位修复质量缺陷；在保修期结束后，检查工程保修状况，移交保修资料。

4. 质量管理体系标准简介

（1）概述

ISO 9000 族标准是由 ISO/TC176 组织各国标准化机构协商一致后制订，经国际标准化组织（ISO）批准发布，提供在世界范围内实施的有关质量管理活动规则的标准文件，被称为国际通用质量管理标准。首次发布为 1986—1987 年，1994 年修订、补充为第二版，2000 年发布第三版。

ISO 9000 标准是质量管理领域的一场新的革命，该标准自 1987 年第一版开始发布到 2000 年，全世界有三十多万家企业或单位通过了 ISO 9000 的认证。ISO 9000 质量认证证书已在全世界范围内得到认同，并已成为走向国际市场的通行证。ISO 9000 标准把质量管理和理论与方法推到了一个新的高度，其根本思想是：任何企业、单位或组织，它们的根本任务是要满足顾客的需要和期望，生产产品和提供服务的过程尽管不同，但控制的原理与方法是一致的；ISO 9000 标准给出了企业应该遵循的基本准则和建立质量体系的原则框架；ISO 9000 标准不仅要控制生产和服务的实际过程，而且要求对包括顾客要求的识别、设计、采购、制造、检验和试验交付以及后续的过程，即对产品寿命周期和全过程进行控制；ISO 9000 标准要求企业对其生产部门、岗位和每项工作都应确定活动的职责

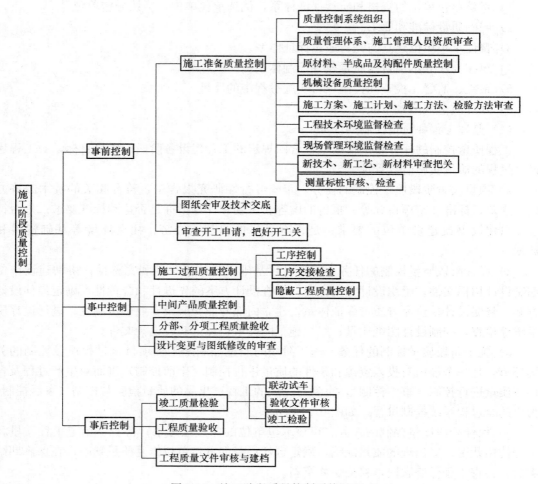

图 6-14　施工阶段质量控制系统过程

和顺序，规范其工作方法和程序，即进行标准化与规范化的管理。

质量体系认证是国际上对企业质量管理标准化认可的重要标志。质量管理系列标准即 ISO 9000 系列标准是国际标准化组织 ISO 于 1987 年正式发布的国际质量认证标准，是质量认证国际化的标志。我国已将 ISO 9000 系列标准等同转化为国家标准 GB/T 19000。

（2）ISO 9000 的发展简介

1987 年 3 月 ISO 正式公布了 ISO 9000～9004 五个标准，这是通常所说的 ISO 9000 系列标准，随后 ISO 9000 系列标准已发展成一个家族，这包括：

1）ISO 9000～9004 的所有国标标准，包括 ISO 9000～9004 的各个分标准；

2）ISO 10001～10020 的所有国标标准，包括各分标准，属于支持性技术标准；

3）ISO 8042 术语标准。

ISO 9000 当时有四个分标准，有质量管理与质量保证模式之分，目的是为了质量管理和质量保证两类标准的选择和使用或如何实施提供指南。

到 1992 年 ISO 公布了 ISO 9000～1992：

1994 年 ISO 又修改公布了 ISO 9000～1994：

此前的三个版本从其构架和术语含义仅做了相应的修改和补充，都是将认证分为质量管理和质量保证两类模式。

（3）2000 版 ISO 9000 族标准简介

2000 年 12 月 15 日，国际标准化组织 ISO 发布了 2000 版 ISO 9000 族标准，在指导思想基本框架、术语等方面均作了重大变革。我国等同将其转化为 GB/T 19000 国家标准，并于 12 月 28 日发布。该标准按照更通用、更适用、更简练、更协调的原则，强调了质量管理和过程模式，以顾客满意或不满意的信息为关注焦点，减少了"质量保证标准"一词的使用，将质量保证定义为质量管理的一部分来理解，企业须据此建立质量体系并进行认证。

2000 版 ISO 9000 族标准，包括 4 个核心标准和一个其他标准，即：

1）ISO 9000：2000 质量管理体系——基本原则和术语；

2）ISO 9001：2000 质量管理体系——要求；

3）ISO 9004：2000 质量管理体系——业绩改进指南；

4）ISO 19011：2000 质量和环境审核指南；

5）ISO 10012 测量控制系统。

（4）质量体系认证

质量体系认证是指根据有关的质量管理标准，企业建立自己的程序文件，由第三方机构对供方（承包方）的质量体系进行评定和注册的活动。这里的第三方机构指的是经国家技术监督局质量体系认可委员会认可的质量体系认证机构。质量认证机构是个专职机构，各认证机构具有自己的认证章程、程序、注册书和认证合格标志，国际技术监督局对质量认证机构实行统一管理。

5. 工程建设标准强制性条文

为了加强对建设工程质量的管理，保证工程建设质量，保护人民生命和财产安全，国务院发布了《建设工程质量管理条例》，建设部发布了《工程建设标准强制性条文》作为与之配套的技术性标准，要求参与工程建设的各方都必须严格执行。

《工程建设标准强制性条文》包括城乡规划、城市建设、房屋建筑、工业建筑、水利工程、电力工程、信息工程、水运工程、公路工程、铁道工程、石油和化工建设工程、矿山工程、人防工程、广播电影电视工程和民航机场工程等部分。其内容是工程建设现行国家和行业标准中直接涉及人民生命财产安全、人身健康、环境保护和其他公众利益，同时考虑了提高经济效益和社会效益等方面的要求。《工程建设标准强制性条文》是参与建设活动各方执行工程建设强制性标准和政府对执行情况实施监督的依据。

6.4.2 工程质量影响因素的控制

在工程建设中，尤其是在工程建设施工阶段，影响工程的因素来自于多方面，通常将其归纳为五大方面，即人（Man）、材料（Material）、机械（Machine）、方法（Method）和环境（Environment），表示为 4M1E。各因素的分解如图 6-15 所示。事前对这五方面的影响因素进行严格控制，是保证工程项目质量的关键。

1. 人的控制

人，是指参与工程建设的决策者、组织者、指挥者和操作者。以人为核心是搞好质量

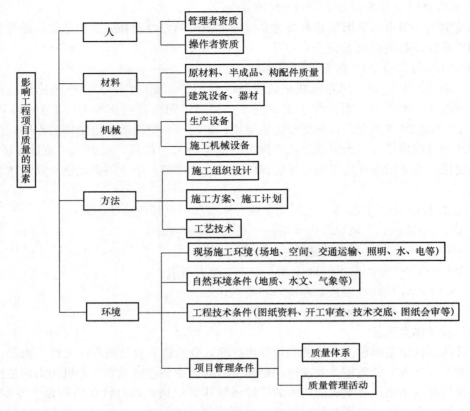

图 6-15　影响工程质量的因素构成

控制的一项重要原则。对人的控制主要从以下几方面着手：

（1）领导者的素质

在参与工程建设人员的各层次中，领导者的素质是确保工程质量的决定性因素。领导者素质的考核通常分两阶段进行，一是在对设计、施工承包单位进行资质认证和优选时，对承包单位领导层的素质进行考核；二是进入工程项目实施阶段对项目管理层素质的考核。监理工程师有权随时检查承包单位的情况，有权建议撤销承包单位的任何施工人员，直至建议建设单位解除承包合同等。

（2）人的理论、技术水平

人的理论、技术水平直接影响工程质量水平。尤其是对技术复杂、难度大、精度高、工艺新的结构设计和安装的工作，应由既有广泛的理论知识，又有丰富实践经验的结构工程师和施工管理与技术人员担任。

（3）人的生理缺陷

根据工程施工的特点和环境，对有生理缺陷的人，应安排适当的工作岗位。

（4）人的心理行为

人由于要受社会、经济、环境条件和人际关系的影响，要受组织纪律、法律、规章和管理制度的约束，要受劳动分工、生活福利和工资报酬的支配，人的劳动态度、注意力、情绪、责任心等在不同地点、不同时期、不同岗位也会有所变化。所以，对某些需要确保质量的关键工序和操作，一定要控制人的思想活动，稳定人的情绪。

（5）人的错误行为

人的错误行为是指人在工作场地或工作中吸烟、打赌、错视、错听、误判断、误动作等，这些都会影响质量或造成质量事故。对具有危险源的现场作业，应严禁吸烟、嬉戏，不同的作业环境，应采用不同的色彩、标志，以免产生误判断或误动作等。

（6）人的违纪违章

人的违纪违章是指粗心大意，漫不经心、不遵守劳动条例、不服从上级指挥、擅自违规操作等行为。统一指挥，步调一致，奖罚分明是保证工作质量、确保工程质量的重要保障。

总之，在使用人的问题上，应从思想素质、业务素质，身体素质等方面综合考虑，全面控制。

2. 材料的质量控制

材料（包括原材料、成品、半成品、构配件）是工程施工的物质条件，材料质量是工程质量的基础，材料质量不符合要求，就不会有符合要求的工程质量。因此，加强材料质量控制，是创造正常施工条件，保证工程质量，实现质量、进度、投资三大目标控制的前提。

在工程建设监理中，监理工程师对材料质量的控制应着重于以下要点：

（1）掌握材料信息，优选供货厂家。掌握材料质量、价格、供货能力的信息，选择好供货厂家，就可获得质量好、价格低的材料来源，不仅会保证工程质量，还会降低工程造价。对建设单位供应的材料，监理工程师应能提供信息；对承包单位的供应材料，监理工程师要对承包单位的订货申报进行审核、论证，报建设单位同意后方可订货。

（2）对用于工程的主要材料，进场时必须具有正式的出厂合格证和材质化验单，经验证后方可使用。

（3）工程中所有各种构件，必须具有厂家批号和出厂合格证。钢筋混凝土和预应力钢筋混凝土构件，均应按规定的方法进行抽样检验。由于运输、安装等原因出现的构件质量问题，应分析研究，经处理、鉴定合格后方能使用。

（4）凡标志不清或怀疑质量有问题的材料，或对质量保证资料有怀疑或与合同规定不符合的一般材料，或受工程重要程度决定应进行一定比例试验的材料，或需要进行追踪检验以控制和保证其质量的材料等，均应进行抽检。对于进口的材料设备和重要工程或关键施工部位所用的材料，则应进行全部检验。

（5）材料质量抽样和检验的方法，应符合建筑材料质量标准和管理的相关规程，要能反映同批材料的质量。对于重要的构件和非匀质材料，还应酌情增加采样数量。

（6）在现场配制的材料，如混凝土、砂浆、防水材料、防腐材料、绝缘材料等的配合比，应先提出试配要求，经试验合格后方可使用。

（7）主要设备订货前和进场后，应核定是否符合设计要求，是否与标书所规定的厂家一致，并做好型号、规格、数量等的开箱验收。

（8）对进口材料、设备应会同商检局检验，如核对凭证中发现问题，应取得供方和商检局人员签署的商务记录，按期提出索赔。

（9）高压电缆、电压绝缘材料，要进行耐压试验。

（10）要充分了解材料性能、质量标准、适用范围和施工要求对工程质量的影响，以便慎重选择和使用材料。

（11）新材料的应用，必须通过试验和鉴定。代用材料必须通过计算和充分的论证，并要符合结构构造要求。

（12）材料检验不合格时，不许用于工程中。有些材料，如过期受潮的水泥、锈蚀的钢筋等，经检验合格后，需结合工程特点决定是否降低等级使用，但决不允许用于重要的工程部位。

3. 机械的质量控制

机械设备的控制包括生产机械设备和施工机械设备两大类。在施工阶段，监理工程师应综合考虑施工现场条件、建筑结构型式、机械设备性能、施工工艺和方法、施工组织与管理、建筑技术经济等各种因素。从保证项目施工角度出发，着重从施工机械设备的选型、机械设备的主要性能参数和机械设备的使用操作要求等三方面予以控制。

4. 方法的控制

方法是实现工程建设的重要手段，方法控制包含对工程项目建设中所采取的技术方案、工艺流程、施工措施、检测手段、施工组织设计等进行控制。尤其是施工方案正确与否，直接影响质量、进度、投资三大目标能否顺利实施。监理工程师在审核施工方案时，必须结合工程实际，从技术、组织、管理、经济等方面进行全面分析、综合考虑。

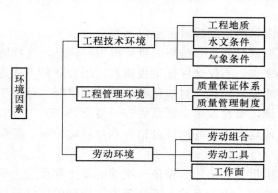

图 6-16　环境影响因素示意图

5. 环境的控制

环境因素（如图 6-16 所示）对工程质量的影响，具有复杂而多变的特点。如气象条件就变化万千，温度、湿度、大风、暴雨、酷暑、严寒等都直接影响工程质量。另外，往往前一工序就是后一工序的环境，前一分项、分部工程就是后一分项、分部工程的环境。因此，根据工程特点和具体条件，必须对影响质量的环境因素，采取有效的措施严加控制。

6.4.3　设计阶段的质量控制

工程项目的质量目标与水平，通过设计具体化，作为施工的依据。设计质量的优劣，直接影响工程项目的使用价值和功能，是工程质量的决定性环节。加强设计质量控制，是顺利实现工程建设三大目标控制的有力措施。

1. 设计质量的概念

设计质量就是在严格遵守技术标准、法规的基础上，正确处理和协调资金、资源、技术和环境的制约关系，使设计项目更好地满足建设单位所需要的功能和使用价值，充分发挥项目投资的经济效益。

2. 设计阶段质量控制的依据和内容

（1）设计阶段质量控制的依据

1）有关工程建设及质量管理方面的法律、法规。

2）有关工程建设的技术标准，如各种设计规范、规程、标准；设计参数的定额、指标等。

3）项目可行性研究报告、项目评估报告及选址报告。

4）体现建设单位建设意图的设计规划大纲、设计纲要和设计合同等。

5）反映项目建设过程中和建成后有关技术、资源、经济、社会协作等方面的协议、数据和资料。

（2）设计阶段质量控制的内容

设计阶段的质量控制是通过对质量目标和水平的控制，使项目设计在现行规范和标准下，满足建设单位所需的功能和使用价值，达到合理的投资和合理的质量。

合理的投资，是指满足建设单位所需的功能和使用价值的前提下，所付出的费用最小；合理的质量，是指在一定投资限额下，达到建设单位所需的最佳功能和质量水平。

1）设计准备阶段的质量控制。首先，根据有关要求、批文和资料，编制设计大纲或方案竞赛文件，设定质量目标。其次，组织方案竞赛，选择、评定总体设计方案。第三，组织设计招标。完成了质量目标设定和总体方案的评选之后，监理工程师协助建设单位进行设计招标工作，选定设计单位进行项目设计。

2）初步设计阶段的质量控制。初步设计阶段的质量控制的工作包括：优化设计方案，充实和完善设计准备阶段的优选方案；组织初步设计审查，初步审定后，提交各有关部门审查、征集意见，根据要求进行修改、补充、加深，经批准作为施工图设计的依据。

3）施工图设计阶段的质量控制。施工图是设计工作的最后成果，是设计质量的重要形成阶段，监理工程师要分专业不断地进行中间检查和监督，逐张审查图纸并签字认可。

第一，施工图质量的控制。主要有：所有设计资料、规范、标准的准确性；总说明及分项说明是否具体、明确；计算书是否交待清楚；套用图纸时是否已按具体情况作了必要的核算，并加以说明；图纸与计算书结果是否一致；图形符号是否符合统一规定；图纸中各部尺寸、节点详图、各图之间有无矛盾、漏注；图纸设计深度是否符合要求；套用的标准图集是否陈旧或有无必要的说明；图纸目录与图纸本身是否一致；有无与施工相矛盾的内容等。

第二，设计变更的控制。当有设计变更要求时，监理工程师应审查这些要求是否合理以及有没有可能。在不影响质量目标的前提下，可会同设计部门作出设计变更。

第三，设计分包的控制。监理工程师应对设计合同的分包进行控制。承担设计的单位应完成设计的主要部分，分包出去的部分，应得到建设单位和监理工程师的批准。监理工程师在批准分包前，应对分包单位的资质进行审查，并作出评价，决定是否胜任设计的任务。

3. 设计质量的审核

设计图纸是设计工作的最终成果，体现了设计质量。对设计质量的审核也即是在设计成果验收阶段对设计图纸的审核。

监理工程师代表建设单位对设计图纸的审核是分阶段进行的。在初步设计阶段，应审核工程所采用的技术方案是否符合总体方案的要求，以及是否达到项目决策阶段确定的质量标准；在技术设计阶段，应审核专业设计是否符合预定的质量标准和要求；在施工图设计阶段，应注重于反映使用功能及质量要求是否得到满足。

6.4.4 施工段的质量控制

工程项目施工是最终形成工程产品质量和工程项目使用价值的重要阶段。施工阶段的质量控制是建设监理的核心内容，也是工程项目质量控制的重点。

1. 施工阶段质量控制的依据

施工阶段监理工程师进行质量控制的依据，根据其适用的范围及性质，大体上可以分为共同性依据和专门技术法规性依据两类。

(1) 质量控制的共同性依据：主要是指那些适用于工程项目施工阶段与质量控制有关的，具有普遍指导意义和必须遵守的基本文件。它们包括以下几方面：

1) 工程承包合同：工程施工承包合同包含了参与建设的各方在质量控制方面的权利和义务的条款，监理工程师要熟悉这些条款，据此进行质量监督和控制，并在发生质量纠纷时，及时采取措施予以解决。

2) 设计文件："按图施工"是施工阶段质量控制的一项重要原则，经过批准的设计图纸和技术说明书等设计文件，是质量控制的重要依据。监理工程师要组织好设计交底和图纸会审工作，以便充分了解设计意图和质量要求。

3) 国家及政府有关部门颁布的有关质量管理方面的法律、法规性文件。

(2) 质量控制的专门技术法规性依据：主要指针对不同的行业、不同的质量控制对象而制定的技术法规性的文件，包括各种有关的标准、规范、规程或规定。属于这类依据的有以下几类：

1) 工程施工质量验收标准。

2) 有关工程材料、半成品和构配件质量控制方面的专门技术法规。

3) 控制施工过程质量的技术法规。

4) 采用新工艺、新技术、新方法的工程，其事先制定的有关质量标准和施工工艺规程。

2. 施工阶段质量控制的工作程序

在工程建设的施工阶段，监理工程师对工程质量要进行全过程、各方面、各环节的监督、检查与控制，在这一过程所涉及的内容及工作流程如图 6-17 所示。

3. 施工阶段质量控制的内容

(1) 施工准备阶段的质量控制

1) 确定质量标准，明确质量要求，建立项目监理的质量控制体系。

2) 工程项目开工前，总监理工程师应审查承包单位现场项目管理机构的质量管理体系、技术管理体系和质量保证体系，确认其能保证工程项目施工质量。对质量管理体系、技术管理体系和质量保证体系应审核以下内容：

A. 质量管理、技术管理和质量保证的组织机构。

B. 质量管理、技术管理制度。

C. 专职管理人员和特种作业人员的资格证、上岗证。

3) 施工场地的质量检查验收。包括场地障碍物的清除，现场定位轴线及高程标桩的测设与验收。

4) 专业监理工程师应对承包单位报送的拟进场工程材料、构配件和设备的工程材料/构配件/设备报审表及其质量证明资料进行审核，并按照委托监理委托合同约定或有关工程质量管理文件规定的比例，对进场的实物采用平行检验或见证取样方式进行抽检。

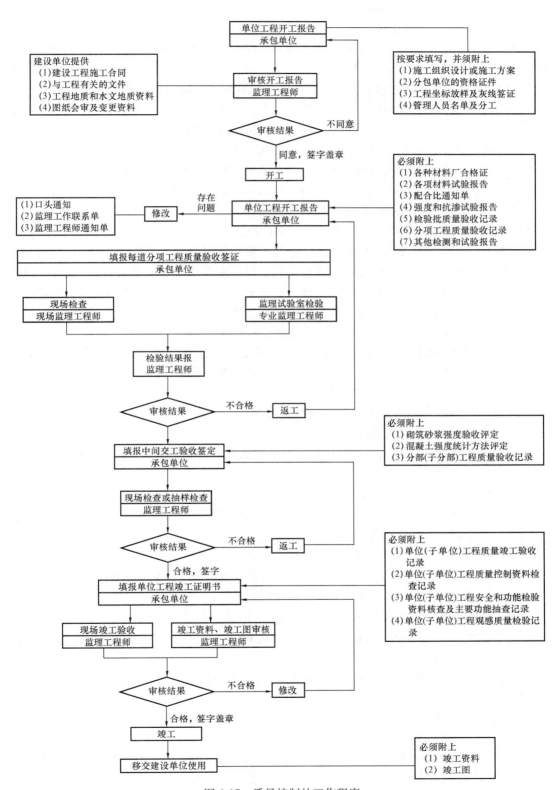

图 6-17 质量控制的工作程序

对未经监理人员验收或验收不合格的工程材料、构配件、设备，监理人员应拒绝签认，并应签发监理工程师通知单，书面通知承包单位限期将不合格的工程材料、构配件、设备撤出现场。

5）对施工方案、方法和工艺的控制。主要是审查施工组织设计或施工方案有关质量保证的内容。如应有可靠的技术和组织措施；有针对重点分部（分项）工程的施工工法文件；有针对工程质量通病的技术措施；有为保证质量而制定的预控措施；有工艺流程图等。工程项目开工前，总监理工程师应组织专业监理工程师审查承包单位报送的施工组织设计（方案）报审表，提出审查意见，并经总监理工程师审核、签认后报建设单位。

6）对施工环境与条件的控制。主要包括对施工作业的辅助技术环境控制，对施工质量管理环境的控制和对现场自然条件环境的控制。

7）设计交底和图纸会审。为了使承包单位熟悉有关设计图纸，充分了解工程特点、设计意图和工艺与质量要求，同时也为了在施工前能发现和减少图纸的差错，事先消除图纸中的质量隐患，监理工程师要会同建设单位、设计单位做好设计交底和图纸会审工作。在设计交底前，总监理工程师应组织监理人员熟悉设计文件，并对图纸中存在的问题通过建设单位向设计单位提出书面意见和建议。项目监理人员应参加由建设单位组织的设计技术交底会，总监理工程师应签认设计技术交底会议纪要。

8）审查开工申请。专业监理工程师应审查承包单位报送的工程开工报审表及相关资料，具备以下开工条件时，由总监理工程师签发，并报建设单位：

A. 施工许可证已获政府主管部门批准。

B. 征地拆迁工作能满足工程进度的需要。

C. 施工组织设计已获总监理工程师批准。

D. 承包单位现场管理人员已到位，机具、施工人员已进场，主要工程材料已落实。

E. 进场道路及水、电、通信等已满足开工要求。

（2）施工过程中的质量控制

1）施工工艺过程质量控制。监理人员通过见证、旁站、巡视、平行检验等监控方法和手段对各工序的操作工艺进行控制。

2）工序交接检查。坚持上道工序不经检查验收不准进行下道工序的原则，检验合格后签署认可才能进行下道工序。对未经监理人员验收或验收不合格的工序，监理人员应拒绝签认，并要求承包单位严禁进行下一道工序的施工。

3）隐蔽工程检查验收。隐蔽工程是指为下一道工序行将覆盖的工程，如建筑工程中的地基、钢筋工程、预埋件和预留孔洞、防腐处理等，应先由承包单位自检、初验合格后，填报隐蔽工程验收单，报监理工程师验收签证。

对隐蔽工程的隐蔽过程、下道工序施工完成后难以检查的重点部位，专业监理工程师应安排监理员进行旁站。

专业监理工程师应根据承包单位报送的隐蔽工程报验申请表和自检结果进行现场检查，符合要求予以签认。

4）中间产品质量控制。一个单项工程的各项工序完成后，承包单位在对该单项工程作系统的自检基础上，可提出中间交工报告申请支付。监理工程师对此应作一次系统的检查，经检验合格后签发中间交工证书或中间计量证书。

5）做好设计变更及技术方案核定工作。

6）工程质量问题处理。分析质量问题的原因、责任；审核、批准处理工程问题的技术措施或方案；检验处理措施的效果。

对施工过程中出现的质量缺陷，专业监理工程师应及时下达监理工程师通知，要求承包单位整改，并检查整改结果。

监理人员发现施工存在重大质量隐患，可能造成质量事故或已经造成质量事故，应通过总监理工程师及时下达工程暂停令，要求承包单位停工整改。

对需要返工处理或加固补强的质量事故，总监理工程师应责令承包单位报送质量事故调查报告和经设计单位等相关单位认可的处理方案，项目监理机构应对质量事故的处理过程和处理结果进行跟踪检查和验收。

总监理工程师应及时向建设单位及本监理单位提交有关质量事故的书面报告，并应将完整的质量事故处理记录整理归档。

7）行使质量监督权，下达停工指令。有下列情况之一，为了保证工程质量而需要进行停工处理，总监理工程师可签发工程暂停令：未经检验进入下道工序；质量出现异常，未采取有效措施改正；擅自使用未经认可或批准的材料；擅自变更设计或修改图纸；发生质量事故未按要求处理，且呈继续发展趋势；擅自使用未经同意的分包单位进场施工或不合格人员进场作业。以上问题整改完毕并经监理人员复查，符合规定要求后，总监理工程师应及时签署工程复工报审表。总监理工程师下达工程暂停令和签署工程复工报审表，宜事先向建设单位报告。

8）对工程进度款的支付签署质量认证意见。

9）定期向建设单位报告有关工程质量动态情况。

（3）施工过程所形成产品的质量控制

1）专业监理工程师应对承包单位报送的分项工程质量验评资料进行审核，符合要求后予以签认；总监理工程师应组织监理人员对承包单位报送的分部工程和单位工程质量验评资料进行审核和现场检查，符合要求后予以签认。

2）组织试车运转。

3）竣工预验收。总监理工程师应组织专业监理工程师，依据有关法律、法规、工程建设强制性标准、设计文件及施工合同，对承包单位报送的竣工资料进行审查，并对工程质量进行竣工预验收。对存在的问题，应及时要求承包单位整改。整改完毕由总监理工程师签署工程竣工报验单，并应在此基础上提出工程质量评估报告。工程质量评估报告应经总监理工程师和监理单位技术负责人审核签字。

4）竣工验收。项目监理机构应参加由建设单位组织的竣工验收，并提供相关监理资料。对验收中提出的整改问题，项目监理机构应要求承包单位进行整改。工程质量符合要求，由总监理工程师会同参加验收的各方签署竣工验收报告。

4. 施工阶段质量控制的方法、手段和要点

（1）质量控制的方法

1）质量控制的组织方法：督促承包单位建立健全质量认证体系；进行质量控制职能分配、明确责任分工；实施质量审核制度。

2）质量控制的技术方法：审核设计图纸及技术交底；审核承包单位的施工组织设计；

检查工序、部位的施工质量；召开专题会议；进行质量评定和质量验收。

3）质量控制的管理方法：开展全面质量管理活动；建立质量信息文字、报表、图像资料的管理办法；进行质量信息的数理统计分析；进行合同中的质量信息管理；建立质量管理的奖、惩制度。

（2）质量控制的手段

1）见证、旁站、巡视和平行检验：这是监理人员现场监控的几种主要形式。见证是由监理人员现场监督某工序全过程完成情况的活动；旁站是在关键部位或关键工序施工过程中，由监理人员在现场进行的监督活动；巡视是监理人员对正在施工的部位或工序在现场进行的定期或不定期的监督活动；平行检验是项目监理机构利用一定的检查或检测手段，在承包单位自检的基础上，按照一定的比例独立进行检查或检测的活动。

2）指令性文件：监理工程师根据工程项目质量的预测和实施状况的了解，可及时发出书面指令加以控制。因时间紧迫而发出的口头指令，需及时补充书面文件予以确认。

3）工地例会、专题会议：监理工程师可通过工地例会检查分析工程项目质量状况，针对存在的质量问题提出改进措施。对于复杂的技术问题或质量问题还可以及时召开专题会议解决。

（3）质量控制的要点

1）主控项目和一般项目：主控项目指建设工程中的对安全、卫生、环境保护和公众利益起决定性作用的检验项目；一般项目是指除主控项目以外的检验项目。

2）建设工程应按下列规定进行施工质量控制：

A. 建设工程采用的主要材料、半成品、成品、建筑构配件、器具和设备应进行现场验收。凡涉及安全、功能的有关产品，应按各专业工程质量验收规范规定进行复验，并经检查认可。

B. 各工序应按施工技术标准进行质量控制，每道工序完成后，应进行检查。

C. 相关各专业工种之间，应进行交接检验，并形成记录。未经监理工程师检查认可，不得进行下道工序施工。

5. 工程质量评定及验收

（1）工程质量评定

工程质量评定就是对照设计要求和国家规范标准的规定，按照国家和部门规定的有关评定规则，对工程建设过程中及单位工程竣工后进行的质量检查评定。

国家和有关部门按照工程项目的划分类别分别制定了相应的质量评定标准。如建筑安装工程、公路工程、市政工程质量检验评定标准等。

（2）工程质量验收

1）建筑工程施工质量验收要求：

A. 建筑工程施工质量应符合验收标准和相关专业验收规范的规定。

B. 建筑工程施工应符合工程勘察、设计文件的要求。

C. 参加工程施工质量验收的各方人员应具备规定的资格。

D. 工程质量的验收均应在施工单位自行检查评定的基础上进行。

E. 隐蔽工程在隐蔽前应由施工单位通知有关单位进行验收，并应形成验收文件。

F. 涉及结构安全的试块、试件以及有关材料，应按规定进行见证取样检测。

G. 检验批的质量应按主控项目和一般项目验收。

H. 对涉及安全和使用功能的重要分部工程应进行抽样检测。

I. 承担见证取样检测及有关结构安全检测的单位应具有相应资质。

J. 工程的观感质量应由验收人员通过现场检查，并应共同确认。

检验批的质量检验，应按质量验收统一标准根据检验项目的特点选择合适的抽样方案进行。

2）建筑质量验收的划分

建筑工程质量验收应划分为单位（子单位）工程、分部（子分部）工程、分项工程和检验批。

3）建筑工程质量验收

A. 检验批合格质量应符合下列规定：

a. 主控项目和一般项目的质量经抽样检验合格。

b. 具有完整的施工操作依据、质量检查记录。

B. 分项工程质量验收合格应符合下列规定：

a. 分项工程所含的检验批均应符合合格质量的规定。

b. 分项工程所含的检验批的质量验收记录应完整。

C. 分部（子分部）工程质量验收合格应符合下列规定：

a. 分部（子分部）工程所含分项工程的质量均应验收合格。

b. 质量控制资料应完整。

c. 地基和基础、主体结构和设备安装等分部工程有关安全及功能的检验和抽样检测结果应符合有关规定。

d. 观感质量验收应符合要求。

D. 单位（子单位）工程质量验收合格应符合下列规定：

a. 单位（子单位）工程所含分部（子分部）工程的质量均应验收合格。

b. 质量控制资料应完整。

c. 单位（子单位）工程所含分部工程有关安全和功能的检测资料应完整。

d. 主要功能项目的抽查结果应符合相关专业质量验收规范的规定。

e. 观感质量验收应符合要求。

E. 建筑工程质量验收记录应符合下列规定：

a. 检验批质量验收按验收标准进行。

b. 分项工程质量验收按验收标准进行。

c. 分部（子分部）工程质量验收按验收标准进行。

d. 单位（子单位）工程质量验收，质量控制资料核查、安全和功能检验资料核查及主要功能抽查记录，观感质量检查按验收标准进行。

F. 当建筑工程质量不符合要求时，应按下列规定进行处理：

a. 经返工重做或更换器具、设备的检验批，应重新进行验收。

b. 经有资质的检测单位检测鉴定能够达到设计要求的检验批，应予以验收。

c. 经有资质的检测单位检测鉴定达不到设计要求、但经原设计单位核算认可能够满足结构安全和使用功能的检验批，应予以验收。

d. 经返修或加固处理的分项、分部工程，虽然改变外形尺寸但仍能满足安全使用要求，可按技术处理方案和协商文件进行验收。

G. 通过返修或加固处理仍不能满足安全使用要求的分部工程、单位（子单位）工程，严禁验收。

4）建筑工程质量验收程序和组织

A. 检验批及分项工程应由监理工程师（建设单位项目技术负责人）组织施工单位项目专业质量（技术）负责人等进行验收。

B. 分部工程应由总监理工程师（建设单位项目负责人）组织施工单位项目负责人和技术、质量负责人等进行验收；地基与基础、主体结构分部工程的勘察、设计单位工程项目负责人和施工单位技术、质量部门负责人也应参加相关分部工程验收。

C. 单位工程完工后，施工单位应自行组织有关人员进行检查评定，并向建设单位提交工程验收报告。

D. 建设单位收到工程验收报告后，应由建设单位（项目）负责人组织施工（含分包单位）、设计、监理等单位（项目）负责人进行单位（子单位）工程验收。

E. 单位工程有分包单位施工时，分包单位对所承包的工程项目应按验收标准规定的程序检查评定，总包单位应派人参加。分包工程完成后，应将工程有关资料交总包单位。

F. 当参加验收各方对质量验收意见不一致时，可请当地建设行政主管部门或工程质量监督机构协调处理。

G. 单位工程质量验收合格后，建设单位应在规定时间内将工程竣工验收报告和有关文件，报建设行政管理部门备案。

复 习 思 考 题

1. 如何从系统论的观点理解投资、进度和质量三大目标的关系？
2. 目标控制的动态过程是怎样的？它包括哪些主要环节性工作？
3. 工程建设监理目标控制的主要措施有哪些？
4. 简述工程计量的依据和方法。
5. 工程支付的一般形式有哪些？
6. 工程变更价款的如何确定？
7. 索赔费用的计算如何进行？
8. 进度控制的含义是什么？影响进度控制的因素有哪些？
9. 实际进度与计划进度的比较方法有哪些？各是如何比较的？
10. 如何分析进度偏差对后续工作及总工期的影响？
11. 如何进行进度计划的调整？
12. 试解释质量、工程项目质量和质量控制的概念。
13. 质量控制的主要内容有哪些？
14. 简述施工阶段质量控制的内容。

第7章　工程建设监理的安全管理

本章首先介绍了安全生产和安全监理的概念；其次重点介绍了安全监理的主要工作内容，包括施工准备阶段和施工阶段，并对安全监理实施细则的内容进行了说明；最后介绍了建设工程安全隐患和安全事故的处理。

工程建设监理的安全管理又称安全监理，是指在监理工作中对安全生产进行的一系列管理活动，以达到安全生产的目标。安全监理是我国建设监理理论在实践中不断完善、提高和创新的体现和产物。开展安全监理工作不仅是建设工程监理的重要组成部分，是工程建设领域中重要任务和内容，是促进工程施工安全管理水平提高，控制和减少安全事故发生的有效方法，也是建设管理体制改革中必然实现的一种新模式、新理念。

7.1　安全生产和安全监理概述

7.1.1　安全生产

1. 基本概念

安全生产就是指生产经营活动中，为保证人身健康与生命安全，保证财产不受损失，确保生产经营活动得以顺利进行，促进社会经济发展、社会稳定和进步而采取的一系列措施和行动的总称。安全生产直接关系到经济建设的发展和社会稳定，标志着社会进步和文明发展进程。建筑业作为我国新兴的支柱产业，也是一个事故多发的行业，更应强调安全生产。

安全生产管理是指建设行政主管部门、建设工程安全监督机构、建筑施工企业及有关单位对建设工程生产过程中的安全，进行计划、组织、指挥、控制、监督等一系列的管理活动。

2. 安全生产指导方针

建设工程施工安全生产管理，必须坚持"安全第一、预防为主"的基本方针。这个方针是根据建设工程的特点，总结实践经验和教训得出的。在生产过程中，参与各方必须坚持"以人为本"的原则，在生产与安全的关系中，一切以安全为重，安全必须排在第一位。

"安全第一"是原则和目标，是从保护和发展生产力的角度，确立了生产与安全的关系，肯定了安全在建设工程生产活动中的重要地位。"安全第一"的方针，就是要求所有参与工程建设的人员，包括管理者和从业人员以及对工程建设活动进行监督管理的人员都必须树立安全的观念，不能为了经济的发展而牺牲安全。当安全与生产发生矛盾时，必须先解决安全问题，在保证安全的前提下从事生产活动，也只有这样，才能使生产正常进行，才能充分发挥职工的积极性，提高劳动生产率，促进经济的发展，保持社会稳定。

"预防为主"是手段和途径，是指在工程建设活动中，根据工程建设的特点，对不同的生产要素采取相应的管理措施，有效地控制不安全因素的发展和扩大，把可能发生的事故消灭在萌芽状态，以保证生产活动中人的安全与健康。对于施工活动而言，必须预先分析危险点、危险源、危险场地等，预测和评估危害程度，发现和掌握危险出现的规律，制定事故应急预案，采取相应措施，将危险消灭在转化为事故之前。"预防为主"是安全生产方针的核心，是实施安全生产的根本。

安全与生产的关系是辩证统一的关系，是一个整体。生产必须安全，安全促进生产，不能将两者对立起来。首先，在施工过程中，必须尽一切可能为作业人员创造安全的生产环境和条件，积极消除生产中的不安全因素，防止伤亡事故的发生，使作业人员在安全的条件下进行生产；其次，安全工作必须紧紧围绕着生产活动进行，不仅要保障作业人员的生命安全，还要促进生产的发展，离开生产，安全工作就毫无实际意义。

3. 安全生产基本原则

安全生产是直接关系到人民群众生命安危的头等大事，是"以人为本"重要思想的具体体现。做好建设工程安全生产，除了强调坚持安全生产方针，还必须强调坚持安全生产一系列原则。这些原则主要有：

（1）"管生产必须管安全"的原则

"管生产必须管安全"是企业各级领导再生产过程中必须坚持的原则。企业主要负责人是企业经营管理的领导，应当肩负起安全生产的责任，在抓经营管理的同时必须抓安全生产。企业要全面落实安全工作领导责任制，形成纵向到底、横向到边的严密的责任网络。

企业主要负责人是企业安全生产的第一责任人，对安全生产负有主要责任。监理单位的总监理工程师是项目安全监理的第一责任人，对施工现场的安全监理负有重要领导责任。

（2）"三同时"原则

"三同时"原则是指生产性基本建设项目中的劳动安全卫生设施必须符合国家规定的标准，必须与主体工程同时设计、同时施工、同时投入生产和使用，安全措施优先到位，以确保建设项目竣工投产后，符合国家规定的劳动安全卫生标准，保障劳动者在生产过程中的安全与健康。

（3）全员安全生产教育培训的原则

全员安全生产教育培训的原则是指对企业全体员工进行安全生产法律、法规和安全专业知识，以及安全生产技能等方面的教育和培训。全员安全教育培训的要求在有关安全生产法规中都有相应的规定。全员安全生产教育培训是提高企业职工安全生产素质的重要手段，是企业安全生产工作的一项重要内容，有关重要岗位的安全管理人员、操作人员还应参加法定的安全资格培训与考核。企业应当将安全教育培训工作计划纳入本单位年度工作计划和长期工作计划，所需人员、资金和物资应予保证。

（4）"四不放过"原则

"四不放过"原则是指发生安全事故后原因分析不清不放过，事故责任者和群众没有受到教育不放过，没有防范措施不放过，有关领导和责任人没有追究责任不放过。这是安全生产管理部门处理安全事故的重要原则，"四不放过"缺一不可。

7.1.2 安全监理

1. 基本概念

2004年2月1日施行的《建设工程安全生产管理条例》规定了工程建设参与各方责任主体的安全责任，明确规定工程监理单位的安全责任，以及工程监理单位和监理工程师应对建设工程安全生产承担监理责任。《建设工程安全生产管理条例》把安全纳入了监理的范围，将工程监理单位在建设工程安全生产活动中所要承担的安全责任法制化，使安全监理成为了工程建设监理的重要组成部分。

安全监理是指对工程建设中的人、机、环境及施工全过程进行安全评价、监控和督察，并采取法律、经济、行政和技术手段，保证建设行为符合国家安全生产、劳动保护法律、法规和有关政策，制止建设行为中的冒险性、盲目性和随意性，有效地把建设工程安全控制在允许的风险度范围以内，以确保安全性。安全监理是对建筑施工过程中安全生产状况所实施的监督管理。

2. 建设工程安全监理的作用

建设工程监理制在我国建设领域已推行了十多年，在建设工程中发挥了重要作用，也取得了显著的效果，而建设工程安全监理才刚刚开始，其作用主要表现在以下几方面：

（1）有利于防止或减少生产安全事故，保障人民群众生命和财产安全

我国建设工程规模逐步扩大，建设领域安全事故起数和伤亡人数一直居高不下，个别地区施工现场安全生产情况仍然十分严峻，安全事故时有发生，导致群死、群伤恶性事件，给广大人民群众的生命和财产带来巨大损失。实行建设工程安全监理，监理工程师及时发现建设工程实施过程中出现的安全隐患，并要求施工单位及时整改、消除，从而有利于防止或减少生产安全事故的发生，也就保障了广大人民群众的生命和财产安全，保障了国家公共利益，维护了社会安定团结。

（2）有利于规范工程建设参与各方主体的安全生产行为，提高安全生产责任意识

建设监理制是我国建设管理体制的重大改革，工程监理单位受业主委托对工程项目实行专业化管理，对保证项目目标的实现意义重大。实行建设工程安全监理，监理工程师采用事前、事中和事后控制相结合的方法，对建设工程安全生产的全过程进行动态监督管理，可以有效地规范各施工单位的安全生产行为，最大限度地避免不当安全生产行为的发生。即使出现不当安全生产行为，也可以及时加以制止，最大限度地减少其不良后果。此外，由于建设单位不了解建设工程安全生产等有关的法律法规、管理程序等，也可能发生不当安全生产行为，为避免发生建设单位的不当安全生产行为，监理工程师可以向建设单位提出适当的建议，从而有利于规范建设单位的安全生产行为，提高安全生产责任意识。

（3）有利于促使施工单位保证建设工程施工安全，提高整体施工行业安全生产管理水平

实行建设工程安全监理，监理工程师通过对建设工程施工生产的安全监督管理，以及监理工程师的审查、督促和检查等手段，促使施工单位进行安全生产，改善劳动作业条件，提高安全技术措施等，保证建设工程施工安全，提高施工单位自身施工安全生产管理水平，从而提高整体施工行业安全生产管理水平。

（4）有利于提高建设工程安全生产管理水平，形成良好的安全生产保证机制

实行建设工程安全监理，通过对建设工程安全生产实施施工单位自身的安全控制、工程监理单位的安全监理和政府的安全生产监督管理，有利于防止和避免安全事故。同时，政府通过改进市场监管方式，充分发挥市场机制，通过工程监理单位、安全中介服务机构等的介入，对事故现场安全生产的监督管理，改变以往政府被动的安全检查方式，弥补安全生产监管力量不足的状况，共同形成安全生产监管合力，从而提高我国建设工程安全生产管理水平，形成良好的安全生产保证机制。

（5）有利于构建和谐社会，为社会发展提供安全、稳定的社会和经济环境

做好建设工程安全生产工作，切实保障人民群众生命和国家财产安全，是全面建设小康社会、统筹经济社会全面发展的重要内容，也是建设活动各参与方必须履行的法定职责。工程建设监理单位要充分认识当前安全生产形势的严峻性，深入领会国家关于安全监理的方针和政策，牢固树立"责任重于泰山"的意识，切实履行安全生产相关职责，增强抓好安全生产工作的责任感和紧迫感，督促施工单位加强安全生产管理，促进工程建设顺利开展，为构建和谐社会，为社会发展提供安全、稳定的社会和经济环境发挥应有的作用。

7.2　安全监理的主要工作内容和工作程序

建设工程安全监理可以适用于工程建设投资决策阶段、勘察设计阶段和施工阶段，目前主要是建设工程施工阶段。

7.2.1　安全监理的工作内容

监理单位应当按照法律、法规和工程建设强制性标准及监理委托合同实施监理，对所监理工程的施工安全生产进行监督检查，具体内容包括：

1. 施工准备阶段安全监理的主要工作内容

（1）监理单位应根据国家的规定，按照工程建设强制性标准和相关行业监理规范的要求，编制包括安全监理内容的项目监理规划，明确安全监理的范围、内容、工作程序和制度措施，以及人员配备计划和职责等。

（2）对中型及以上项目和危险性较大的分部分项工程，监理单位应当编制专项安全监理实施细则。实施细则应当明确安全监理的方法、措施和控制要点，以及对施工单位安全技术措施的检查方案。

安全监理实施细则是根据监理规划的安全监理要求，由专业监理工程师编写，并经总监理工程师批准，针对工程项目中某一专业或某一方面安全监理工作的操作性文件。安全监理实施细则应结合工程项目的专业特点，做到详细具体，具有可操作性。在监理工作实施过程中，安全监理实施细则应根据实际情况进行补充、修改和完善。

安全监理实施细则的主要内容：

1）专业工程的安全生产特点。

2）安全监理工作的流程。

3）安全监理工作的控制要点和目标值。

4）安全监理工作的方法和措施。

（3）审查施工单位编制的施工组织设计中的安全技术措施和危险性较大的分部分项工

程安全专项施工方案是否符合工程建设强制性标准要求。

《建设工程安全生产管理条例》第二十六条规定，施工单位应当在施工组织设计中编制安全技术措施和施工现场临时用电方案，对下列达到一定规模的危险性较大的分部分项工程编制专项施工方案，并附具安全验算结果，经施工单位技术负责人、总监理工程师签字后实施，由专职安全生产管理人员进行现场监督：

1）基坑支护与降水工程。

2）土方开挖工程。

3）模板工程。

4）起重吊装工程。

5）脚手架工程。

6）拆除、爆破工程。

7）国务院建设行政主管部门或者其他有关部门规定的其他危险性较大的工程。

对所列工程中涉及深基坑、地下暗挖工程、高大模板工程的专项施工方案，施工单位还应当组织专家进行论证、审查。本条第一款规定的达到一定规模的危险性较大工程的标准，由国务院建设行政主管部门会同国务院其他有关部门制定。

建设部建质〔2003〕82号《建筑工程预防坍塌事故若干规定》第七条规定，施工单位应编制深基坑（槽）、高切坡、桩基和超高、超重、大跨度模板支撑系统等专项施工方案，并组织专家审查。规定所称深基坑（槽）是指开挖深度超过5m的基坑（槽），或深度未超过5m但地质情况和周围环境较复杂的基坑（槽）。高切坡是指岩质边坡超过30m，或土质边坡超过15m的边坡。超高、超重、大跨度模板支撑系统是指高度超过8m、或跨度超过18m、或施工总荷载大于$10kN/m^2$、或集中线荷载大于$15kN/m$的模板支撑系统。

监理工程师审查的主要内容应当包括：

1）施工单位编制的地下管线保护措施方案是否符合强制性标准要求。

2）基坑支护与降水、土方开挖与边坡防护、模板、起重吊装、脚手架、拆除、爆破等分部分项工程的专项施工方案是否符合强制性标准要求。

3）施工现场临时用电施工组织设计或者安全用电技术措施和电气防火措施是否符合强制性标准要求。

4）冬期、雨期等季节性施工方案的制定是否符合强制性标准要求。

5）施工总平面布置图是否符合安全生产的要求，办公、宿舍、食堂、道路等临时设施设置以及排水、防火措施是否符合强制性标准要求。

（4）检查施工单位在工程项目上的安全生产规章制度和安全监管机构的建立、健全及专职安全生产管理人员配备情况，督促施工单位检查各分包单位的安全生产规章制度的建立情况。

（5）审查施工单位资质和安全生产许可证是否合法有效。

（6）审查项目经理和专职安全生产管理人员是否具备合法资格，是否与投标文件相一致。

（7）审核特种作业人员的特种作业操作资格证书是否合法有效。

（8）审核施工单位应急救援预案和安全防护措施费用使用计划。

2. 施工阶段安全监理的主要工作内容

（1）监督施工单位按照施工组织设计中的安全技术措施和专项施工方案组织施工，及时制止违规施工作业。

（2）定期巡视检查施工过程中危险性较大的工程作业情况。

（3）核查施工现场施工起重机械、整体提升脚手架、模板等自升式架设设施和安全设施的验收手续。

（4）检查施工现场各种安全标志和安全防护措施是否符合强制性标准要求，并检查安全生产费用的使用情况。

（5）督促施工单位进行安全自查工作，并对施工单位自查情况进行抽查，参加建设单位组织的安全生产专项检查。

7.2.2　建设工程安全监理的工作程序

（1）监理单位按照相关行业监理规范要求，编制含有安全监理内容的监理规划和安全监理实施细则。

（2）在施工准备阶段，监理单位应审查核验施工单位提交的有关技术文件及资料，并由项目总监理工程师在有关技术文件报审表上签署意见；审查未通过的，安全技术措施及专项施工方案不得实施。

为进一步做好安全监理的工作，监理单位应进行工程项目安全施工风险评估，包括施工安全危险源的识别和评价、安全风险跟踪控制措施的制订和安全风险管理相关报告的编写等工作，以实现施工安全的有效控制。

（3）在施工阶段，监理单位应对施工现场安全生产情况进行巡视检查，对发现的各类安全事故隐患，应书面通知施工单位，并督促其立即整改；情况严重的，监理单位应及时下达工程暂停令，要求施工单位停工整改，并同时报告建设单位。安全事故隐患消除后，监理单位应检查整改结果，签署复查或复工意见。施工单位拒不整改或不停工整改的，监理单位应当及时向工程所在地建设主管部门或工程项目的行业主管部门报告，以电话形式报告的，应当有通话记录，并及时补充书面报告。检查、整改、复查、报告等情况应记载在监理日志、监理月报中。

监理单位应核查施工单位提交的施工起重机械、整体提升脚手架、模板等自升式架设设施和安全设施等验收记录，并由安全监理人员签收备案。

（4）工程竣工后，监理单位应将有关安全生产的技术文件、验收记录、监理规划、监理实施细则、监理月报、监理会议纪要及相关书面通知等按规定立卷归档。

7.3　工程监理单位的安全责任

建设工程安全生产关系到人民群众生命和财产安全，是人民群众的根本利益所在，直接关系到社会稳定大局。造成建设工程安全事故的原因是多方面的，建设单位、施工单位、设计单位和监理单位等都是工程建设的责任主体，但对于监理单位要不要对安全生产承担责任，在什么样的情况下承担责任，一直存在着争议。《建设工程安全生产管理条例》对监理企业在安全生产中的职责和法律责任作了原则上的规定，建设部在此基础上也进行了具体的规定。

7.3.1 建设工程安全生产的监理责任

（1）监理单位应对施工组织设计中的安全技术措施或专项施工方案进行审查，未进行审查的，监理单位应承担国家规定的法律责任。

施工组织设计中的安全技术措施或专项施工方案未经监理单位审查签字认可，施工单位擅自施工的，监理单位应及时下达工程暂停令，并将情况及时书面报告建设单位。监理单位未及时下达工程暂停令并报告的，应承担规定的法律责任。

（2）监理单位在监理巡视检查过程中，发现存在安全事故隐患的，应按照有关规定及时下达书面指令，要求施工单位进行整改或停止施工。监理单位发现安全事故隐患没有及时下达书面指令要求施工单位进行整改或停止施工的，应承担规定的法律责任。

（3）施工单位拒绝按照监理单位的要求进行整改或者停止施工的，监理单位应及时将情况向当地建设主管部门或工程项目的行业主管部门报告。监理单位没有及时报告，应承担规定的法律责任。

（4）监理单位未依照法律、法规和工程建设强制性标准实施监理的，应当承担规定的法律责任。

监理单位履行了上述规定的职责，施工单位未执行监理指令继续施工或发生安全事故的，应依法追究监理单位以外的其他相关单位和人员的法律责任。政府主管部门在处理建设工程安全生产事故时，对监理单位，主要是看其是否履行了《建设工程安全生产管理条例》规定的职责。

7.3.2 落实安全生产监理责任的主要工作

安全监理工作的开展主要是通过落实责任制，建立完善制度，使监理单位做好安全监理工作。

（1）健全监理单位安全监理责任制。监理单位法定代表人应对本企业监理工程项目的安全监理全面负责。总监理工程师要对工程项目的安全监理负责，并根据工程项目特点，明确监理人员的安全监理职责。

（2）完善监理单位安全生产管理制度。在健全审查核验制度、检查验收制度和督促整改制度基础上，完善工地例会制度及资料归档制度。定期召开工地例会，针对薄弱环节，提出整改意见，并督促落实；指定专人负责监理内业资料的整理、分类及立卷归档。

（3）建立监理人员安全生产教育培训制度。监理单位的总监理工程师和安全监理人员需经安全生产教育培训后方可上岗，其教育培训情况记入个人继续教育档案。

建设主管部门和有关主管部门应当加强建设工程安全生产管理工作的监督检查，督促监理单位落实安全生产监理责任，对监理单位实施安全监理给予支持和指导，共同督促施工单位加强安全生产管理，防止安全事故的发生。

7.4 建设工程安全隐患和安全事故的处理

安全生产管理的主要目的是及时发现安全隐患，及时纠正和整改，防止事故的发生。对已发生的事故，要及时处理、分析，避免同类和类似的事故再次发生。工程监理单位在实施监理过程中，发现存在安全事故隐患的，应当要求施工单位整改；情况严重的，应当要求施工单位暂时停止施工，并及时报告建设单位。施工单位拒不整改或者不停止施工的，工程监理单位应当及时向有关主管部门报告。

7.4.1 安全隐患及其处理

隐患是指未被事先识别或未采取必要防护措施的可能导致安全事故的危险源或不利环境因素。事故隐患指可导致事故发生的物的危险状态、人的不安全行为及管理上的缺陷。

由于建筑施工的特点决定了建筑业是高危险、事故多发行业，形成安全隐患的原因有多个方面，包括施工单位的违章作业、设计不合理和缺陷、勘察文件失真、使用不合格的安全防护装备、安全生产资金投入不足、安全事故的应急救援制度不健全、违法违规行为等。

1. 施工安全隐患原因分析方法

由于影响建设工程安全隐患的因素众多，一个建设工程安全隐患的发生，可能是上述原因之一或是多种原因所致，要分析确定是哪种原因所引起的，必然要对安全隐患的特征、表现，以及其在施工中所处的实际情况和条件进行具体分析，基本步骤有以下方面：

（1）现场调查研究，观察记录，必要时留下影像资料，充分了解与掌握引发安全隐患的现象和特征，以及施工现场的环境和条件等。

（2）收集、调查与安全隐患有关的全部设计资料、施工资料。

（3）指出可能发生安全隐患的所有因素。

（4）分析、比较，找出最可能造成安全隐患的原因。

（5）进行必要的方案计算分析。

（6）必要时征求相关专家的意见。

2. 施工安全隐患的处理方式

（1）停止使用，封存。

（2）指定专人进行整改以达到要求。

（3）进行返工以达到要求。

（4）对有不安全行为的人进行教育或处罚。

（5）对不安全生产的过程重新组织。

3. 施工安全隐患的处理程序

监理工程师在监理过程中，对发现的施工安全隐患应按照一定的程序进行处理，如图7-1所示，保证工程生产顺利开展。

（1）当发现工程施工安全隐患时，监理工程师首先应判断其严重程度。当存在安全事故隐患时，应签发《监理工程师通知单》，要求施工单位进行整改，施工单位提出整改方案，填写《监理工程师通知回复单》报监理工程师审核后，批复施工单位进行整改处理，必要时应经设计单位认可，处理结果应重新进行检查、验收。

（2）当发现严重安全事故隐患时，总监理工程师应签发《工程暂停令》，指令施工单位暂时停止施工，必要时应要求施工单位采取安全防护措施，并报建设单位。监理工程师应要求施工单位提出整改方案，必要时应经设计单位认可，整改方案经监理工程师审核后，施工单位进行整改处理，处理结果应重新进行检查、验收。

（3）施工单位接到《监理工程师通知单》后，应立即进行安全事故隐患的调查，分析原因，制定纠正和预防措施，制定安全事故隐患整改处理方案，并报总监理工程师。

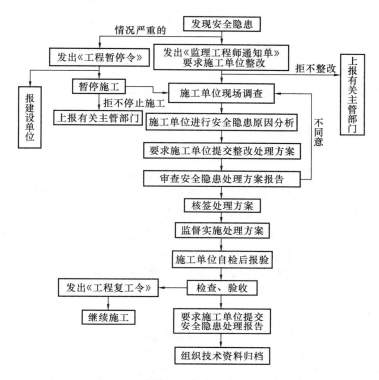

图 7-1　建设工程安全隐患处理程序

安全事故隐患整改处理方案内容包括：

1）存在安全事故隐患的部位、性质、现状、发展变化、时间、地点等详细情况。

2）现场调查的有关数据和资料。

3）安全事故隐患原因分析与判断。

4）安全事故隐患处理的方案。

5）是否需要采取临时防护措施。

6）确定安全事故隐患整改责任人、整改完成时间和整改验收人。

7）涉及的有关人员和责任及预防该安全事故隐患重复出现的措施等。

（4）监理工程师分析安全事故隐患整改处理方案。对处理方案进行认真深入的分析，特别是安全事故隐患原因分析，找出安全事故隐患的真正起源点。必要时，可组织设计单位、施工单位、供应单位和建设单位各方共同参加分析。

（5）在原因分析的基础上，审核签认安全事故隐患整改处理方案。

（6）指令施工单位按既定的整改处理方案实施处理并进行跟踪检查，总监理工程师应安排监理人员对施工单位的整改实施过程进行跟踪检查。

（7）安全事故隐患处理完毕，施工单位应组织人员检查验收，自检合格后报监理工程师核验，监理工程师组织有关人员对处理的结果进行严格的检查、验收。施工单位写出安全隐患处理报告，报监理单位存档，主要内容包括：

1）整改处理过程描述。

2）调查和核查情况。

3）安全事故隐患原因分析结果。

4）处理的依据。

5）审核认可的安全隐患处理方案。

6）实施处理中的有关原始数据、验收记录、资料。

7）对处理结果的检查、验收结论。

8）安全隐患处理结论。

7.4.2 安全事故及其处理

1. 安全事故的概念

事故就是指人们由不安全的行为、动作或不安全的状态所引起的、突然发生的、与人的意志相反事先未能预料到的意外事件，它能造成财产损失、生产中断、人员伤亡。从劳动保护角度讲，事故主要是指伤亡事故，又称伤害。

重大安全事故是指在施工过程中由于责任过失造成工程倒塌或废弃，机械设备破坏和安全设施失当造成人身伤亡或重大经济损失的事故。

特别重大事故，是指造成特别重大人身伤亡或巨大经济损失以及性质特别严重，产生重大影响的事故。

2. 安全事故的分类

建设工程施工最常发生的事故，主要有高处坠落、触电、物体打击、机械伤害、坍塌等事故等五大类。安全事故可按伤亡事故等级、事故伤亡与损失程度等进行分类。

根据生产安全事故（以下简称事故）造成的人员伤亡或者直接经济损失，事故一般分为以下等级：

（1）特别重大事故，是指造成30人以上死亡，或者100人以上重伤（包括急性工业中毒，下同），或者1亿元以上直接经济损失的事故。

（2）重大事故，是指造成10人以上30人以下死亡，或者50人以上100人以下重伤，或者5000万元以上1亿元以下直接经济损失的事故。

（3）较大事故，是指造成3人以上10人以下死亡，或者10人以上50人以下重伤，或者1000万元以上5000万元以下直接经济损失的事故。

（4）一般事故，是指造成3人以下死亡，或者10人以下重伤，或者1000万元以下直接经济损失的事故。

国务院安全生产监督管理部门可以会同国务院有关部门，制定事故等级划分的补充性规定。

3. 安全事故的报告程序

一旦发生安全事故，及时报告有关部门是及时组织抢救的基础，也是认真进行调查分清责任的基础。因此，施工单位在发生安全事故时，不能隐瞒事故情况，监理工程师应按照各级政府行政主管部门的要求及时督促。事故报告应当及时、准确、完整，任何单位和个人对事故不得迟报、漏报、谎报或者瞒报。

（1）事故发生后，事故现场有关人员应当立即向本单位负责人报告；单位负责人接到报告后，应当于1小时内向事故发生地县级以上人民政府安全生产监督管理部门和负有安全生产监督管理职责的有关部门报告。

情况紧急时，事故现场有关人员可以直接向事故发生地县级以上人民政府安全生产监督管理部门和负有安全生产监督管理职责的有关部门报告。

（2）安全生产监督管理部门和负有安全生产监督管理职责的有关部门接到事故报告后，应当依照下列规定上报事故情况，并通知公安机关、劳动保障行政部门、工会和人民检察院：

1）特别重大事故、重大事故逐级上报至国务院安全生产监督管理部门和负有安全生产监督管理职责的有关部门。

2）较大事故逐级上报至省、自治区、直辖市人民政府安全生产监督管理部门和负有安全生产监督管理职责的有关部门。

3）一般事故上报至设区的市级人民政府安全生产监督管理部门和负有安全生产监督管理职责的有关部门。

安全生产监督管理部门和负有安全生产监督管理职责的有关部门依照前款规定上报事故情况，应当同时报告本级人民政府。国务院安全生产监督管理部门和负有安全生产监督管理职责的有关部门以及省级人民政府接到发生特别重大事故、重大事故的报告后，应当立即报告国务院。

必要时，安全生产监督管理部门和负有安全生产监督管理职责的有关部门可以越级上报事故情况。

（3）安全生产监督管理部门和负有安全生产监督管理职责的有关部门逐级上报事故情况，每级上报的时间不得超过 2 小时。

（4）报告事故应当包括下列内容：

1）事故发生单位概况。

2）事故发生的时间、地点以及事故现场情况。

3）事故的简要经过。

4）事故已经造成或者可能造成的伤亡人数（包括下落不明的人数）和初步估计的直接经济损失。

5）已经采取的措施。

6）其他应当报告的情况。

（5）事故报告后出现新情况的，应当及时补报。

自事故发生之日起 30 日内，事故造成的伤亡人数发生变化的，应当及时补报。道路交通事故、火灾事故自发生之日起 7 日内，事故造成的伤亡人数发生变化的，应当及时补报。

4. 安全事故的调查和处理

（1）安全事故的调查

事故调查的目的主要是为了弄清事故的情况，从思想、管理和技术等方面查明事故原因，分清事故责任，提出有效改进措施，从中吸取教训，防止类似事故重复发生。

建设工程安全事故的处理必须坚持"事故原因不清楚不放过，事故责任者和员工没有受到教育不放过，事故责任者没有处理不放过，没有制定防范措施不放过"的原则。

特别重大事故由国务院或者国务院授权有关部门组织事故调查组进行调查。

重大事故、较大事故、一般事故分别由事故发生地省级人民政府、设区的市级人民政府、县级人民政府负责调查。省级人民政府、设区的市级人民政府、县级人民政府可以直接组织事故调查组进行调查，也可以授权或者委托有关部门组织事故调查组进行调查。

未造成人员伤亡的一般事故，县级人民政府也可以委托事故发生单位组织事故调查组进行调查。

上级人民政府认为必要时，可以调查由下级人民政府负责调查的事故。

自事故发生之日起 30 日内（道路交通事故、火灾事故自发生之日起 7 日内），因事故伤亡人数变化导致事故等级发生变化，依照条例规定应当由上级人民政府负责调查的，上级人民政府可以另行组织事故调查组进行调查。

事故调查组的组成应当遵循精简、效能的原则。

根据事故的具体情况，事故调查组由有关人民政府、安全生产监督管理部门、负有安全生产监督管理职责的有关部门、监察机关、公安机关以及工会派人组成，并应当邀请人民检察院派人参加。

事故调查组可以聘请有关专家参与调查。

事故调查组组长由负责事故调查的人民政府指定。事故调查组组长主持事故调查组的工作。

事故调查组履行下列职责：

1）查明事故发生的经过、原因、人员伤亡情况及直接经济损失。

2）认定事故的性质和事故责任。

3）提出对事故责任者的处理建议。

4）总结事故教训，提出防范和整改措施。

5）提交事故调查报告。

事故调查报告应当包括下列内容：

A. 事故发生单位概况。

B. 事故发生经过和事故救援情况。

C. 事故造成的人员伤亡和直接经济损失。

D. 事故发生的原因和事故性质。

E. 事故责任的认定以及对事故责任者的处理建议。

F. 事故防范和整改措施。

事故调查报告应当附具有关证据材料。事故调查工作结束后，事故调查的有关资料应当归档保存。

（2）安全事故处理

建设工程安全事故发生后，监理工程师一般按以下程序进行处理，如图 7-2 所示。

1）建设工程安全事故发生后，总监理工程师应签发《工程暂停令》，并要求施工单位必须立即停止施工，施工单位应立即实行抢救伤员、排除险情，采取必要的措施，防止事故扩大，并做好标识，保护好现场。同时，要求发生安全事故的施工总承包单位迅速按安全事故类别和等级向相应的政府主管部门上报，并及时写出书面报告。

2）监理工程师在事故调查组展开工作后，应积极协助，客观地提供相应证据，若监理方无责任，监理工程师可应邀参加调查组，参与事故调查；若监理方有责任，则应回避，但应配合调查组工作。

3）监理工程师接到安全事故调查组提出的处理意见涉及技术处理时，可组织相关单

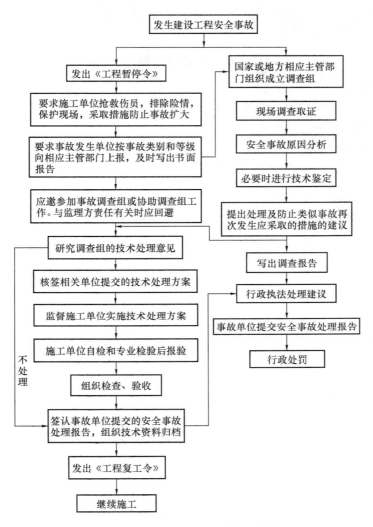

图 7-2　建设工程安全事故处理程序

位研究，并要求相关单位完成技术处理方案。必要时，应征求设计单位意见，技术处理方案必须依据充分，应在安全事故的部位、原因全部查清的基础上进行，必要时组织专家进行论证，以保证技术处理方案可靠、可行，保证施工安全。

4）技术处理方案核签后，监理工程师应要求施工单位制定详细的施工方案，必要时监理工程师应编制监理实施细则，对工程安全事故技术处理的施工过程进行重点监控，对于关键部位和关键工序应派专人进行监控。

5）施工单位完工自检后，监理工程师应组织相关各方进行检查验收，必要时进行处理结果鉴定。要求事故单位整理编写安全事故处理报告，并审核签认，进行资料归档。

6）签发《工程复工令》，恢复正常施工。

为做好安全生产管理工作，事故发生单位应当认真吸取事故教训，落实防范和整改措施，防止事故再次发生。防范和整改措施的落实情况应当接受工会和职工的监督。安全生

157

产监督管理部门和负有安全生产监督管理职责的有关部门，应当对事故发生单位落实防范和整改措施的情况进行监督检查。

复 习 思 考 题

1. 什么是安全监理？有什么作用？
2. 监理工程师审查的专项施工方案包括哪些方面？
3. 安全监理实施细则的主要内容。
4. 施工阶段安全监理的主要工作内容。
5. 安全事故如何分类？事故调查报告有哪些内容？

第8章 工程建设监理的合同管理

本章首先介绍了合同及经济合同的基本知识；其次介绍了工程承包合同文件的内容、优先次序、适用法律、解释和主导语言等；接着介绍了应用建设部、国家工商行政管理局 1999 年颁布的《建设工程施工合同示范文本》的管理，其中包括合同双方的责任、风险分担，工程转包与分包，合同的违约处理，施工合同的质量、进度和费用控制，设计变更与施工索赔管理等；最后对使用 1999 年新出版的 FIDIC 条款的施工合同管理作了简介。

8.1 工程建设监理的合同管理概述

建筑市场经济是法制经济，法制经济的特征是社会经济行为的规范性和有序性，而市场经济的规范性和有序性是靠健全的合同秩序来体现的。在项目的整个建设过程中，建设单位与设计单位、承包单位、监理单位和设备、材料供应单位等之间的经济行为均由合同来约束和规范。所以合同管理是工程项目管理的核心，也是工程建设监理工作的核心。

8.1.1 合同的概念

合同，又称契约。我国《民法通则》第八十五条规定："合同是当事人之间设立、变更、终止民事关系的协议。"当事人可以是双方的，也可以是多方的。民事关系指民事法律关系，也就是民法规范所调整的财产关系和人身关系在法律上的表现。民事法律关系由权利主体、权利客体和内容三部分组成。

权利主体，又称民事权利义务主体。指民事法律关系的参加者，也就是在民事法律关系中依法享受权利和承担义务的当事人。从合同角度看，也就是签订合同的双方或多方当事人，包括自然人和法人和其他组织。

权利客体，是指权利主体的权利和义务共同指向的对象。它包括物、行为和精神产品，物是指由民事主体支配、能满足人们需要的物质财富，它是民事法律关系中常见的客体；行为是指人的活动及活动的结果；精神产品也称智力成果。

内容，是指民事权利和义务。

一切合同，不论其主体是谁，客体是什么，内容如何，都具有以下两点共同的法律特征，即合同是一种民事法律行为和合同是当事人的法律行为。

8.1.2 合同的内容

根据《中华人民共和国合同法》第十二条规定，合同的内容由当事人约定，一般包含以下几个方面。

1. 当事人的名称或者姓名和住所

2. 标的

合同标的是合同中权利义务所指向的对象，包括货物、劳务、智力成果等。如工程承包合同，其标的是完成工程项目。标的是一切合同的首要条款。没有标的的合同是不存在的，标的不明确，就会给合同的履行带来严重的影响。

3. 数量

数量是合同标的的具体化。标的的数量一般以度量衡作计算单位，以数字作为衡量标的尺度，也直接体现了合同双方权利义务的大小程度。

4. 质量

质量也是合同标的的具体化。标的质量是指质量标准、功能技术要求、服务条件等，表明了标的的内在素质和外观形态，是合同当事人履行权利和义务优劣的尺度，应加以明确。

5. 价款或报酬

合同价款或报酬是接受标的的一方当事人以货币形式向另一方当事人支付的代价，作为对方完成合同义务的补偿。合同中应明确数额、支付时间及支付方式。合同应遵循等价互利的原则。

6. 履行期限、地点和方式

履行期限是合同当事人完成合同所规定的各自义务的时间界限。履行期限是衡量合同是否按时履行的标准。合同当事人必须在规定的时间内履行自己的义务，否则应承担违约或延迟履行的责任。

履行地点指合同当事人履行义务的地点。履行地点由当事人在合同中约定，没约定则依法律规定或交易惯例确定。履行地点也是确定管辖权的依据之一。

履行方式是指合同当事人履行义务的方法，如转移财产、提供服务等。

7. 违约责任

即合同当事人一方或双方，由于自身的过错而未履行合同义务依法和依约所应承担的责任。规定违约责任，一方面可以促进当事人按时、按约履行义务，另一方面又可对当事人的违约行为进行制裁，弥补守约一方因对方违约而遭受的损失。

8. 解决争议的方法

合同当事人在履行合同过程中发生纠纷，首先应通过协商解决，协商不成的，可以调解或仲裁、诉讼。因此，解决争议的方法主要有四种方式：协商、调解、仲裁、诉讼。我国新的仲裁制度建立后，仲裁与诉讼成为平行的两种解决争议的最终方式。经济合同的当事人不能同时选择仲裁和诉讼作为争议解决的方式。

8.1.3 建设工程中的主要合同关系

1. 建设单位的主要合同关系

建设单位作为工程（或服务）的买方，是工程的所有者，他可能是政府、企业、其他投资者，或几个企业的组合，或政府与企业的组合。建设单位根据对工程的需求，确定工程项目的整体目标，这个目标是所有相关工程合同的核心。要实现工程目标，建设单位必须将建筑工程的勘察设计、各专业施工、设备和材料供应等工作委托出去，并与有关单位签订咨询（监理）合同、勘察设计合同、供应合同、工程施工合同、贷款合同等。

2. 承包单位的主要合同关系

承包单位是工程施工的具体实施者，是工程承包合同的执行者。承包单位通过投标接受建设单位的委托，签订工程承包合同，承包单位要完成承包合同的责任，包括工程量表所确定的工程范围的施工、竣工和保修，为完成这些工程提供劳动力、施工设备、材料，有时也包括技术设计。但承包单位不可能也不必具备所有的专业工程的施工能力，材料设备的生产和供应能力，也同样需要将许多专业工作委托出去。故承包单位常常又有自己复杂的合同关系。如分包合同，供应合同，运输合同，加工合同，租赁合同，劳务供应合同，保险合同等。

3. 监理单位的主要合同关系

监理单位受建设单位的委托，对建设单位的工程项目实施建设监理。其主要合同是建设工程委托监理合同。

8.2 施工合同文件与合同条款

8.2.1 施工合同文件

1. 施工合同文件的内容

合同文件简称"合同"。《中华人民共和国合同法》规定，订立合同可有书面形式、口头形式和其他形式，建设工程合同应当采用书面形式。对施工合同而言，通常包括下列内容：

（1）合同协议书

合同协议书指双方就最后达成协议所签订的协议书。按照《合同法》规定，承包单位提交了投标书（即要约）和建设单位发出了中标通知书（即承诺），已可以构成具有法律效力的合同。然而在有些情况下，仍需要双方签订一份合同协议书，它规定了合同当事人双方最主要的权利、义务，规定了组成合同的文件及合同当事人对履行合同义务的承诺，并且合同当事人在这份文件上签字盖章。

（2）中标通知书

中标通知书指建设单位发给承包单位表示正式接受其投标书的函件。中标通知书应在其正文或附录中包括一个完整的合同文件清单，其中包含已被接受的投标书，以及对双方协商一致对投标书所作修改的确认。如有需要，中标通知书中还应写明合同价格以及有关履约担保及合同协议等问题。

（3）投标书及附件

投标书指承包单位根据合同的各项规定，为工程的实施、完工和修补缺陷向建设单位提出并为中标通知书所接受的报价表。投标书是投标者提交的最重要的单项文件。在投标书中投标者要确认他已阅读了招标文件并理解了招标文件的要求，并申明他为了承担和完成合同规定的全部义务所需的投标金额。这个金额必须和工程量清单中所列的总价相一致。此外，建设单位还必须在投标书中注明他要求投标书保持有效和同意被接受的时间，并经投标者确认同意。这一时间应足够用来完成评标、决标和授予合同等工作。

投标书附件指包括在投标书内的附件，它列出了合同条款所规定的一些主要数据。

（4）合同条款

合同条款指由建设单位拟定和选定，经双方协商达成一致意见的条款，它规定了合同当事人双方的权利和义务。合同条款一般包含两部分：第一部分——通用条款和第二部分——专用条款。

（5）规范

规范指合同中包括的工程规范以及由监理工程师批准的对规范所作的修改或增补。规范应规定合同的工作范围和技术要求。对承包单位提供的材料质量和工艺标准，必须作出明确的规定。规范还应包括在合同期间由承包单位提供的试样和进行试验的细节。规范通常还包括有计量方法。

（6）图纸

图纸指监理工程师根据合同向承包单位提供的所有图纸、设计书和技术资料，以及由承包单位提出并经监理工程师批准的所有图纸、设计书、操作和维修手册以及其他技术资料。图纸应足够详细，以便投标者在参照了规范和工程量清单后，能确定合同所包括的工作性质和范围。

（7）工程量清单

工程量清单指已标价的完整的工程量表。它列有按照合同应实施的工作的说明、估算的工程量以及由投标者填写的单价和总价。它是投标文件的组成部分。

（8）其他

其他指明确列入中标通知书或合同协议书中的其他文件。

合同履行中，承发包双方有关工程的洽商、变更等书面协议或文件也视为合同的组成部分。

2. 合同文件的优先次序

构成合同的各种文件，应该是一个整体，应能相互解释，互为说明。但是，由于合同文件内容众多、篇幅庞大，很难避免彼此之间出现解释不清或有异议的情况。因此合同条款中应规定合同文件的优先次序，即当不同文件出现模糊或矛盾时，以哪个文件为准。《建设工程施工合同》（GF-1999-0201）规定，除非合同专用条款另有约定外，组成合同的各种文件及优先解释顺序如下：

（1）合同协议书。

（2）中标通知书。

（3）投标书及其附件。

（4）合同条款第二部分，即专用条款。

（5）合同条款第一部分，即通用条款。

（6）标准、规范及有关技术文件。

（7）图纸。

（8）工程量清单。

（9）工程报价单或预算书。

如果建设单位选定不同于上述的优先次序，则可以在专用条款中予以修改说明；如果建设单位决定不分文件的优先次序，则亦可在专用条款中说明，并可将对出现的含糊或异议的解释和校正权赋予监理工程师，即监理工程师有权向承包单位发布指令，对这种含糊和异议加以解释和校正。

3. 合同文件的主导语言

在国际工程中，当使用两种或两种以上语言拟定合同文件时，或用一种语言编写，然后译成其他语言时，则应在合同中规定据以解释或说明合同文件以及作为翻译依据的一种语言，称为合同的主导语言。

规定合同文件的主导语言是很重要的。因为不同的语言在表达上存在着不同的习惯，往往不可能完全相同地表达同一意思。一旦出现不同语言的文本有不同的解释时，则应以主导语言编写的文本为准，这就是通常所说的"主导语言原则"。

4. 合同文件的适用法律

国际工程中，应在合同中规定一种适用于该合同并据以对该合同进行解释的国家或州的法律，称为该合同的"适用法律"，适用法律可以选用合同当事人一方国家的法律，也可使用国际公约和国际立法，还可以使用合同当事人双方以外第三国的法律。

我国从维护国家主权的立场出发，遵照平等互利的原则和优选适用国际公约及参照国际惯例的做法，就涉外经济合同适用法律的选择分为一般原则、选择适用和强制适用三种类型。

（1）一般原则。

是指我国涉外经济合同法的一般性规定，如在我国订立和履行的合同（除我国法律另有规定的外），应适用中华人民共和国法律。

（2）选择适用。

是指当事人可以选择适用与合同有密切联系的国家的法律，当事人没有作法律适用选择时，可适用合同缔结地或合同履行地的法律。

（3）强制适用。

是指法律规定的某些方面的涉外经济合同必须适用于我国法律，而不论当事人双方选择适用与否。

选择适用法律是很重要的。因为从原则上讲，合同文件必须严格按适用法律进行解释，解释合同不能违反适用法律的规定，当合同条款与适用法律规定出现矛盾时，以法律规定为准。也就是说，法律高于合同，合同必须符合法律。这也就是所谓的"适用法律原则"。

在国际工程承包合同中，一般都选用工程所在国的法律为适用法律。因此，承包单位必须仔细研究工程所在国的法律和有关法规，以避免损失和维护自己的合法利益。

5. 合同文件的解释

对合同文件的解释，除应遵循上述合同文件的优先次序、主导语言原则和适用法律原则外，还应遵循国际上对工程承包合同文件进行解释的一些公认的原则，主要有如下几点：

（1）整体解释原则

根据合同的全部条款以及相关资料对合同进行解释，而不是咬文嚼字，受个别条款或文字的拘束。

（2）目的解释原则

订立合同的双方当事人是为了达到某种预期的目的，实现预期的利益。对合同进行解释时，应充分考虑当事人定立合同的目的，通过解释，消除争议。

（3）诚实信用原则

各国法律都普遍承认诚实信用原则（简称诚信原则），它是解释合同文件的基本原则之一。诚信原则指合同双方当事人在签订和履行合同中都应是诚实可靠、恪守信用的。根据这一原则，法律推定当事人签订合同之前都认真阅读和理解了合同文件，都确认合同文件的内容是自己真实意思的表示，双主自愿遵守合同文件的所有规定。因此，按这一原则解释，即"在任何法系和环境下，合同都应按其表述的规定准确而正当地予以履行。"

（4）交易习惯及惯例原则

当合同发生争议时，对合同内容的词语文字有不同理解时，可根据交易习惯及惯例，对合同解释。

（5）反义居先原则

这个原则是指：如果由于合同中有模棱两可、含糊不清之处，因而导致对合同的规定有两种不同的解释时，则按不利于起草方的原则进行解释，也就是以与起草方相反的解释居于优先地位。

对于工程施工承包合同，建设单位总是合同文件的起草、编写方，所以当出现上述情况时，承包单位的理解与解释应处于优先地位，但是在实践中，合同文件的解释权通常属于监理工程师，监理工程师可以就合同中的某些问题做出解释并书面通知承包商，并将其视为"工程变更"来处理经济与工期补偿问题。

（6）明显证据优先原则

这个原则是指：如果合同文件中出现几处对同一问题有不同规定时，则除了遵照合同文件优先次序外，应服从如下原则，即具体规定优先于原则规定，直接规定优先于间接规定，细节的规定优先于笼统的规定，根据此原则形成了一些公认的国际惯例有：细部结构图纸优先于总装图纸；图纸上数字标注的尺寸优先于其他方式（如用比例尺换算），数值的文字表达优先于用阿拉伯数字表达；单价优先于总价；规范优先于图纸等。

（7）书写文字优先原则

按此原则规定：书写条文优先于打字条文；批字条文优先于印刷条文。

6. 合同文件中的明文条款，隐言条款和可推定条款

（1）明文条款

明文条款是指在合同文件中所有用明文写出的各项条款和规定。明文条款对双方的权利义务都已作出书面规定，合同双方应根据诚实信用原则严格按合同条款办事。

（2）隐含条款

隐含条款是指合同明文条款中没有写入，但符合合同双方签订合同时的真实思想和当时环境条件的一切条款。隐含条款可以从合同中明文条款所表达的内容引申出来，也可以从合同双方在法律上的合同关系引申出来。例如国际工程的合同，一般都以工程所在国的法律为适用法律。工程所在国的许多法律规定，如税收、保险、环保、海关、安全等，虽然在合同文件中没有明文写出，但合同双方必须遵照执行，这就是根据法律规定引申出来的隐含条款。此外，在合同实施过程中，双方常就一些合同中未明确规定的事项，经过协商一致，付诸实施，这实质上也是一种隐含条款。

隐含条款一旦按法律法规指明，或为双方一致接受，即成为合同文件的内容，合同双方必须遵照执行。

（3）可推定条款

可推定条款指在施工过程中，建设单位或监理工程师虽未出正式指令，但其言行表示出了一种非正式的指示或意见，承包单位已予以执行。这种非正式的指示或意见，事实上

相当于发布了一个正式指令，这在合同管理上称为"可推定指令"。

8.2.2　施工合同条款及其标准化

1. 合同条款的内容

施工承包合同的合同条款，一般均应包括下述主要内容：定义，合同文件的解释，建设单位的权利和义务，承包单位的权利和义务，监理工程师的权力和职责，分包单位和其他承包单位，工程进度、开工和完工，材料、设备和工作质量，支付与证书，工程变更，索赔，安全和环境保护，保险与担保，争议，合同解除与终止，其他。它的核心问题是规定双方的权利义务，以及分配双方的风险责任。

2. 合同条款的标准化

由于合同条款在合同管理中的重要性，所以合同双方都很重视。对作为条款编写者的建设单位方而言，必须慎重推敲每一个词句，防止出现任何不妥或有疏漏之处。对承包单位而言，必须仔细研读合同条款，发现有明显错误应及时向建设单位指出，予以更正，有模糊之处必须及时要求建设单位方澄清，以便充分理解合同条款表示的真实思想与意图，还必须考虑条款可能带来的机遇和风险。只有在这些基础上才能得出一个合适的报价。因此，在订立一个合同过程中，双方在编制、研究、协商合同条款上要投入很多的人力、物力和时间。

世界各国为了减少每个工程都必须花在编制讨论合同条款上的人力物力消耗，也为了避免和减少由于合同条款的缺陷而引起的纠纷，都制订出自己国家的工程承包标准合同条款。第二次世界大战以后，国际工程的招标承包日益增加，也陆续形成了一些国际工程常用的标准合同条款。

3. 常见的标准合同条款

国际国内有代表性的标准合同条款见表 8-1。

标　准　合　同　条　款　　　　　　　　　　　　　　　表 8-1

适用范围	编　制　者	标准合同条款名称
准 国际	国际咨询工程师联合会（Federation Internationale Des Ingenieurs Conseils）	FIDIC 合同条款
英国及英联邦	英国土木工程师学会（Institute of Civil Engineers）	ICE 合同条款
国际金融组织	欧洲发展基金会（European Development Fund）	EDF 合同条款
贷款项目	世界银行（国际复兴开发银行）（International Bank for Reconstruction and Development）	"工程采购招标文件样本"等
	亚洲开发银行（Asian Development Bank）	"土木工程采购招标文件样本"等
美　　国	美国建筑师学会（The American Institute of Architects）	AIA 合同条款
	美国总承包商协会（Associated General Contractors of America）	AGC 合同条款
	美国工程师合同文件委员会（Engineers' Joint Contract Document Committee）	EJCDC 合同条款
	美国联邦政府	SF-23A 合同条款
中　　国	中国财政部	"世界银行贷款项目招标采购文件范本"
	中国国家工商行政管理局，建设部	建设工程施工合同

8.2.3 《建设工程施工合同（示范文本）》（GF-1999-0201）简介

根据有关工程建设施工的法律、法规，结合我国工程建设施工的实际情况，并借鉴了国际通用土木工程施工合同，建设部、国家工商行政管理局1999年颁布了《建设工程施工合同（示范文本）》（GF-1999-0201）（以下简称《施工合同》）。

1.《施工合同》的组成

《施工合同》由协议书、通用条款、专用条款三部分组成。

协议书涉及工程概况、工程承包范围、合同工期、质量标准、合同价款、组成合同的文件和合同生效等方面的内容。

通用条款是根据法律、行政法规规定及建设工程施工的需要订立，通用于建设工程施工的条款。通用条款由以下11个部分内容组成的：词语含义及合同文件，双方一般权利和义务，施工组织设计和工期，质量与验收，安全施工，合同价款与支付，材料设备供应，工程变更，竣工验收与结算，违约、索赔和争议，其他。共计47条，193款。通用条款，基本上适用于各类建设工程。除双方协商一致对其中的某些条款作出修改、补充或取消外，都必须严格履行。

由于合同标的——建设工程的内容各不相同，工期也就随之变动，承发包双方的自身条件、能力、施工现场的环境和条件也都各异，双方的权利、义务也就各有特性。因此通用条款也就不可能完全适用于每个具体工程，需要进行必要的修改、补充，即配之以专用条款。专用条款是按通用条款的顺序拟定的，主要是为通用条款的修改补充提供一个协议的格式，承发包双方针对工程的实际情况，把对通用条款的修改补充和不予采用的一致意见按专用条款的格式形成协议，通用条款和专用条款就是双方统一意愿的体现，成为合同文件的组成部分。

2.《施工合同》的适用范围

《施工合同》具有较强的通用性，基本能适用于各类公用建筑、民用住宅、工业厂房、交通设施及线路管道的施工和设备安装。

适用《施工合同》的工程项目必须采用承包方式，虽然承包的方式可以有所不同。采用招标发包（包括公开招标、邀请招标等）的工程和不采用招标发包的工程都可适用《施工合同》。

8.2.4 FIDIC合同条件简介

1. FIDIC合同条件范本

为了规范国际工程咨询和承包活动，FIDIC先后发表过很多重要的管理性文件和标准化的合同文件范本，这些文件和范本由于其封面的颜色各不相同，而被称为"虹系列"。目前已成为国际工程界公认的标准化合同范本有《土木工程施工合同条件》（国际通称FIDIC"红皮书"）、《电气与机械工程合同条件》（黄皮书）、《业主——咨询工程师标准服务协议书》（白皮书）、《设计——建造与交钥匙工程合同条件》（桔皮书）和《土木工程施工分包合同条件》（配合"红皮书"使用）。这些合同文件不仅已被FIDIC成员国广泛采用，还被其他非成员国和一些国际金融组织的贷款项目采用。红皮书和黄皮书多次改版印行，最后一版是1987年的第四版（红皮书）和第三版（黄皮书）。

最新的FIDIC合同条件范本是1999年出版的，新的"虹系列"包括四个范本，即：施工合同条件——适用于业主设计的建筑与工程项目（新红皮书）；施工合同条件——适用于电气和机械工程项目和承包商设计的建筑与工程项目（新黄皮书）；EPC/交钥匙项目合同条件（银皮书）；短范本合同（绿皮书）。

1999版的FIDIC施工合同条件范本，除绿皮书外，均包括三部分：一般条件，特殊条件准备指南，投标书、合同协议和争端评审协议格式。

（1）第一部分——一般条件

一般条件包括20条163款。它包括了每个土木工程施工合同应有的条款，全面地规定了合同双方的权利和义务，风险和责任，确定了合同管理的内容及做法。这部分可以不作任何改动附入招标文件。

（2）第二部分——特殊条件准备指南

特殊条件的作用是对第一部分一般条件进行修改和补充，它的编号与其所修改或补充的一般条件的各条相对应。一般条件和特殊条件是一个整体，相互补充和说明，形成描述合同双方权利和义务的合同条件。对每一个项目，都有必要准备特殊条件。必须把相同编号的一般条件和特殊条件一起阅读，才能全面正确地理解该条款的内容和用意。如果一般条件和特殊条件有矛盾，则特殊条件优先于一般条件。

（3）第三部分——投标书、合同协议和争端评审协议格式

2.FIDIC合同条件的适用条件

FIDIC合同条件的适用条件，主要有下列几点：

（1）必须要由独立的监理工程师来进行施工监督管理。从某种意义来讲，也可以说FIDIC条款是专门为监理工程师进行施工管理而编写的。

（2）业主应采用竞争性招标方式选择承包单位。可以采用公开招标（无限制招标）或邀请招标（有限制招标）。

（3）适用于单价合同。

（4）要求有较完整的设计文件（包括规范、图纸、工程量清单等）。

8.3　使用《建设工程施工合同》
（GF-1999-0201）的合同管理

8.3.1　《建设工程施工合同》双方的一般权利和义务

《建设工程施工合同》（以下简称《施工合同》）的第5～9条规定了合同双方的一般权利和义务。

1.工程师的一般责任

《施工合同》的第1条第8款明确工程师是指本工程监理单位委派的总监理工程师或发包人指定的履行本合同的代表，其具体身份和职权由发包人和承包人在专用条款中约定。

《施工合同》第5、6条规定了工程师应按照以下要求行使合同约定的权力，履行合同约定的职责。

（1）实行工程监理的，发包人应在实施监理前将委托的监理单位名称、监理内容及监理权限以书面形式通知承包人。

监理单位委派的总监理工程师在合同中称工程师，其姓名、职务、职权由发包人承包

人在专用条款内写明。工程师按合同约定行使职权，发包人在专用条款内要求工程师在行使某些职权前需要征得发包人批准的，工程师应征得发包人批准。

（2）发包人派驻施工场地履行合同的代表在本合同中也称工程师，其姓名、职务、职权由发包人承包人在专用条款内写明，但职权不得与监理单位委派的总监理工程师职权相互交叉。双方职权发生交叉或不明确时，由发包人予以明确，并以书面形式通知承包人。

不实行工程监理的，本合同中工程师专指发包人派驻施工场地履行合同的代表，其具体职权由发包人在专用条款内写明。

（3）合同履行中，发生影响发包人承包人双方权利和义务的事件时，负责监理的工程师应根据合同在其职权范围内客观公正地进行处理。一方对工程师的处理有异议时，按通用条款第37条有关争议的约定处理。

除合同内有明确约定或经发包人同意外，负责监理的工程师无权解除本合同约定的承包人的任何权利与义务。

（4）工程师可委派工程师代表，行使合同约定的自己的职权，并可在任何时候撤回这种委派。委派和撤回均应提前7天以书面形式通知承包人，负责监理的工程师还应将委派和撤回通知发包人。作为本合同附件。

工程师代表在工程师授权范围内向承包人发出的任何书面形式的函件，与工程师发出的函件具有同等效力。承包人对工程师代表向其发出的任何书面形式的函件有疑问时，可将此函件提交工程师，工程师应进行确认。工程师代表发出指令有失误时，工程师应进行纠正。除工程师或工程师代表外，发包人派驻工地的其他人员均无权向承包人发出任何指令。

（5）工程师的指令、通知由其本人签字后，以书面形式交给项目经理，项目经理在回执上签署姓名和收到时间后生效。确有必要时，工程师可发出口头指令，并在48小时内给予书面确认，承包人对工程师的指令应予执行。工程师不能及时给予书面确认的，承包人应于工程师发出口头指令后7天内提出书面确认要求。工程师在承包人提出确认要求后48小时内不予答复，应视为口头指令已被确认。承包人认为工程师指令不合理，应在收到指令后24小时内向工程师提出修改指令的书面报告，工程师在收到承包人报告后24小时内作出修改指令或继续执行原指令的决定，以书面形式通知承包人。紧急情况下，工程师要求承包人立即执行的指令或承包人虽有异议，但工程师决定仍继续执行的指令，承包人应予执行。因指令错误发生的追加合同价款和给承包人造成的损失由发包人承担，延误的工期相应顺延。

（6）工程师应按合同约定，及时向承包人提供所需批令、批准并履行其它约定的义务。由于工程师未能按合同约定履行义务造成工期延误，发包人应承担延误造成的追加合同价款，并赔偿承包人有关损失，顺延延误工期。

如需更换工程师，发包人应至少提前7天以书面形式通知承包人，后任继续行使合同文件约定的前任的职权，履行前任的义务。

2. 发包人工作

《施工合同》第8条规定发包人按专用条款约定的内容和时间完成以下工作：

（1）办理土地征用，青苗树木赔偿，房屋拆迁，清除地面、架空和地下障碍等工作，使施工场地具备施工条件，并在开工后继续负责解决以上事项遗留问题。

（2）将施工所需水、电、电信路线从施工场地外部接至专用条款约定地点，并保证施工期间的需要。

（3）开通施工场地与城乡公共道路，以及专用条款约定的施工场地内的主要道路，满足施工运输的需要，保证施工期间的畅通。

（4）向承包人提供施工场地的工程地质和地下管线资料，对资料的真实准确性负责。

（5）办理施工许可证及其他施工所需证件、批件和临时用地、停水、停电、中断道路交通、爆破作业等的申报批准手续（证明承包人自身资质的证明件除外）。

（6）确定水准点与坐标控制点，以书面形式交给承包人，进行现场交验。

（7）组织承包人和设计单位进行图纸会审和设计交底。

（8）协调处理施工场地周围地下管线和邻近建筑物、构筑物（包括文物保护建筑）、古树名木的保护工作，承担有关费用。

（9）发包人应做的其他工作，双方在专用条款内约定。

发包人可以将以上部分工作委托给承包人办理，双方在专用条款内约定，其费用由发包人承担。发包人不按合同约定完成以上工作造成延误或给承包人造成损失的，发包人赔偿承包人有关损失，工期相应顺延。

3. 项目经理的一般责任

《施工合同》第 7 条规定项目经理，应按以下要求行使合同约定的权力，履行合同约定的职责：

（1）项目经理的姓名、职务在专用条款内写明。

（2）承包人依据合同发出的通知，以书面形式由项目经理签字后送交工程师，工程师在回执签署姓名和收到时间后生效。

（3）项目经理按发包人认可的施工组织设计（或施工方案）和工程师依据合同发出的指令组织施工。在情况紧急且无法与工程师联系时，项目经理应当采取保证工程和人员生命、财产安全的紧急措施，并在采取措施后 48 小时内向工程师送交报告。责任在发包人或第三人，由发包人承担由此发生的追加合同价款，相应顺延工期；责任在承包人，由承包人承担费用，不顺延工期。

承包人如需更换项目经理，应至少提前 7 天以书面形式通知发包人，并征得发包人同意。后任继续行使合同文件约定的前任的职权，履行前任的义务。

4. 承包人工作

《施工合同》第 9 条规定承包人按专用条款约定的内容和时间完成以下工作：

（1）根据发包人委托，在其设计资质等级和业务允许的范围内，完成施工图设计或与工程配套的设计，经工程师确认后使用，发包人承担由此发生的费用。

（2）向工程师提供年、季、月工程进度计划及相应进度统计报表。

（3）按工程需要，提供和维修供夜间施工使用的照明、围栏设施，并负责安全保卫。

（4）按专用条款约定的数量和要求，向发包人提供在施工现场办公和生活的房屋及设施，发生的费用由发包人承担。

（5）遵守政府有关部门对施工场地交通、施工噪声以及环境保护和安全生产等的管理规定，按规定办理有关手续，并以书面形式通知发包人，发包人承担由此发生的费用，因承包人责任造成的罚款除外。

（6）已竣工工程未交付发包人之前，承包人按专用条款约定负责已完工程的成品保护工作，保护期间发生损坏，承包人自费予以修复。发包人要求承包人采取特殊措施保护的工程部位和相应的追加合同价款，双方在专用条款内约定。

（7）按专用条款约定做好施工场地地下管线和邻近建筑物、构筑物（包括文物保护建筑）、古树名木的保护工作。

（8）保证施工场地清洁符合环境卫生管理的有关规定。交工前清理现场达到专用条款的要求，承担因自身原因违反有关规定造成的损失和罚款。

（9）承包人应做的其他工作，双方在专用条款内约定。

承包人未能履行上述各项义务，造成发包人损失的，应赔偿发包人有关损失。

8.3.2 工程转包与分包

1. 转包

转包是指中标的承包商把对工程的承包权转让给另一家施工企业的行为。一般地说，业主是不希望转让的。因为原承包商是业主经过资格预审、招投标等程序选中的，授予合同意味着业主对原承包商的信任。《建筑法》第二十八条规定：禁止承包单位将其承包的全部建筑工程转包给他人，禁止承包单位将其承包的全部建筑工程肢解以后以分包的名义分别转包给他人。《施工合同》第 38 条第 2 款也是这样规定的。

以下两种形为被认为是转包：

（1）建筑施工企业将承包的工程全部包给其他施工单位，从中提取回扣的行为。

（2）总包单位将工程的主要部分或群体工程（指结构技术要求相同的）中半数以上的单位工程包给其他施工单位的行为。

2. 工程分包

工程分包，是指经合同约定或发包单位认可，从工程总包单位承包的工程中承包部分工程的行为。《建筑法》第二十九条规定：建筑工程总承包单位可以将承包工程中的部分工程发包给具有相应资质条件的分包单位；但是，除总承包合同中约定分包外，必须经建设单位认可。施工总承包的建筑工程主体结构的施工必须由总承包单位自行完成。

分包工程的分包合同签订可按《施工合同》中第 38 条第 1 款的规定执行。"承包人按专用条款约定分包所承包工程的部分工程，并与分包单位签订分包合同。非经发包人同意，承包人不得将承包工程的任何部分分包。"

分包商与总承包商的责任。在《建筑法》第二十九条是这样说明的"建筑工程总承包单位按照总承包合同的约定对建设单位负责；分包单位按照分包合同的约定对总承包单位负责。总承包单位和分包单位就分包工程对建设单位承担连带责任。"《施工合同》第 38 条第 3 款也作了相应的规定："工程分包不能解除承包人任何责任与义务。承包人应在分包场地派驻相应管理人员，保证合同的履行。分包单位的任何违约行为或疏忽导致工程损害或给发包人造成其他损失，承包人应承担连带责任"。

分包工程价款的结算，《施工合同》第 38 条第 4 款作了相应的规定，"分包工程价款由承包人与分包单位结算。发包人未经承包人同意不得以任何形式向分包单位支付各种工程款项。"

我国禁止分包工程再分包，《建筑法》第二十九条规定"禁止分包单位将其承包的工程再分包"。

8.3.3 合同争议的调解及合同解除的处理

1. 争议的解决方式

《施工合同》第 37 条第 1 款规定：双方在履行合同时发生争议，可以和解或者要求有关部门调解。监理工程师常作为调解人，当事人不愿和解、调解或和解、调解不成的，双方可以在专用条款内约定以下一种方式解决争议：

（1）双方达成仲裁协议，向约定的仲裁委员会申请仲裁。

（2）向有管辖权的人民法院起诉。

2. 监理工程师对合同争议的调解

项目监理机构接到合同争议的调解要求后应进行以下工作：

（1）及时了解合同争议的全部情况，包括进行调查取证。

（2）及时与合同争议的双方进行磋商。

（3）在项目监理机构提出调解方案后，由总监理工程师进行争议调解。

（4）当调解未能达成一致时，总监理工程师应在施工合同规定的期限内提出处理该合同争议的意见。

（5）在争议调解过程中，除已达到施工合同规定的暂停履行合同的条件之外，项目监理机构应要求施工合同的双方继续履行施工合同。

在总监理工程师签发合同争议处理意见后，业主或承包商在施工合同规定的期限内未对合同争议处理决定提出异议，在符合施工合同的前提下，此意见成为最后的决定，双方必须执行。

在合同争议的仲裁或诉讼过程中，项目监理机构接到仲裁机关或法院要求提供有关证据的通知后，应公正地向仲裁机关或法院提供与争议有关的证据。

3. 允许停止履行合同的情况

《施工合同》第 37 条第 2 款规定，除非出现下列情况，双方都应继续履行合同，保持施工连续，保护好已完工程：

（1）单方违约导致合同确已无法履行，双方协议停止施工。

（2）调解要求停止施工，且为双方接受。

（3）仲裁机关要求停止施工。

（4）法院要求停止施工。

4. 监理工程师对合同解除的处理

当业主违约导致施工合同最终解除时，项目监理结构应就承包商按施工合同规定应得到的款项与业主和承包商进行协商，并应按施工合同的规定从下列应得的款项中确定承包商应得到的全部款项，并书面通知业主和承包商：

（1）承包商已完成的工程量表中的各项工作所应得的款项。

（2）按批准的采购计划订购工程材料、设备、构配件的款项。

（3）承包商撤离施工设备至原基地或其他目的地的合理费用。

（4）承包商所有人员的合理遣返费用。

（5）合理的利润补偿。

（6）施工合同规定的业主应支付的违约金。

当承包商违约导致施工合同最终解除时，项目监理结构应按下列程序清理承包商的应得款项，或偿还业主的相关款项，并书面通知业主和承包商：

（1）施工合同终止时，清理承包商已按施工合同规定实际完成的工作所应得的款项和已经得到支付的款项。

（2）施工现场余留的材料、设备及临时工程价值。

（3）对已完工程进行检查和验收、移交工程资料、该部分工程的清理、质量缺陷修复等所需的费用。

（4）施工合同规定的承包单位应支付的违约金。

（5）总监理工程师按照施工合同的规定，在与建设单位和承包单位协商后，书面提交承包单位应得款项或偿还建设单位款项的证明。

由于不可抗力或非建设单位、承包单位原因导致施工合同终止时，项目监理机构应按施工合同规定处理合同解除后的有关事宜。

8.3.4 合同的违约处理

违约责任是指合同当事人违反合同约定所应承担的民事责任。

1. 发包人违约

《施工合同》第 35 条第 1 款规定，当发生以下情况时发包人承担违约责任，赔偿因违约给承包人造成的经济损失，顺延延误工期。双方在专用条款内约定发包人赔偿承包人损失的计算方法或发包人应当支付违约金的数额或计算方法。

（1）发包人不能按合同约定支付工程预付款。

（2）发包人不能按合同约定支付工程进度款，导致施工无法进行。

（3）发包人无正当理由不能按合同约定支付工程竣工结算款。

（4）发包人不履行合同义务或不按合同约定履行义务的其他情况。

2. 承包方违约

《施工合同》第 35 条第 2 款规定，当发生以下情况时承包人承担违约责任，赔偿因其违约给发包人造成的损失。双方在专用条款内约定承包人赔偿发包人损失的计算方法或承包人应当支付违约金的数额或计算方法。

（1）因承包人原因不能按照协议书约定的竣工日期或工程师同意顺延的工期竣工。

（2）因承包人原因工程质量达不到协议书约定的质量标准。

（3）承包人不履行合同义务或不按合同约定履行义务的其他情况。

一方违约后，另一方要求违约方继续履行合同时，违约方承担违约责任后仍应继续履行合同。

8.3.5 施工合同的质量、进度和费用控制

1. 质量控制

（1）对标准、规范的约定

《施工合同》第 3 条 3 款对合同双方标准、规范的约定作了如下规定：

双方在专用条款内约定适用国家标准、规范的名称；没有国家标准、规范但有行业标准、规范的，约定适用行业标准、规范的名称；没有国家和行业标准、规范的，约定适用工程所在地地方标准、规范的名称。发包人应按专用条款约定的时间向承包人提供一式两份约定的标准、规范。

国内没有相应标准、规范的，由发包人按专用条款约定的时间向承包人提出施工技术

要求，承包人按约定的时间和要求提出施工工艺，经发包人认可后执行。发包人要求使用国外标准、规范的，应负责提供中文翻译文本。

所发生的购买、翻译标准、规范或制定施工工艺的费用，由发包人承担。

（2）工程验收的质量控制

《施工合同》第15条对工程质量的违约责任作了明确规定：工程质量应当达到协议书约定的质量标准，质量标准的评定以国家或行业的质量检验评定标准为依据。因承包人原因工程质量达不到约定的质量标准，承包人承担违约责任。双方对工程质量有争议，由双方同意的工程质量检测机构鉴定，所需费用及因此造成的损失，由责任方承担。双方均有责任的，由双方根据其责任分别承担。

《施工合同》第16～19条对工程施工的检查，隐蔽工程和中间验收、试车、验收和重新检验作了相应规定。

1）检查和返工：《施工合同》第16条规定，承包人应认真按照标准、规范和设计的要求以及工程师依据合同发出的指令施工、随时接受工程师的检查检验、为检查检验提供便利条件。

工程质量达不到约定的标准的部分，工程师一经发现，应要求承包人拆除和重新施工，承包人应按工程师的要求拆除和重新施工，直到符合约定标准。因承包人原因达不到约定标准，由承包人承担拆除和重新施工的费用，工期不予顺延。

工程师的检查检验不应影响施工正常进行。如影响施工正常进行，检查检验不合格时，影响正常施工的费用由承包人承担。除此之外，影响正常施工的追加合同价款由发包人承担，相应顺延工期。

因工程师指令失误或非承包人原因发生的追加合同价款，由发包人承担。

2）隐蔽工程和中间验收：《施工合同》第17条规定，工程具备隐蔽条件或达到专用条款约定的中间验收部位，并在隐蔽或中间验收前48小时以书面形式通知工程师验收。通知包括隐蔽和中间验收的内容、验收时间和地点。承包人准备验收记录。验收合格，工程师在验收记录上签字后，承包人方可进行隐蔽和继续施工。验收不合格，承包人在工程师限定的时间内修改后重新验收。

工程师不能按时进行验收，应在验收前24小时以书面形式向承包人提出延期要求，延期不能超过48小时。工程师未能按以上时间提出延期要求，不进行验收，承包人可自行组织验收，工程师应承认验收记录。

经工程师验收，工程质量符合标准、规范和设计图纸等要求，验收24小时后，工程师不在验收记录上签字，视为工程师已经认可验收记录，承包人可进行隐蔽或继续施工。

3）重新检验：《施工合同》第18条规定，无论工程师是否进行验收，当其要求对已经隐蔽的工程重新检验时，承包人应按要求进行剥离或开孔，并在检验后重新覆盖或修复。检验合格，发包人承担由此而发生的全部追加合同价款，赔偿承包人损失，并相应顺延工期。检验不合格，承包人承担发生的全部费用，工期不予顺延。

4）工程试车：《合同条件》第19条规定，双方约定需要试车的，试车内容应与承包人的安装范围相一致。

设备安装工程具备单机无负荷量试车条件，承包人组织试车，并在试车前48小时以书面形式通知工程师。通知包括试车内容、时间、地点。承包人准备试车记录。发包人根据承包人要求为试车提供必要条件。试车合格，工程师在试车记录上签字。

工程师不能按时参加试车，应在试车前 24 小时以书面形式向承包人提出延期要求，延期不能超过 48 小时。工程师未能按以上时间提出延期要求，不参加试车，应承认试车记录。

设备安装工程具备无负荷联动试车条件，发包人组织试车，并在试车前 48 小时前以书面形式通知承包人，通知包括试车内容、时间、地点和对承包人的要求。承包人按要求做好准备工作。试车合格，双方在试车记录上签字。

由于设计原因试车达不到验收要求，发包人应要求设计单位修改设计，承包人按修改后的设计重新安装。发包人承担修改设计费用、拆除及重新安装的全部费用和追加合同价款，工期相应顺延。

由于设备制造原因试车达不到验收要求，由该设备采购一方负责重新购置或修理，承包人负责拆除和重新安装。设备由承包人采购的，由承包人承担修理或重新购置、拆除及重新安装的费用，工期不予顺延；设备由发包人采购的，发包人承担上述各项追加合同价款，工期相应顺延。

由于承包人施工原因试车达不到验收要求，承包人按工程师要求重新安装和试车，并承担重新安装和试车的费用，工期不予顺延。

试车费用除已包括在合同价款之内或专用条款另有约定的，均由发包人承担。

工程师在试车合格后不在试车记录上签字，试车结束 24 小时后，视为工程师已经认可试车记录，承包人可继续施工或办理竣工手续。

投料试车应在工程竣工验收后由发包人负责，如发包人要求在工程竣工验收前进行或需要承包人配合时，应征得承包人同意，另行签订补充协议。

（3）工程保修

《施工合同》第 34 条规定：承包人应按法律、行政法规或国家关于工程质量保修的有关规定，对交付发包人使用的工程在质量保修期内承担质量保修责任。

质量保修工作的实施：承包人应在工程竣工验收之前，与发包人签订质量保修书。其主要内容包括质量保修项目内容及范围，质量保修期，质量保修责任，质量保修金的支付方法。

2. 进度控制

（1）约定合同工期

《施工合同》第 1 条第 14 款明确，工期是指发包人承包人在协议书中约定，按总日历天数（包括法定节假日）计算的承包天数。

《施工合同》第 1 条第 15 款明确，开工日期是指发包人承包人在协议书中约定，承包人开始施工的绝对或相对的日期。

《施工合同》第 1 条第 16 款明确，竣工日期是指发包人承包人在协议书中约定，承包人完成承包范围内工程的绝对或相对的日期。

（2）进度计划的提交、批准及监督执行

《施工合同》第 10 条规定：承包人应按专用条款约定的日期，将施工组织设计和工程进度计划提交工程师。工程师按专用条款约定的时间予以确认或提出修改意见，逾期不确认也不提出书面意见的，视为同意。

174

群体工程中单位工程分期进行施工的,承包人应按照发包人提供图纸及有关资料的时间,按单位工程编制进度计划,其具体内容双方在专用条款中约定。

承包人必须按工程师确认的进度计划组织施工,接受工程师对进度的检查、监督。工程实际进度与经确认的进度计划不符时,承包人应按工程师的要求提出改进措施,经工程师确认后执行。因承包人的原因导致实际进度与进度计划不符,承包人无权就改进措施提出追加合同价款。

(3)进度计划执行中的特殊问题

1)开工及延期开工:《施工合同》第11条规定,承包人应当按协议书约定的开工日期开工。承包人不能按时开工,应当不迟于协议书约定的开工日期前7天,以书面形式向工程师提出延期开工的理由和要求。工程师应当在接到延期开工申请后的48小时内以书面形式答复承包人。工程师在接到延期开工申请后的48小时内不答复,视为同意承包人要求,工期相应顺延。工程师不同意延期要求或承包人未在规定时间内提出延期开工要求,工期不予顺延。

因发包人原因不能按照协议书约定的开工日期开工,工程师应以书面形式通知承包人,推迟开工日期。发包人赔偿承包人因延期开工造成的损失,并相应顺延工期。

2)暂停施工:《施工合同》第12条规定,工程师认为确有必要暂停施工时,应当以书面形式要求承包人暂停施工,并在提出要求后48小时内提出书面处理意见。承包人应当按工程师要求停止施工,并妥善保护已完工程,承包人实施工程师作出的处理意见后,可以书面形式提出复工要求,工程师应当在48小时内给予答复。工程师未能在规定时间内提出处理意见,或收到承包人复工要求后48小时内未予答复,承包人可自行复工。因发包人原因造成停工的,由发包人承担所发生的追加合同价款,赔偿承包人由此造成的损失,相应顺延工期;因承包人原因造成停工的,由承包人承担发生的费用。工期不予顺延。

3)工期延误:《施工合同》第13条规定,因以下原因造成工期延误,经工程师确认,工期相应顺延。

A. 发包人未能按专用条款的约定提供图纸及开工条件。

B. 发包人未能按约定日期支付工程预付、进度款,致使施工不能正常进行。

C. 工程师未按合同约定提供所需指令、批准等,致使施工不能正常进行。

D. 工程量增加或设计变更。

E. 一周内非承包人原因停水、停电、停气造成停工累计超过8小时。

F. 不可抗力。

G. 合同中约定或工程师同意给予顺延的其他情况。

承包人在以上情况发生后14天内,就延误的工期以书面形式向工程师提出报告,工程师在收到报告后14天内予以确认,逾期不予确认也不提出修改意见,视为同意顺延工期。

非上述原因,工程不能按合同工期竣工,承包人承担违约责任。

4)工程竣工:《施工合同》第14条规定,承包人必须按照协议书约定的竣工日期或工程师同意顺延的工期竣工。

因承包人原因不能按照协议书约定的竣工日期或工程师同意顺延的工期竣工的,承包人承担违约责任。

施工中发包人如需提前竣工，双方协商一致后应签订提前竣工协议，作为合同文件组成部分。提前竣工协议应包括承包人为保证工程质量和安全采取的措施、发包人为提前竣工提供的条件以及提前竣工所需的追加合同价款等内容。

3. 费用控制

《施工合同》第23～26条就合同价款及调整、工程款预付、工程量的核实确认、工程款支付作了规定。

（1）合同价款及调整

《施工合同》第23条规定：招标工程的合同价款由发包人承包人依据中标通知书中的中标价格在协议书内约定。非招标工程的合同价款由发包人承包人依据工程预算书在协议书内约定。

合同价款在协议书内约定后，任何一方不得擅自改变。双方可在专用条款中约定采用"固定价格合同"、"可调价格合同"、"成本加酬金合同"三种确定合同价款方式的一种。

可调价格合同中合同价款的调整因素包括：

1）法律、行政法规和国家有关政策变化影响合同价款。

2）工程造价管理部门公布的价格调整。

3）一周内非承包人原因停水、停电、停气造成停工累计超过8小时。

4）双方约定的其他因素。

承包人应在上述情况发生后14天内，将调整的原因、金额以书面形式通知工程师，工程师确认调整金额后作为追加合同价款，与工程款同期支付。工程师收到承包人通知后14天内不予确认也不提出修改意见，视为已经同意该项调整。

（2）工程款预付

《施工合同》第24条规定：实行工程预付款的，双方应当在专用条款内约定发包人向承包人预付工程款的时间和数额，开工后按约定的时间和比例逐次扣回。预付时间应不迟于约定的开工日期前7天。发包人不按约定预付，承包人在约定预付时间7天后向发包人发出要求预付的通知，发包人收到通知后仍不能按要求预付，承包人可以发出通知7天后停止施工，发包人应从约定应付之日起向承包人支付应付款的利息，并承担违约责任。

（3）工程量的核实确认

《施工合同》第25条规定：承包人按专用条款约定的时间，向工程师提交已完工程量的报告。工程师接到报告后7天内按设计图纸核实已完工程数量（以下简称计量），并在计量前24小时通知承包人。承包人为计量提供便利条件并派人参加。承包人收到通知后不参加计量，计量结果有效，作为工程价款支付的依据。

工程师收到承包人报告后7天内未进行计量，从第8天起，承包人报告中开列的工程量即视为已被确认，作为工程价款支付的依据。工程师不按约定时间通知承包人，使承包人不能参加计量，计量结果无效。

对承包人超出设计图纸和因自身原因造成返工的工程量，工程师不予计量。

（4）工程款支付

《施工合同》第26条规定：在确认计量结果后14天内，发包人应向承包人支付工程款。按约定时间发包人应扣回的预付款与工程款同期结算。

合同约定的调整合同价款和追加合同价款，与工程款同期结算。

发包人超过约定的支付时间不支付工程款，承包人可向发包人发出要求付款的通知，发包人收到承包人通知后仍不能按要求支付，可与承包人协商签订延期付款协议，经承包人同意后可延期支付。协议应明确延期支付的时间和从计量结果确认后 15 天起应付款的贷款利息。

发包人不按合同约定支付工程款，双方又未达成延期付款协议，导致施工无法进行，承包人可停止施工，由发包人承担违约责任。

（5）竣工结算

《施工合同》第 33 条规定：工程竣工验收报告经发包人认可后 28 天，承包人向发包人提交竣工结算报告及完整的结算资料，双方按照协议书约定的合同价款及专用条款约定的合同价款调整内容，进行工程竣工结算。

发包人收到承包人递交的竣工结算报告及结算资料后 28 天内进行核实，给予确认或提出修改意见。发包人确认竣工结算报告后通知经办银行向承包人支付工程竣工结算价款。承包人收到竣工结算价款后 14 天内将竣工工程交付发包人。

发包人收到竣工结算报告及结算资料后 28 天内无正当理由不支付工程竣工结算价款，从第 29 天起按承包人同期向银行贷款利率支付工程价款的利息，并承担违约责任。

发包人收到竣工结算报告及结算资料后 28 天内不支付工程竣工结算价款，承包人可以催告发包人支付结算价款。发包人在收到竣工结算报告及结算资料后 56 天内仍不支付的，承包人可以与发包人协议将该工程折价，也可以由承包人申请人民法院将该工程依法拍卖，承包人就该工程折价或拍卖的价款优先受偿。

工程竣工验收报告经发包人认可后 28 天内，承包人未能向发包人递交竣工结算报告及完整的结算资料，造成工程竣工结算不能正常进行或工程竣工结算价款不能及时支付，发包人要求交付工程的，承包人应当交付；发包人不要求交付工程的，承包人承担保管责任。

发包人承包人对工程竣工结算价款发生争议时，按争议的约定处理。

8.3.6　设计变更与施工索赔

1. 设计变更

（1）设计变更程序与内容

《施工合同》第 29 条规定：施工中发包人需对原工程设计进行变更，应提前 14 天以书面形式向承包人发出变更通知。变更超过原设计标准或批准的建设规模时，发包人应报规划管理部门和其他有关部门重新审查批准，并由原设计单位提供变更的相应图纸和说明。承包人按照工程师签发的变更单实施变更，工程变更单的格式见附录 C2 表，包括工程变更的要求、说明、费用、工期以及必要的附件。

通常的变更内容有以下几方面：

1）更改有关部分的标高、基线、位置和尺寸。

2）增减合同中约定的工程数量。

3）改变有关工程的施工时间和顺序。

4）其他有关工程变更需要的附加工作。

因以上变更导致合同价款的增减及造成的承包人损失，由发包人承担，延误的工期相应顺延。

施工中承包人不得对原工程设计进行变更。因承包人擅自变更设计发生的费用和由此导致发包人的直接损失,由承包人承担,延误的工期不予顺延。

承包人在施工中提出的合理化建议涉及到对设计图纸或施工组织设计的更改及对材料、设备的换用,需经工程师同意。未经同意擅自更改或换用时,承包人承担由此发生的费用,并赔偿发包人的有关损失,延误的工期不予顺延。工程师同意采用承包人合理化建议,所发生的费用和获得的收益,发包人承包人另行约定分担或分享。

合同履行中发包人要求变更工程质量标准及发生其他实质性变更,由双方协商解决。

(2) 确定变更价款

《合同条件》第 31 条规定:承包人在工程变更确定后 14 天内,提出变更工程价款的报告,经工程师确认后调整合同价款。变更合同价款按下列方法进行:

1) 合同中已有适用于变更工程的价格,按合同已有的价格变更合同价款;

2) 合同中只有类似于变更工程的价格,可以参照类似价格变更合同价款;

3) 合同中没有类似和适用于变更工程的价格,由承包人提出适当的变更价格,经工程师确认后执行。

承包人在双方确认变更后 14 天内不向工程师提出的变更工程价款的报告时,视为该项变更不涉及合同价款的变更。

工程师应在收到变更工程价款报告之日起 14 天内予以确认,工程师无正当理由不确认时,自变更工程价款报告送达之日起 14 天后视为变更工程价款报告已被确认。

工程师不同意承包人提出的变更价款,按争议的约定处理。工程师确认增加的工程变更价款作为追加合同价款,与工程款同期支付。因承包人自身原因导致的工程变更,承包人无权要求追加合同价款。

(3) 项目监理机构对设计变更的处理

对设计变更的处理应符合下列要求:

1) 项目监理机构在设计变更的质量、费用和工期方面取得建设单位授权后,应按施工合同规定与承包单位进行协商,经协商达成一致后,总监理工程师应将协商结果向建设单位(业主)通报,并由建设单位与承包单位(承包商)在变更文件上签字。

2) 项目监理机构未能就设计变更的质量、费用和工期方面取得建设单位授权时,总监理工程师应协助建设单位与承包单位进行协商,并达成一致。

3) 在建设单位和承包单位未能就设计变更的费用等方面达成协议时,项目监理机构应提出一个暂定的价格,作为临时支付工程进度款的依据。该项工程款最终结算时,应以建设单位和承包单位达成的协议为依据。

4) 在总监理工程师签发工程变更单之前,承包单位不得实施工程变更。

5) 未经审查同意而实施的工程变更,项目监理机构不得予以计量。

2. 施工索赔

(1) 施工索赔的概念

1) 索赔定义——当事人在合同实施过程中,根据法律、合同规定及惯例,对并非由于自己的过错,而是属于应由合同对方承担责任的情况造成,且实际发生了损失,向对方提出给予补偿或赔偿的权利要求。

2）索赔的双向性——索赔既可以是承包商向建设单位的索赔，也可以是建设单位向承包商的索赔。但因建设单位在向承包商的索赔中处于主动地位，他可以直接从应付给承包商的工程款中扣抵，也可以从保留金中扣款以补偿损失。所以承包商向建设单位的索赔才是索赔管理的重点。

3）索赔与变更的不同——变更是建设单位或者监理工程师提出变更要求后，主动与承包商协商确定一个补偿额付给承包商；而索赔则是承包商根据法律和合同的规定，对认为他有权得到的权益主动向建设单位提出要求。

（2）施工索赔的分类

1）按索赔依据分类

A. 合同内索赔。这种索赔涉及的内容可以在合同内找到依据。如工程量的计算、变更工程的计量和价格、不同原因引起的拖期等。

B. 合同外索赔，亦称超越合同规定的索赔。这种索赔在合同内找不到直接依据，但承包商可根据合同文件的某些条款的含义，或可从一般的民法、经济法或政府有关部门颁布的其他法规中找到依据。此时，承包商有权提出索赔要求。

C. 道义索赔，亦称通融索赔或优惠索赔。这种索赔在合同内或在其他法规中均找不到依据，从法律角度讲没有索赔要求的基础，但承包商确实蒙受损失，他在满足业主要求方面也做了最大努力，因而他认为自己有提出索赔的道义基础。因此，他对其损失寻求优惠性质的补偿。有的业主通情达理，出自善良和友好，给承包商以适当补偿。

2）按索赔的目的分类

在施工中，索赔按其目的可分为延长工期索赔和费用索赔。

A. 延长工期索赔，简称工期索赔。这种索赔的目的是承包商要求业主延长施工期限，使原合同中规定的竣工日期顺延，以避免承担拖期损失赔偿的风险。如遇特殊风险、变更工程量或工程内容等，使得承包商不能按合同规定工期完工，为避免追究违约责任，承包商在事件发生后就会提出顺延工期的要求。

B. 费用索赔，亦称经济索赔。它是承包商向业主要求补偿自己额外费用支出的一种方式，以挽回不应由他负担的经济损失。

在施工实践中，大多数情况是承包商既提出工期索赔，又提出费用索赔。按照惯例，两种索赔要独立提出，不得将两种索赔要求写在同一报告中。因此若某一事件发生后，业主可能只同意工期索赔，而拒绝经济索赔。若两种要求在同一报告中，通常会被认为理由不充分或索赔要求过高，反而会被拒绝。

（3）引起承包商索赔常见的原因

在施工过程中，引起承包商向业主索赔的原因多种多样，主要有：

1）业主违约

在施工招标文件中规定了业主应承担的义务，承包商正是在这基础上投标和报价的。若开始施工后，业主没有按合同文件（包括招标文件）规定，如期提供必要条件，势必造成承包商工期的延误或费用的损失，这就可能引起索赔。例如，应由业主提供的施工场内外交通道路没有达到合同规定的标准，造成承包商运输机构效率降低或磨损增加，这时承包商就有可能提出补偿要求。

2）不利的自然条件

一般施工合同规定，一个有经验的承包商无法预料到的不利的自然条件，如超标准洪水、地震、超标准的地下水等，承包商就可提出索赔。

3）合同文件缺陷

合同缺陷表现为合同文件规定不严谨甚至矛盾、合同中的遗漏或错误。其缺陷既包括在商务条款中，也可能包括在技术规程和图纸中。对合同缺陷，监理工程师有权作出解释，但承包商在执行监理工程师的解释后引起施工成本的增加或工期的延长，有权提出索赔。

4）设计图纸或工程量表中的错误

这种错误包括：

A. 设计图纸与工程量清单不符；

B. 现场条件与图纸要求相差较大；

C. 纯粹工程量错误。

由于这些错误若引起承包商施工费用增加或工期延长，则承包商极有可能提出索赔。

5）计划不周或不适当的指令

承包商按施工合同规定的计划和规范施工，对任何因计划不周而影响工程质量的问题不承担责任，而弥补这种质量问题而影响的工期和增加的费用应由业主承担。业主和监理工程师不适当的指令，由此而引发的工期拖延和费用的增加也应由业主承担。

（4）施工索赔的程序

1）寻找施工索赔的正当理由

施工企业从对索赔管理的角度出发，应积极寻找索赔机会，一旦出现索赔机会，首先应对事件进行详尽调查、记录；其次对事件原因进行分析，判断其责任应由谁承担；最后对事件的损失进行调查和计算。即《施工合同》第 36 条第 1 款所述："要有正当索赔理由，且有索赔事件发生时的有效证据。"

2）发出索赔通知

《施工合同》第 36 条第 2 款指出：索赔事件发生后 28 天内，向工程师发出索赔意向通知；通知发出后 28 天内，向工程师提出延长工期或补偿经济损失的索赔报告及有关资料。工程临时延期申请表式见附录 A7 表，费用索赔申请表见附录 A8 表。

3）索赔的批准

《施工合同》第 36 条第 2 款第三点指出：工程师在收到索赔报告及有关资料后 28 天内给予答复，或要求承包人进一步补充索赔理由和证据，工程师在 28 天内未予答复，应视为该项索赔已经认可。

当该索赔事件持续进行时，承包人应当阶段性向工程师发出索赔意向，在索赔事件终了后 28 天内，向工程师递交索赔的有关资料和最终索赔报告。

工程师或监理工程师应抓紧时间对索赔通知，特别是有关证据进行分析，并提出处理意见。特别需要注意的是，应当在合同规定的期限内对索赔给予答复。工程临时延期审批表式见附录 B4 表，工程最终延期审批表式见附录 B5 表，费用索赔审批表式见附录 B6 表。

工程师或监理工程师对索赔的管理，应当通过加强合同管理，严格执行合同，使对方找不到索赔的理由和根据。在索赔事件发生后，也应积极收集证据，以便分清责任，反击对方的无理索赔要求。

8.4 使用 FIDIC 条款的施工合同管理简介

8.4.1 合同双方

1. 业主的职责及风险承担

（1）业主的职责

1）及时提供施工图纸。FIDIC1999 版施工合同条件通用条款（本节以下简称 FIDIC 条款）1.8 款规定由业主向承包商提供一式两份合同文本（含图纸）和后续图纸。

2）及时给予现场进入权。FIDIC 条款 2.1 款规定业主应在投标书附录中规定的时间内给予承包商进入现场、占用现场各部分的权利。

3）协助承包商办理许可、执照或批准等。FIDIC 条款 2.2 款规定业主应根据承包商的请求，对其提供以下合理的协助：取得与合同有关，但不易得到的工程所在国的法律文本；协助承包商申办工程所在国的法律要求的许可、执照或批准。

4）提供现场勘察资料。FIDIC 条款 4.10 款规定业主应在基准日期前，即在承包商递交投标书截止日期前 28 天之前把该工程勘察所得的现场地下、水文条件及环境方面的所有情况资料提供给承包商；同样地，业主在基准日期后所得的所有此类资料，也应提交给承包商。

5）及时支付工程款。FIDIC 条款 14 条对业主给承包商的预付款、期中付款和最终付款作了详细规定。

（2）业主承担的风险

1）特殊风险承担。FIDIC 条款 17.3 款列举了以下 8 种业主风险：①战争、敌对行动（不论宣战与否）、入侵、外敌行动；②工程所在国国内的叛乱、恐怖主义、革命、暴动、军事政变或篡夺政权，或内战；③承包商人员及承包商的其他雇员以外的人员在工程所在国内的暴乱、骚动或混乱；④工程所在国内的战争军火、爆炸物资、电离辐射或放射性引起的污染，但可能由承包商使用此类军火、炸药、辐射或放射性引起的除外；⑤由音速或超音速飞行的飞机或飞行装置所产生的压力波；⑥除合同规定以外雇主使用或占有的永久工程的任何部分；⑦由雇主人员或雇主对其负责的其他人员所做的工程任何部分的设计；⑧不可预见的、或不能合理预期一个有经验的承包商已采取适宜预防措施的任何自然力的作用。17.4 款规定以上风险发生造成损失，承包商为修正损失而延误的工期和增加的费用由业主承担。

2）其他不能合理预见的可能风险。13.7 款规定了法规变化后合同价的调整，在基准日期后做出的法律改变使承包商遭受的工程延误和成本费用增加，应由业主承担；13.8 款规定了劳务和材料价格变化后合同价的调整，由于劳务和材料价格的上涨带来的风险应由业主承担；14.15 款规定了按一种或多种外币支付时，工程所在国货币与这些外币之间的汇率按投标书附录中的规定执行。如果投标书附录中没有说明汇率，应采用基准日期工程所在国中央银行确定的汇率。由此而造成的风险由业主自己承担。

2. 承包商的责任

承包商应按照合同及工程师的指示，设计（在合同规定的范围内）、实施和完成工程，并修补工程中的任何缺陷。具体来说主要有以下几方面：

1）对设计图纸和文件应承担的责任。1.11 款规定由业主（或以业主名义）编制的规范、图纸和其他文件，其版权和其他知识产权归业主所有。除合同需要外，未经业主同意，承包商不得将图纸、文件等用于或转给第三方。

2）提交履约担保。4.2 款明确承包商应按投标书附录规定的金额取得担保，并在收到中标函后 28 天内向业主提交这种担保，并向工程师递交一份副本。履约担保应由业主批准的国家内的实体提供。

3）对工程质量负责。4.9 款明确承包商应建立质量保证体系，该体系应符合合同的详细规定。承包商在每一设计和实施阶段开始前，应向工程师提交所有程序和如何贯彻要求的文件的细节。4.1 款明确承包商应精心施工、修补其任何缺陷。明确承包商应对整个现场作业、所有施工方法和全部工程的完备性、稳定性和完全性负全责；并对承包商自己的设计承担责任。10.1 款明确承包商只有通过合同规定的任何竣工试验，若有缺陷则必须在纠正后并使工程师满意后才有权获得接收证书。11 条对缺陷责任作了明确规定。

4）按期完成施工任务。8.1 款规定承包商应在收到中标函后 42 天内开工，除非专用条款另有说明。开工后承包商在合理可能的情况下尽早开始工程的实施，随后应以正当的速度，不拖延地进行工程。8.2 款规定承包商应在工程或分项工程的竣工时间内，完成整个工程和每个分项工程。

5）对施工现场的安全和环境保护负责。4.8 款、4.22 款和 4.18 款分别对此用出了规定。

6）为合作者（如其他承包商）提供方便。FIDIC 条款 4.6 款对此作了规定。

8.4.2 合同的转让与分包

1. 合同的转让

转让是指中标的承包商把对工程的承包权转让给另一家施工企业的行为。FIDIC 条款 1.7 款规定：没有业主的事先同意，承包商不得将合同或合同任何部分转让给第三方。

2. 合同的分包

分包是指中标的承包商委托第三方为其实施部分或全部合同工程。分包与转让不同，它并不涉及权利转让，其实质不过是承包商为了履约而借助第三方的支援。

FIDIC 条款 4.4 款对一般分包有如下几点规定：

（1）除非合同另有规定，承包商不得将整个合同工程分包出去。

（2）承包商在选择材料供应商或合同中已指明的分包商进行分包时，无需取得同意；对其他建议的分包商应事先取得工程师的同意。

（3）监理工程师的这类同意，不解除业主与承包商间的合同规定的承包商的任何责任或义务。

FIDIC 条款 5 条对业主指定分包作出了相应的规定。

8.4.3 合同争端的解决

FIDIC 条款 20 条规定解决业主与承包商合同争争端的程序是：

首先由双方在投标书附录中规定的日期前，联合任命一个争端裁决委员会（Dispute Adjudication Board，简称 DAB）。

如果双方间发生了有关或起因于合同或工程实施的争端，任何一方可以将该争端以书面形式，提交 DAB，并将副本送另一方和工程师，委托 DAB 做出决定。双方应按照 DAB 为对该争端做出决定可能提出的要求，立即给 DAB 提供所需的所有资料、现场进入权及相应设施。

DAB 应在收到此项委托后 84 天内，提出它的决定。

如果任何一方对 DAB 的决定不满意，可以在收到该决定通知后 28 天内，将其不满向另一方发出通知。

在发出了表示不满的通知，双方在仲裁前应努力以友好的方式解决争端，如果仍达不成一致，仲裁在表示不满的通知发出后 56 天进行。

8.4.4 施工合同的质量、进度和费用控制

1. 施工前的质量控制

（1）施工前的质量控制

FIDIC 条款 1.8 款规定承包商应获得正确的设计图纸、文件等技术资料。

FIDIC 条款 4.10 款规定业主应向承包商提供现场水文地质资料等。

FIDIC 条款 4.7 款对承包商施工放线作了相应的规定。

（2）材料、设备的质量控制

对不合格材料设备的拒收。FIDIC 条款 7.5 款规定承包商负责采购或供应的材料、设备运抵施工现场用于永久工程前，应接受工程师的质量检查，不合格应拒收。

（3）施工过程的质量控制

FIDIC 条款 7.3 款规定业主人员在所有合理的时间内有充分机会进入现场所有部分，以及获得天然材料的所有地点，有权在生产、加工和施工期间检查、检验、测量和试验所用材料和工艺，检查生产设备的制造和材料的生产加工的进度。

同时规定未经工程师批准，工程的任何部分都不能覆盖或掩盖。否则，当工程师提出要求时，承包商应按工程师发出的指示，对工程的任何部分剥露，或在其中或贯穿其中开孔，接受检查，然后再将这部分工程恢复原样和使之完好。

FIDIC 条款 1.1.3.7 款规定"缺陷通知期限"应在投标书附录中指明。

FIDIC 条款 11.1 款（b）子条指出对"缺陷"承包商应在缺陷通知期限内，按照业主的要求，完成修补缺陷或损害所需的所有工作。

2. 进度控制

（1）进度计划的提交

FIDIC 条款 8.3 款规定承包商应在收到开工通知后 28 天内向工程师提交一份详细的进度计划。如果工程师向承包商发出通知，指出进度计划不符合合同要求，或实际进展或承包商提出的意向不一致时，承包商应向工程师提交一份经过修订的进度计划。

（2）进度计划执行过程的控制

FIDIC 条款 8.1 款规定承包商应在收到中标函后 42 天内开工，除非专用条款另有说明。开工后承包商在合理可能的情况下尽早开始工程的实施，随后应以正当的速度，不拖延地进行工程。

FIDIC 条款 4.21 款规定，除非专用条件中另有规定，承包商应编制月进度报告，一式六份提交给工程师。

FIDIC 条款 8.6 款规定在承包商无任何理由延长工期的情况下，如工程师认为工程或

其任何部分在任何时候的进度太慢，有权指示承包商提交一份修订的进度计划，以及说明承包商为加快进度并在竣工时间内竣工，建议采用的修订方法的补充报告。

另外，FIDIC 条款 8.8 和 8.12 款规定了工程师指示工程暂时停工和复工的情况；FIDIC 条款 8.2 款和 8.4 款对工程竣工时间和工程竣工时间的延长作了规定。

3. 费用控制

（1）预付款

1）动员预付款，是业主为解决承包商开展施工前期准备工作时的资金短缺，而预先支付的一笔款项。

FIDIC 通用条款 14.2 款规定，业主在收到承包商提交的预付款返还保函后，应支付一笔预付款，作为用于动员的无息贷款的额度、预付次数及时间应在投标书附录中说明。首期预付款支付时间在中标函发出后 42 天和业主在收到 14.2 款规定提交的文件后 21 天，两者中较晚的日期内。

2）材料预付款

FIDIC 条款 14.5 款规定承包商订购货物运抵施工现场，业主将以货物发票值乘以合同约定的百分比（一般为 70%～75%）得的款额在进度款中预付给承包商。材料、设备一旦用于永久工程，则应从工程进度款内扣回。

（2）支付工程进度款

1）FIDIC 条款 14.3 款规定，承包商应在每个月末后，按工程师批准的格式向工程师提交报表，一式六份，详细说明承包商自己认为有权得到的款额。大致包含下列几项内容：①截止月末已实施的工程的合同价（含变更工程）；②因法律改变和成本改变应增减的款额；③应扣留的保留金；④应增加或返还的预付款；⑤因生产设备和材料应增加或减少的款额；⑥因索赔而增加或减少的款额；⑦其他。

FIDIC 条款 14.6 款规定了工程师在收到月报表和证明文件后 28 天内，应向业主发出期中付款证书，其中应说明工程师公正地确定的应付金额，并附细节说明。他所认为的有关支付款项是应当到期支付给承包商的。

FIDIC 条款 14.7 款规定了各期中付款证书确认的金额，在工程师收到报表和证明文件后 56 天内支付。最终付款证书确认的金额，在业主收到该付款证书后 56 天内支付。

（3）竣工结算

FIDIC 条款 14.10 规定承包商在收到工程接受证书后 84 天内，应向工程师提交竣工报表及证明文件，一式六份。FIDIC 条款 14.10 规定承包商在收到履约证书后 56 天内，应向工程师提交按照工程师批准的格式编制的最终报表草案并附证明文件，一式六份。FIDIC 条款 14.12 规定承包商在提交最终报表时，应提交一份书面结清证明，确认最终报表上的总额代表了根据合同或合同有关的事项，应付给承包商的所有款项的全部和最终的结算总额。该结清证明可注明在承包商收到退回的履约担保和尚未付清的余额后生效。FIDIC 条款 14.13 规定工程师在收到最终报表和结清证明后 28 天内，应向业主发出最终付款证书。

（4）保留金

FIDIC 条款 14.9 款规定工程接收证书颁发后，工程保留金的前一半应支付给承包商，缺陷通知期限满后工程保留金的后一半应支付给承包商，除非工程缺陷没有得到承包商的修补。

8.4.5 工程变更与索赔

1. 工程变更

（1）工程变更

FIDIC 条款 13.1 款指出工程师可以对工程或其任何部分的形式，质量或数量进行他认为必要的任何变更，指示承包商执行。这种变更决不应以任何方式使合同作废或无效，但若这种变更是由承包商的过失或违约造成的，则费用应由承包商负担。FIDIC 条款 13.2 款指出承包商根据价值工程提出的对业主有益的变更，以书面形式提交工程师批准。

（2）变更程序

FIDIC 条款 13.3 款指出如果工程师在发出变更指示前要求承包商提出一份建议书，承包商应尽快做出书面回应：①对建议要完成的工作的说明，以及实施的进度计划；②根据原进度计划和竣工时间的要求，承包商对进度计划做出必要的建议书；③承包商对变更估价的建议书。工程师收到建议书后，应尽快给予批准或提出意见的回复。

2. 施工索赔

承包商的索赔，FIDIC 条款 20.1 款对承包商的索赔程序作如下说明：

（1）索赔通知

承包商应在第一次出现引起索赔事件后 28 天内将他的索赔意图通知工程师。未能在 28 天内发出索赔通知，则不得索赔。

（2）索赔记录

索赔事件发生后承包商应有当时相应的记录，并在索赔事件解决前继续保持合理的记录，以备检查、核实。

（3）索赔证明

承包商应在察觉引起索赔的事件或情况后 42 天内向工程师递交一份分细目的索赔帐单（含延长的时间、追加付款等）和索赔依据等详细资料，在索赔事件的影响结束后的 28 天内递交最终账单。

（4）索赔回应

工程师在收到索赔报告或对过去索赔的任何进一步证明资料后 42 天内，或在工程师可能建议并经承包商认可的期限内，做出回应，表示批准、或不批准并附具体意见。

（5）支付索赔金额

当承包商提供了足够的索赔事件细节，索赔金额是工程师经过同业主和承包商协商的，则承包商应有权将该索赔金额列入由工程师核准的付款证书中。

FIDIC 条款 2.5 款就业主对承包商的索赔作了规定。

复 习 思 考 题

1. 搞好建设项目合同管理的前提工作和途径有哪些？

2. 建筑工程中有哪些主要合同关系？

3. 经济合同的内容一般应包含哪几个方面？

4. 承担违反经济合同责任的方式有哪些？

5. 经济合同发生纠纷时，当事人可以采取哪些解决方式？这些方式有什么区别？
6. 施工合同文件的内容有哪些？
7. 使用《建设工程施工合同示范文本》时，合同双方的责任、风险是怎样分担的？
8. 使用《建设工程施工合同示范文本》时，是怎样施工合同的质量、进度和费用控制的？
9. 工程变更与施工索赔管理的内容有哪些？
10. FIDIC 条款由哪两部分组成，它们之间是什么关系？

第9章 工程建设监理的组织协调

本章首先介绍了组织协调的概念、范围和层次；其次主要介绍施工阶段监理
工作组织协调的内容，包括与项目有关的各个方面的协调要点；最后重点介绍了
组织协调的方法和建设工程施工阶段监理现场用表。

建设监理目标的实现，需要监理工程师有较强的专业知识和对监理程序的充分理解，
还有一个重要方面，就是要有较强的组织协调能力。通过组织协调，使影响项目监理目标
实现的各个方面处于统一体中，使项目系统结构均衡，使监理工作实施和运行过程顺利。

9.1 组织协调的概念

协调就是联结、联合、调和所有的活动及力量。协调的目的是力求得到各方面协助，
促使各方协同一致，齐心协力，以实现自己的预定目标。协调作为一种管理方法贯穿于整
个项目和项目管理过程中。

项目系统是由若干相互联系而又相互制约的要素有组织、有秩序地组成的具有特定功
能和目标的统一体。组织系统的各要素是该系统的子系统，项目系统就是一个由人员、物
质、信息等构成的人为组织系统。用系统方法分析项目协调的一般原理有三大类：一是
"人员/人员界面"；二是"系统/系统界面"；三是"系统/环境界面"。

项目组织是由各类人员组成的工作班子。由于每个人的性格、习惯、能力、岗位、任
务、作用的不同，即使只有两个人在一起工作，也有潜在的人员矛盾或危机。这种人和人
之间的间隔，就是所谓的"人员/人员界面"。

项目系统是由若干个项目组组成的完整体系，项目组即子系统。由于子系统的功能不
同，目标不同，容易产生各自为政的趋势和相互推诿的现象。这种子系统和子系统之间的
间隔，就是所谓的"系统/系统界面"。

项目系统是一个典型的开放系统。它具有环境适应性，能主动地向外部世界取得必要
的能量、物质和信息。在"取"的过程中，不可能没有障碍和阻力。这种系统与环境之间
的间隔，就是所谓的"系统/环境界面"。

工程项目建设协调管理就是在"人员/人员界面"、"系统/系统界面"、"系统/环境
界面"之间，对所有的活动及力量进行联结、联合、调和的工作。系统方法强调，要把系
统作为一个整体来研究和处理，因为总体的作用规模要比各子系统的作用规模之和大。为
了顺利实现工程项目建设系统目标，必须重视协调管理，发挥系统整体功能。在工程项目
建设监理中，要保证项目的各参与方围绕项目，使项目目标顺利实现，组织协调最为重
要、最为困难，也是监理工作是否成功的关键，只有通过积极的组织协调才能实现整个系
统全面协调的目的。

9.2　组织协调的范围和层次

　　从系统方法的角度看，协调的范围可以分为系统内部的协调和对系统外部的协调。从监理组织与外部世界的联系程度看，工程项目外层协调又可以分为近外层协调和远外层协调（如图9-1所示的层次Ⅰ和层次Ⅱ）。近外层和远外层的主要区别是，工程项目与近外层关联单位一般有合同关系，和远外层关联单位一般没有合同关系。工程项目协调的范围与层次见图9-1所示。

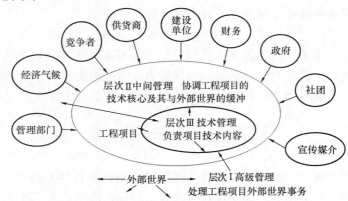

图 9-1　工程项目监理协调的范围与层次

9.3　组织协调的工作内容

9.3.1　监理组织内部的协调

1. 监理组织内部人际关系的协调

　　工程项目监理组织系统是由人组成的工作体系。工作效率很大程度上取决于人际关系的协调程度，总监理工程师应首先抓好人际关系的协调，激励监理组织成员。

　　（1）在人员安排上要量才录用。对监理组各种人员，要根据每个人的专长进行安排，做到人尽其才。人员的搭配应注意能力互补和性格互补，人员配置应尽可能少而精干，防止力不胜任和忙闲不均现象。

　　（2）在工作委任上要职责分明。对组织内的每一个岗位，都应订立明确的目标和岗位责任制，应通过职能清理，使管理职能不重不漏，做到事事有人管，人人有专责，同时明确岗位职权。

　　（3）在成绩评价上要实事求是。谁都希望自己的工作做出成绩，并得到组织肯定。但工作成绩的取得，不仅需要主观努力，而且需要一定工作条件和相互配合。要发扬民主作风，实事求是评价，以免于人员无功自傲或有功受屈，使每个人热爱自己的工作，并对工作充满信心和希望。

　　（4）在矛盾调解上要恰到好处。人员之间的矛盾总是存在的，一旦出现矛盾就应进行调解，要多听取项目组成员的意见和建议，及时沟通，使人员始终处于团结、和谐、热情高涨的工作气氛之中。

2. 项目监理系统内部组织关系的协调

项目监理系统是由若干子系统（专业组）组成的工作体系。每个专业组都有自己的目标和任务。如果每个子系统都从项目的整体利益出发，理解和履行自己的职责，则整个系统就会处于有序的良性状态，否则，整个系统便处于无序的紊乱状态，导致功能失调、效率下降。

组织关系的协调可从以下几方面进行：

（1）要在职能划分的基础上设置组织机构，根据工程对象及监理合同所规定的工作内容，确定职能划分，并相应设置配套的组织机构。

（2）要明确规定每个机构的目标、职责和权限，最好以规章制度的形式作出明文规定。

（3）要事先约定各个机构在工作中的相互关系。在工程项目建设中许多工作不是一个项目组可以完成的，其中有主办、牵头和协作、配合之分，事先约定，才不致于出现误事、脱节等贻误工作的现象。

（4）要建立信息沟通制度，如采用工作例会、业务碰头会、发会议纪要、采用工作流程图或信息传递卡等方式来沟通信息，这样可使局部了解全局，服从并适应全局需要。

（5）及时消除工作中的矛盾或冲突。总监理工程师应采用民主的作风，注意从心理学、行为科学的角度激励各个成员的工作积极性；采用公开的信息政策，让大家了解项目实施情况、遇到的问题或危机；经常性地指导工作，和成员一起商讨遇到的问题，多倾听他们的意见、建议，鼓励大家同舟共济。

3. 项目监理系统内部需求关系的协调

工程项目监理实施中有人员需求、材料需求、试验设备需求等，而资源是有限的，因此，内部需求平衡至关重要。

需求关系的协调可从以下环节进行：

（1）抓计划环节，平衡人、材、物的需求。项目监理开始时，要做好监理规划和监理实施细则的编写工作，提出合理的监理资源配置，要注意抓住期限上的及时性，规格上的明确性，数量上的准确性，质量上的规定性，这样才能体现计划的严肃性，发挥计划的指导作用。

（2）对监理力量的平衡，要注意各专业监理工程师的配合，要抓住调度环节。一个工程包括多个分项工程和分部工程，复杂性和技术要求各不一样，监理工程师就存在人员配备、衔接和调度问题。如土建工程的主体阶段，主要是钢筋混凝土工程和砌体工程；装饰阶段，工种较多，新材料、新工艺和测试手段也不一样。监理力量的安排必须考虑到工程进展情况，做出合理的安排，以保证工程监理的质量和目标的实现。

9.3.2 与建设单位的协调

建设监理是受建设单位的委托而独立、公正进行的工程项目监理工作。监理实践证明，监理目标的顺利实现和与建设单位的协调有很大的关系。

我国实行建设监理制度时间不长，工程建设各方对监理制度的认识有偏差，建设单位有些行为还不够规范，主要体现在：一是沿袭计划经济时期的基建管理模式，搞"大统筹，小监理"，一个项目，往往是建设单位的管理人员要比监理人员多或管理层次多，对监理工作干涉多，并插手监理人员应做的具体工作；二是不把合同中规定的权力交给监理单位，致使总监理工程师有职无权，发挥不了作用；三是不讲究科学，项目科学管理意识差，在项目目标确定上压工期、压造价，在项目进行过程中变更多或时效不按要求，给监理工作的质量、进度、投资控制带来困难。因此，与建设单位的协调是监理工作的重点和难点。

监理工程师可以从以下几方面加强与建设单位的协调工作：

（1）监理工程师首先要理解项目总目标、理解建设单位的意图。对于未能参加项目决策过程的监理工程师，必须了解项目构思的基础、起因、出发点，了解决策背景，否则可能对监理目标及完成任务有不完整的理解，会给他的工作造成很大的困难，所以，必须花大力气来研究建设单位，研究项目目标。

（2）利用工作之便做好监理宣传工作，增进建设单位对监理的理解，特别是对项目管理各方职责及监理程序的理解；主动帮助建设单位处理项目中的事务性工作，以自己规范化、标准化、制度化的工作去影响和促进双方工作的协调的一致。

（3）尊重建设单位，尊重建设单位代表，让建设单位一起投入项目全过程。尽管有预定的目标，但项目实施必须尊重建设单位的意见，使建设单位满意，对建设单位提出的某些不适当的要求，应利用适当时机，采取适当方式加以说明或解释；对于原则性问题，可采取书面报告等方式说明原委，尽量避免发生误解，以使项目进行顺利。

9.3.3 与承包单位的协调

监理工程师依据工程委托监理合同对工程项目实施建设监理，对承包单位的工程行为进行监督管理。

（1）坚持原则，实事求是，严格按规范、规程办事，讲究科学态度。监理工程师在观念上应该认为自己是提供监理服务，尽量少的对承包单位行使处罚权，或经常以处罚威胁，应强调项目总目标和各方面利益的一致性；监理工程师应鼓励承包单位汇报项目实施状况、实施结果和遇到的困难和意见，以寻找对目标控制可能的干扰，双方了解得越多越深刻，监理工作中的对抗和争执就越少。

（2）协调不仅是方法问题、技术问题，更多的是语言艺术、感情交流和用权适度问题。尽管协调意见是正确的，但由于方式或表达不妥，也会激化矛盾。而高超的协调能力则往往起到事半功倍的效果，令各方面都满意。

（3）协调的形式可采取口头交流、会议制度和监理书面通知等。监理内容包括见证、旁站、巡视和平行检验等工作，监理工程师应树立寓监于帮的观念，努力树立良好的监理形象，加强对施工方案的预先审核，对可能发生的问题和处罚可事前口头提醒，督促改进。

工地会议是施工阶段组织协调工作的一种重要形式，监理工程师通过工地会议对工作进行协调检查，并落实下阶段的任务。因此，要充分利用工地会议形式。工地会议分第一次工地会议、工地例会、现场协调会三种形式。工地例会由总监理工程师主持，会议后应及时整理成纪要或备忘录。

（4）施工阶段的协调工作内容

施工阶段的协调工作，包括解决进度、质量、中间计量与支付的签证、合同纠纷等一系列问题。

1）处理好与承包单位项目经理的关系。从某种意义上来理解，监理工程师与项目经理的关系是一种"合作者"的关系，因为大家的目的都是为了建设好工程。由于所处位置不同，利益也不一样。监理工程师和项目经理双方在项目建设初期，都在观察对方，寻求配合途径。对监理工程师来说，此时要认真研究项目经理，观察项目经理的工作能力，以便判断值得给对方多大程度的信赖，从而制定一个相应的控制管理办法。

从承包单位项目经理及其工地工程师的角度来说，他们最希望监理工程师是公正的、通情达理并容易理解别人的；他们希望从监理工程师处得到明确而不是含糊的指示，并且能够对他们所询问的问题给予及时的答复；他们希望监理工程师的指示能够发出在他们工作之前，而不是在他们工作之后。这些心理现象，作为监理工程师来说，应该非常清楚。项目经理和他的工程师可能最反感本本主义者以及工作方法僵硬的监理工程师。一个懂得坚持原则，又善于理解承包单位项目经理的意见，工作方法灵活，随时可能提出或愿意接受变通办法的监理工程师肯定是受到欢迎的。

2）进度问题的协调。对于进度问题的协调，应考虑到影响进度因素错综复杂，协调工作也十分复杂。实践证明，有两项协调工作很有效：一是建设单位和承包单位双方共同商定一级网络计划，并由双方主要负责人签字，作为工程承包合同的附件；二是设立提前竣工奖，由监理工程师按一级网络计划节点考核，分期预付工程工期奖，如果整个工程最终不能保证工期，由建设单位从工程款中将预付工期奖扣回并按合同规定予以罚款。

3）质量问题的协调。质量控制是监理合同中最主要的工作内容，按照工程质量验收标准，实行监理工程师质量签字认可制度。对没有出厂证明、不符合使用要求的工程主要材料、半成品、成品、建筑构配件、器具和设备不准使用；对工序和工序交接实行报验签证；对不合格的工程部位不予验收签字，也不予计算工程量，不予支付进度款。在工程项目进行过程中，设计变更或工程项目的增减是经常出现的，有些是合同签定时无法预料的和明确规定的。对于这种变更，监理工程师要仔细认真研究，合理计算价格，与有关部门充分协商，达成一致意见，并实行监理工程师签证制度。

4）关于对承包单位的处罚。在施工现场，监理工程师对承包单位的某些违约行为进行处罚是一件很慎重而又难免的事情。每当发现承包单位采用一种不适当的方法进行施工，或是用了不符合合同规定的材料时，监理工程师除了立即给予制止外，可能还要采取相应的处理措施。遇到这种情况，监理工程师应该考虑的是自己的处罚意见是否是本身权限以内的，根据合同要求，自己应该怎么做等。对于施工承包合同中的处罚条款，监理工程师应该十分熟悉，这样当他签署一份指令时，便不会出现失误，给自己的工作造成被动。在发现缺陷并需要采取措施时，监理工程师必须立即通知承包单位，监理工程师要有时间期限的概念，否则承包单位有权认为监理工程师是满意或认可的。

监理工程师最担心的可能是工程总进度和质量要受到影响。有时，监理工程师会发现，承包单位的项目经理或某个工地工程师是不称职的，可能由于他们的失职，监理工程师看着承包单位耗费资金和时间，工程却没什么进展，而自己的建议有未得到采纳，此时明智的做法是继续观察一段时间，待掌握足够的证据时，总监理工程师可以正式向承包单位发出警告。万不得已时，总监理工程师有权要求撤换项目经理或工地工程师。

5）合同争议的协调。对于工程中的合同纠纷，监理工程师应首先协商解决，协商不成时才向合同管理机关申请调解，只有当对方严重违约而使自己的利益受到重大损失而不能得到补偿时才采用仲裁或诉讼手段。如果遇到非常棘手的合同纠纷问题，不妨暂时搁置等待时机，另谋良策。

6）处理好人际关系。在监理过程中，监理工程师及其他工作人员处于一种十分特殊的位置。一方面，建设单位希望得到真实、独立、专业的高质量服务；另一方面，承包单位则希望监理单位能对合同条件有一公正的解释。因此，监理工程师及其他工作人员必须善于处理各种人际关系，既要严格遵守职业道德，礼貌而坚决地拒收任何礼物、免费服务、减价物品等，以保证行为的公正性，又能利用各种机会增进与各方面人员的友谊与合作，以利于工程的进展。否则，稍有疏忽，便有可能引起建设单位或承包单位对其可信赖程度的怀疑和动摇。

9.3.4 与设计单位的协调

设计单位为工程项目建设提供图纸，作出工程概算，以及修改设计等工作，是工程项目主要相关单位之一。监理单位必须协调设计单位的工作，以加快工程进度，确保质量，降低消耗。

（1）真诚尊重设计单位的意见，例如组织设计单位向承包单位介绍工程概况、设计意图、技术要求、施工难点等；在图纸会审时请设计单位交底，明确技术要求，把标准过高、设计遗漏、图纸差错等问题解决在施工之前；施工阶段，严格按图施工；结构工程验收、专业工程验收、竣工验收等工作，约请设计代表参加。若发生质量事故，认真听取设计单位的处理意见。

（2）主动向设计单位介绍工程进展情况，以便促使他们按合同规定或提前出图。施工中，发现设计问题，应及时主动向设计单位提出，以免造成大的直接损失；若监理单位掌握比原设计更先进的新技术、新工艺、新材料、新结构、新设备时，可主动向设计单位推荐。为使设计单位有修改设计的余地而不影响施工进度，可与设计单位达成协议，限定一个期限，争取设计单位、承包单位的理解和配合，如果逾期设计单位要对由此而造成的经济损失负责。

（3）协调的结果要注意信息传递的及时性和程序性，通过监理工程师联系单或设计变更通知单传递，要按设计单位（经建设单位同意）—监理单位—承包单位之间的方式进行。

这里要注意的是，监理单位与设计单位都是由建设单位委托进行工作的，两者间并没有合同关系，所以监理单位主要是和设计单位做好交流工作，协调要靠建设单位的支持。建筑工程监理的核心任务之一是使建筑工程的质量、安全得到保障，而设计单位应就其设计质量对建设单位负责，因此《建筑法》中指出：工程监理人员发现工程设计不符合建筑工程质量标准或者合同约定的质量要求的，应当报告建设单位要求设计单位改正。

9.3.5 与政府部门及其他单位的协调

一个工程项目的开展还存在政府部门及其他单位的影响，如政府部门、金融组织、社会团体、服务单位、新闻媒介等，对工程项目起着一定的或决定性的控制、监督、支持、帮助作用，这层关系若协调不好，工程项目实施也可能严重受阻。

1. 与政府部门的协调

（1）工程质量监督站是由政府授权的工程质量监督的实施机构，对委托监理的工程，质量监督站主要是核查勘察设计、施工承包单位和监理单位的资质，监督项目管理程序和抽样检验。监理单位在进行工程质量控制和质量问题处理时，要做好与工程质量监督站的交流和协调，当参加验收各方对工程质量验收意见不一时，可请当地建设行政主管部门或工程质量监督机构协调处理。

（2）重大质量、安全事故，在配合承包单位采取急救、补救措施的同时，应敦促承包单位立即向政府有关部门报告情况，接受检查和处理。

（3）工程合同直接送公证机关公证，并报政府建设管理部门备案；征地、拆迁、移民要争取政府有关部门支持和协调；现场消防设施的配置，宜请消防部门检查认可；施工中还要注意防止环境污染，特别是防止噪声污染，坚持做到文明施工，要敦促承包单位和周围单位搞好协调。

2. 协调与社会团体的关系

一些大中型工程项目建成后，不仅会给建设单位带来效益，还会给该地区的经济发展带来好处，同时给当地人民生活带来方便，因此必然会引起社会各界关注。建设单位和监理单位应把握机会，争取社会各界对工程建设的关心和支持。这是一种争取良好社会环境的协调。

对本部分的协调工作，从组织协调的范围看是属于远外层的管理，监理单位有组织协调的主持权，但重要协调事项应当事先向建设单位报告。根据目前的工程监理实践，对外部环境协调，建设单位负责主持，监理单位主要是针对一些技术性工作协调。如建设单位和监理单位对此有分歧，可在委托监理合同中详细注明。

9.4 组织协调的方法

组织协调工作涉及面广，受主观和客观因素影响较大。所以监理工程师知识面要宽，要有较强的工作能力，能够因地制宜、因时制宜处理问题，这样才能保证监理工作顺利进行。组织协调的方法主要有以下内容：

9.4.1 第一次工地会议

第一次工地会议由建设单位主持召开，建设单位、承包单位和监理单位的授权代表必须参加出席会议，各方将在工程项目中担任主要职务的负责人及高级人员也应参加。第一次工地会议很重要，是项目开展前的宣传通报会。

第一次工地会议应包括以下主要内容：

1. 建设单位、承包单位和监理单位分别介绍各自驻现场的组织机构、人员及其分工

（1）各方通报自己的单位正式名称、地址、通信方式。

（2）建设单位或建设单位代表介绍建设单位的办事机构、职责、主要人员名单，并就有关办公事项做出说明。

（3）总监理工程师宣布其授权的代表的职权，并将授权的有关文件交承包单位与建设单位。并宣布监理机构、主要人员及职责范围、组织机构框图、职责范围及全体人员名单，并交建设单位与承包单位。

（4）承包单位书面提出现场代表授权书、主要人员名单、职能机构框图、职责范围及有关人员的资质材料以获得监理工程师的批准。

2. 建设单位根据委托监理合同宣布对总监理工程师的授权

3. 建设单位介绍工程开工准备情况

4. 承包单位介绍施工准备情况

5. 建设单位和总监理工程师对施工准备情况提出意见和要求

（1）宣布承包单位的进度计划

承包单位的进度计划应在中标后，合同规定的时限提交监理工程师，监理工程师可于第一次工地会议对进度计划做出说明：

1）进度计划将于何时批准，或哪些分项工程已获批准。

2）根据批准或将要批准的进度计划，承包单位何时可以开始进行哪些工程施工。

3）有哪些重要或复杂的分项工程还应补充详细的进度计划。

（2）检查承包单位的开工准备

1）主要人员是否进场，并提交进场人员名单。

2）用于工程的材料、机械、仪器和其他设施是否进场或何时进场，并提交清单。

3）施工场地、临时工程建设进展情况。

4）工地实验室及设备是否安装就绪，并提交试验人员及设备清单。

5）施工测量的基础资料是否复核。

6）履约保证金及各种保险是否已办理，并应提交已办手续的副本。

7）为监理工程师提供的各种设施是否具备，并应提交清单。

8）检查其他与开工条件有关的内容及事项。

6. 总监理工程师介绍监理规划的主要内容

监理规划是项目监理机构现场监理工作的指导性文件，总监理工程师可将监理规划中和建设单位、承包单位有关的部分以书面形式进行交流，并作出初步解释。

7. 研究确定各方在施工过程中参加工地例会的主要人员，召开工地例会周期、地点及主要议题

第一次工地会议纪要应由项目监理机构负责起草，并经与会各方代表会签。

9.4.2 工地例会

项目实施期间应定期举行工地例会，会议由总监理工程师主持，参加者有总监理工程师代表及有关监理人员、承包单位的授权代表及有关人员、建设单位代表及其有关人员。工地例会召开的时间根据工程进展情况安排，一般有周、旬、半月和月度例会等几种。工程监理中的许多信息和决定是在工地例会上产生和决定的，协调工作大部分也是在此进行的，因此开好工地例会是工程监理的一项重要工作。

工地会议决定同其他发出的各种指令性文件一样，具有等效作用，会议纪要应由项目监理机构负责起草，并经与会各方代表会签。因此，工地例会的会议纪要是一个很重要的文件。会议纪要是监理工作指令文件的一种，要求纪录应真实、准确；当会议上对有关问题有不同意见时，监理工程师应站在公正的立场上作出决定；但对一些比较复杂的技术问题或难度较大的问题，不宜在工地例会上详细研究讨论，可以由监理工程师作出决定，另行安排专题会议研究。

工地例会由于定期召开，一般均按照一个标准的会议议程进行，主要是对进度、质量、投资的执行情况进行全面检查；交流信息；并提出对有关问题的处理意见以及今后工

作中应采取的措施。此外，还要讨论延期、索赔及其他事项。

工地例会应包括以下主要内容：

1．检查上次例会议定事项的落实情况，分析未完事项原因

（1）主持人请所有出席者对上次会议记录不准确或不清楚之处提出问题。

（2）对所有的修改意见均应讨论，如果意见合理，便应采纳并修改记录。

（3）这类修改应列入本次会议记录。

（4）未列入本次会议记录，则上次会议记录就被视为已经获取所有各方的同意。

2．检查分析工程项目进度计划完成情况，提出下一阶段进度目标及其落实措施

（1）承包单位投入人力情况

1）工地人员是否与计划相符。

2）出勤情况分析，有无缺员而影响进度。

3）各专业技术人员的配备是否充足。

4）如果人员不足，承包单位采取什么措施，这些措施能否满足要求。

（2）承包单位投入的设备情况

1）施工设备与承包单位提供的技术方案或操作工艺方案要求是否相符。

2）施工机械运转状态是否良好。

3）设备维修设施能否适应需要。

4）备用的配件是否充分，能否满足需要。

5）设备能否满足工程进度要求。

6）设备利用情况是否令人满意。

7）如发现设备方面的问题，承包单位采取什么措施，这些措施能否满足要求。

（3）进度分析

1）审核所有主要工程部分的进展情况。

2）影响工程进度的主要问题。

3）对采取的措施进行分析。

4）对下一个报告期的进度计划进行预测。

5）完成进度的主要措施。

3．检查分析工程项目质量状况，针对存在的质量问题提出改进措施

（1）材料质量与供应情况：

1）必需用材的质量与输送供应情况。

2）材料质量令人满意的证据。

3）材料的分类堆放与保管情况。

（2）技术事宜

1）工程质量能否达到设计要求。

2）工程测量问题。

3）承包单位所需的增补图纸。

4）放线问题。

5）能否同意所用的工程计量方法。

6）额外工程的规范。

7）预防天气变化的措施。

8）施工中对公用设施干扰的处理措施。

9）混凝土的拌和、试验。

10）对承包单位所遇到的技术性问题，如何采取补救方案。

4. 检查工程量核定及工程款支付情况

1）月付款证书。

2）工地材料预付款。

3）价格调整的处理。

4）工程计量记录与核实。

5）工程变更令。

6）计日工支付记录。

7）现金周转问题。

8）违约罚金。

5. 解决需要协调的有关事项

（1）行政管理事项

1）工地移交状况。

2）与工地其他承包单位的协调。

3）监理工程师与承包单位在各层次的沟通，如要求检验、交工申请等。

4）承包单位的保险。

5）与公共交通、公共设施部门的关系。

6）安全状况。

7）天气记录。

（2）索赔

1）延期索赔的要求。

2）费用索赔的要求。

3）会议记录应记载：承包单位是否打算提出索赔要求，已经提出哪些索赔要求，监理工程师回复情况等。

6. 其他有关事宜

工地例会举行次数较多，要防止流于形式。监理工程师可根据工程进展情况确定分阶段的例会协调要点，保证监理目标控制的需要。例如：对于建筑工程，基础施工阶段主要是交流支护结构、桩基础工程、地下室施工及防水等工作质量监控情况；主体阶段主要是质量、进度、文明生产情况；装饰阶段主要是考虑土建、水电、装饰等多工种协作问题及围绕质量目标进行工程预验收、竣工验收等内容。对例会要点进行预先筹划，使会议内容丰富，针对性强，可以真正发挥协调的作用。

9.4.3 专题现场协调会

对于一些工程中的重大问题，以及不宜在工地例会上解决的问题，根据工程施工需要，可召开有相关人员参加的现场协调会，如设计交底、施工方案或施工组织设计审查、材料供应、复杂技术问题的研讨、重大工程质量事故的分析和处理、工程延期、费用索赔等进行协调，提出解决办法，并要求各方及时落实。

专题会议一般由总监理工程师提出，或由承包单位提出后，由总监理工程师及时组织召开。

参加专题会议的人员应根据会议的内容确定，除建设单位、承包单位和监理单位的有关人员外，还可以要邀请设计人员和有关部门人员参加。

由于专题会议研究的问题重大，又较复杂，因此会前应与有关单位一起，作好充分的准备，如进行调查、收集资料，以便介绍情况。有时为了使协调会达到更好的共识，避免在会议上形成冲突或僵局，或为了更快地达成一致，可以先将议程打印发给各位参加者，并可以就议程与一些主要人员进行预先磋商，这样才能在有限的时间内，让有关人员充分地研究并得出结论。会议过程中，主持人应能驾驭会议局势，防止不正常的干扰影响会议的正常秩序。应善于发现和抓住有价值的问题，集思广益，补充解决方案。应通过沟通和协调，使大家意见一致，使会议富有成效。会议的目的是使大家取得协调一致，同时要争取各方面心悦诚服地接受协调，并以积极的态度完成工作。对于专题会议，应有会议记录和会议纪要，并作为监理工程师发出的相关指令文件的附件或存档备查的文件。

9.4.4 监理文件

监理工程师组织协调的方法除上述会议制度外，还可以通过一系列书面文件进行，监理书面文件形式可根据工程情况和监理要求制定。建设工程监理规范中列出了施工阶段监理工作的基本表式，对这些监理工作的基本表式，各监理机构可结合工程实际进行适当补充或调整，使之满足监理组织协调和监理工作的需要。

1. 建设工程监理规范中的施工阶段监理工作的基本表式

施工阶段监理工作的基本表式分为三类（见附录），可以一表多用。对于工程质量用表，由于各行业各部门的专业要求不同，已各自形成比较完整、系统的表式，各类工程的质量检验及评定均有相应的技术标准，质量检查及验收应按相关标准的要求办理。如果没有相应的表式，工程开工前，项目监理机构应与建设单位、承包单位进行协商，根据工程特点、质量标准、竣工及归档组卷要求协商一致后，制定相应的表式。

2. 江苏省制订的施工阶段监理现场用表示范表式

江苏省建设厅制订的建设工程施工阶段监理现场用表分为 A、B、C 三大类，内容更为具体，经过几年的监理工作实践，形成了目前使用的监理工作文件（第三版）。

(1)《江苏省建设工程施工阶段监理现场用表》（以下简称《监理现场用表》）是江苏省建设厅根据国家《建设工程监理规范》（GB 50319—2000）和《建筑工程施工质量验收统一标准》（GB 50300—2001），结合工程实际的基础上研究制定的。《监理现场用表》分为 A（承包单位用表、18 种）、B（监理单位用表、13 种）、C（建设单位用表、2 种）三大类，共计 33 种用表。凡在江苏省境内实施监理的建设工程，均必须统一使用本《监理现场用表》，并作为工程竣工验收的依据。《监理现场用表》的使用同时作为监理工作检查的依据。

(2)《监理现场用表》作为建设工程档案资料，在工程竣工后由监理单位移交一套给建设单位统一归档。《监理现场用表》各表式有关内容的填写应符合《建设工程文件归档整理规范》（GB 50328—2001）的要求，各表式所要求填写的份数由项目总监理工程师根据建设工程文件归档要求、结合工程实际情况确定。

（3）项目监理机构应在项目开工前就本《监理现场用表》的使用对承包单位、建设单位进行交底，使承包单位、建设单位明确本《监理现场用表》的使用要求。

（4）各方处理时限应在表式规定的时间内完成，表式没有时间规定的、或者表式规定时间与已签订的《建设工程施工合同》不一致的，应在已签订的《建设工程施工合同》有关条款约定的时间内完成，否则视为认同或放弃。

（5）《监理现场用表》各表的编号："—"号前填写所报验选项的数码代号，当报验的内容不在列出的选项中时，可在预留的"□"后自行填加，数码代号顺延。"—"号后的编码由项目监理机构和承包单位在项目开工前根据项目的建设规模、性质和特点共同商议确定，编码应遵循科学、规范的原则，有利于资料的归档整理和查找；中小型、较为简单的项目，"—"号后的编码可直接为相应选项报验次数的自然序号。

（6）各表式中相关人员的签字栏均必须由具有相应职责的人员本人签字，否则必须有书面委托书，且仅当其临时不在现场时方可。设有总监理工程师代表的，总监理工程师代表应根据《建设工程监理规范》的规定、在总监理工程师书面授权的职责范围内，在相关签字栏签字。

（7）A类表：该类表是承包单位就现场工作报请项目监理机构核验的申报用表，或为承包单位报告项目监理机构有关工程事项的申请用表。

1）A1 工程开工报审表：该表为承包单位在所有开工准备工作完成之后，向项目监理机构申请工程开工的用表。分包工程的开工也使用此表办理报批手续。如整个项目一次开工，只填报一次；如项目涉及较多单位工程，且开工时间不同，则每个单位工程开工都应填报一次。项目监理机构应根据工程施工合同、按照表中的内容检查是否具备开工条件。工程开工日期一般应为工程施工合同中约定的开工日期，如承包单位申报的开工日期与工程施工合同中约定的日期不一致，总监理工程师应与建设单位协商取得一致意见后签署监理审核意见。

2）A2.1 工程进度计划报审表：该表为承包单位向项目监理机构报审工程总进度计划、月进度计划和其他阶段性进度计划的用表。项目监理机构应按表中所列附件内容，要求承包单位提交有关资料。

3）A2.2 延长工期报审表：该表为承包单位在施工过程中向项目监理机构报审延长工期申请的用表。对工程最终延长工期天数，项目监理机构应进行最终的分析和计算，并形成工程最终延长工期天数的监理审核意见。

4）A3.1 施工组织设计/方案报审表：该表为承包单位向项目监理机构报审施工组织设计或施工方案的用表。承包单位申报的施工组织设计必须经其企业技术负责人审批，且签字盖章齐全。对重点部位、特殊工程必须报施工方案。项目监理机构审批时，必须有各专业监理工程师的审查意见。

5）A3.2 材料（构配件）、设备进场使用报验单：该表为承包单位向项目监理机构报验工程材料（构配件）、设备进场使用的用表。对承包单位申报的材料（构配件）、设备的质量保证资料，项目监理机构须核对其原件，并要求承包单位在提交给项目监理机构的复印件上注明质保资料原件存放单位（其上加盖项目经理部章）。

6）A3.3 工序质量报验单：该表为承包单位报请项目监理机构对工序质量进行验收的用表。表中监理抽查数据及情况记录由项目监理机构现场检查人员填写。表中"检查人"一栏，监理员有权签字。

7）A3.3 工序质量报验单（通用）：该表用于"A3.3工序质量报验单"表不适用的其他专业工程的工序质量报验。

8）A3.4 分包单位资格报审表：该表为承包单位报请项目监理机构对分包单位的资格进行审查的用表。承包单位应提供的报审资料包括：分包单位的企业法人营业执照、资质证书、人员资质证明、机具装备情况、业绩等有关资料。

9）A3.5 施工测量报验单：该表为承包单位报请项目监理机构对施工测量进行验收的用表。项目监理机构必须对报验内容进行复核，并填写复核记录。

10）A3.6 混凝土浇筑报审表：该表为承包单位在完成土建、安装工序质量报验和做好混凝土浇筑前的准备工作后，在计划浇筑时间前4小时报请项目监理机构检查、批准的用表。

11）A4.1 工程计量报审表：该表为承包单位报请项目监理机构对已完成的合格工程量进行审核的用表。项目监理机构仅对承包单位完成的合格工程量予以计量，不合格工程量不予计量。

12）A4.2 工程费用索赔报审表：该表为承包单位报请项目监理机构审核工程费用索赔事项的用表。项目监理机构应根据施工合同的约定，在与建设单位协商后，签署监理审核意见。

13）A4.3 工程款支付申请表：该表为承包单位按"A4.1工程计量报审表"确认的合格工程量和根据合同规定应获得款项，向项目监理机构提出工程款支付申请的用表。总监理工程师按合同规定扣除应扣款，确定应付款金额后，签署"B8工程款支付证书"。建设单位根据监理意见进行付款。

14）A5 监理工程师通知回复单（类）：该表为承包单位在收到"B2监理工程师通知单"后，在规定时间内完成相关工作、报请项目监理机构进行复查的用表。项目监理机构应及时复查并签署审核意见。

15）A6 工程复工报审表：该表为承包单位在收到"B1工程暂停令"后，在规定时间内完成有关整改工作、报请项目监理机构进行核查的用表。项目监理机构应及时核查并签署审核意见。

16）A7 工程竣工报验单：该表为承包单位已按工程施工合同约定、完成设计文件所要求的施工内容后，向项目监理机构提出工程竣工验收申请的用表。承包单位报请竣工验收的工程内容如有缺项，必须有建设单位的书面通知。项目监理机构应要求承包单位提供完整的工程竣工资料。

17）A8 承包单位通用报审表：该表为承包单位向项目监理机构报审A类表中其他表所未能包括的事项的用表。

18）A9 工程变更单：该表为承包单位向项目监理机构提出工程变更申请的用表。本工程变更单须经项目监理机构、建设单位、设计单位签署一致意见后方可作为施工依据。

（8）B类表：该类表是项目监理机构的工作用表。

1）B1 工程暂停令：该表为总监对承包单位下达工程暂停指令的用表。

2）B2 监理工程师通知单（类）：该表为项目监理机构通知承包单位应执行的、除工程暂停以外的其他有关事项的用表。监理工程师通知单中应注明承包单位完成应执行事项的时限、是否要求承包单位书面回复和书面回复的时限等要求。

3）B3　监理工程师联系单：该表为项目监理机构就工程有关事项与工程参建各方进行联络或回复的用表。

4）B4　监理工程师备忘录：该表为项目监理机构就有关建议未被建设单位采纳或监理工程师通知单的应执行事项承包单位未予执行的最终书面说明，可抄报有关上级主管部门。

5）B5　监理月报：监理月报为项目监理机构按月向建设单位提交的、反映在本报告期内工程实施情况的书面报告。监理月报每月月底提出，报告期为上月26日至本月25日。项目监理机构可根据工程特点增加图表、图片等内容。表格各栏不够填写的，可增加附页。

6）B6　会议纪要：该表为工地例会会议（B61）、专题会议（B62）和项目监理机构内部会议（B63）的纪要用表。参加会议的单位、人员与会时应签名，会议主要内容及结论见附页。

7）B7　监理日记：该表为项目监理机构详细记录当天自然情况和主要工作（监理检查内容、发现问题、处理情况及当日大事等）的用表。大中型项目宜分专业填写，总监理工程师应每天签阅监理日记。

8）B8　工程款支付证书：该表为项目监理机构收到承包单位的"A4.3　工程款支付申请表"后，对申请事项进行审核并签署意见的用表。项目监理机构将工程款支付证书递交建设单位的同时，应抄送承包单位。

9）B9　工程质量评估报告：该报告为在由项目监理机构审查承包单位报送的竣工资料，组织有关单位对工程质量进行预验收，并在承包单位对预验收发现问题整改合格，总监理工程师签署工程竣工报验单的基础上提出的工程质量评估报告。报告应包括以下内容：工程概况，竣工预验收经过，竣工预验收监理结论，工程质量验收相关检查记录，竣工预验收遗留的整改问题、商定的解决办法及整改复查结果，竣工预验收小组成员名单及分工等。对建筑工程，工程质量验收相关检查记录为《建筑工程施工质量验收统一标准》（GB 50300—2001）中的"表G.0.1-2 单位（子单位）工程质量控制资料核查记录"、"G.0.1-3 单位（子单位）工程安全和功能检验资料核查及主要功能抽查记录"、"G.0.1-4 单位（子单位）工程观感质量检查记录"。在建设工程监理过程中，对分部（子分部）工程、重要的分项工程，项目监理机构应及时编制相应工程的质量评估报告。

10）B10　监理工作总结：监理工作总结为工程项目全部完成后，由总监理工程师向建设单位提交的工作总结。其主要内容包括：工程概况，监理组织机构、监理人员和投入的监理设施，监理合同履行情况，监理工作成效，施工过程中出现的问题及处理情况和建议，工程照片（有必要时）。

11）B11　旁站监理记录表：该表执行建设部实施监理旁站制度规定的用表。

12）B12　监理规划：监理规划为在签定委托监理合同及收到设计文件后，项目监理机构针对项目的实际情况编制的、指导监理工作开展的纲领性文件。监理规划的编制、审核、报送等均应符合《建设工程监理规范》4.1条的规定。

13）B13　监理实施细则：对中型及以上或专业性较强的工程项目，项目监理机构应编制监理实施细则。监理实施细则的编制、审核等均应符合《建设工程监理规范》4.2 条的规定。

（9）C 类表：该类表为建设单位用表。

1）C1 建设单位工程通知单：该表为建设单位向项目监理机构发出工程通知的用表。建设单位的工程通知单均应直接发给项目监理机构，通知的内容涉及被监理单位的，由项目监理机构以监理工程师通知单发给被监理单位。项目监理机构对建设单位的指令有疑义的，应在收到本通知单后及时书面向建设单位提出。

2）C2 建设单位工程联系单：该表为建设单位就工程事项与项目监理机构进行联络及对"B3 监理联系单"有关事项进行回复的用表。

复 习 思 考 题

1. 组织协调的概念、范围及层次有哪些？
2. 监理组织内部协调包括哪些内容？
3. 与建设单位的协调有哪些内容？如何进行？
4. 与承包单位的协调有哪些内容？如何进行？
5. 与设计单位的协调有哪些内容？如何进行？
6. 组织协调的方法有哪些？
7. 施工阶段监理工作的基本表式有哪些内容？

第 10 章　工程建设监理的信息管理

本章首先介绍了监理信息的概念和特点、监理信息的内容及表现形式以及监理信息的分类与作用；其次介绍了监理信息的收集、加工整理、贮存与传递、监理资料的归档等信息管理内容；最后介绍了监理信息管理系统的概念与功能。

10.1　工程建设监理信息及其重要性

10.1.1　监理信息的概念和特点

1. 信息的概念和特征

信息是内涵和外延不断变化、发展着的一个概念。一般认为，信息是以数据形式表达的客观事实，它是对数据的解释，反映着事物和客观状态和规律。数据是人们用来反映客观世界而记录下来的可鉴别的符号，如数字、字符串等。数据本身是一个符号，只有当它经过处理、解释，对外界产生影响时才成为信息。一般地说，信息具有以下特征：①伸缩性，即扩充性和压缩性。任何一种物质或能量资源都是有限的，会越用越少，而信息资源绝大部分会在应用中得到不断地补充和扩展，永远不会耗尽用光。信息还可以进行浓缩，可以通过加工、整理、概括、归纳而使之精练。②传输扩散性。信息与物质、能量不同，不管怎样保密或封锁，总是可以通过各种传输形式到处扩散。③可识别性。信息可以通过感官直接识别，也可以通过各种测试手段间接识别。不同的信息源有不同的识别方法。④可转换存储。同一条信息可以转换成多种形态或载体而存在，如物质信息可以转换为语言文字、图像，还可以转换为计算机代码、广播、电视等信号。信息可以通过各种方法进行存储。⑤共享性。信息转让和传播出去后，原持有者仍然没有失去，并且可以使第二者，或者更多的人享用同样的信息。

2. 监理信息的概念与特点

监理信息是在整个工程建设监理过程中发生的、反映着工程建设的状态和规律的信息。它具有一般信息的特征，同时也有其本身的特点：①来源广、信息量大。在建设监理制度下，工程建设是以监理工程师为中心，项目监理组织自然成为信息生成、流入和流出的中心。监理信息来自两个方面，一是项目监理组织内部进行项目控制和管理而产生的信息，二是在实施监理的过程中，从项目监理组织外流入的信息。由于工程建设的长期性和复杂性，涉及的单位众多，使得从这两方面来的信息来源广、信息量大。②动态性强。工程建设的过程是一个动态过程，监理工程师实施的控制也是动态控制，因而大量的监理信息都是动态的，这就需要及时地收集和处理。③有一定的范围和层次。业主委托监理的范围不一样，监理信息也不一样。监理信息不等同于工程建设信息，工程建设过程中，会产生很多信息，这些信息并非都是监理信息，只有那些与监理工作有关的信息才是监理信息。不同的工程建设项目，所需的信息既有共性，又有个性。另外，不同的监理组织和监理组织的不同部门，所需的信息也不一样。

监理信息的这些特点，要求监理工程师必须加强信息管理，把信息管理作为工程建设监理的一项主要内容。监理工程师就是信息工作者，其主要工作就是收集、加工处理和使用信息来控制工程项目。

10.1.2 监理信息的表现形式及内容

监理信息的表现形式就是信息内容的载体，也就是各种各样的数据。在工程建设监理过程中，各种情况层出不穷，这些情况包含了各种各样的数据。这些数据可以是文字，可以是数字，可以是各种报表，也可以是图形、图像和声音等。

1. 文字数据

是监理信息的一种常见的表现形式。文件是最常见的用文字数据表现的信息。管理部门会下发很多文件；工程建设各方，通常规定以书面形式进行交流，即使是口头上的指令，也要在一定时间内形成书面的文字，这也会形成大量的文件。这些文件包括国家、地区、部门行业、国际组织颁布的有关工程建设的法律、法规文件，如经济合同法、政府建设监理主管部门下发的通知和规定、行业主管部门下发的通知和规定等。还包括国际、国家和行业等制定的标准规范，如合同标准、设计及施工规范、材料标准、图形符号标准、产品分类及编码标准等。具体到每一个工程项目，还包括合同及招投标文件、工程承包（分包）单位的情况资料、会议纪要、监理月报、洽商及变更资料、监理通知、隐蔽及预检记录资料等。这些文件中包含了大量的信息。

2. 数字数据

也是监理信息的常见的一种表现形式。在工程建设中，监理工作的科学性要求"用数字说话"，为了准确地说明各种工程情况，必然有大量数字数据产生，各种计算成果，各种试验检测数据，反映着工程项目的质量、投资和进度等情况。用数据表现的信息常见的有：设备与材料价格，工程概预算定额，调价指数，工期、劳动力、机械台班的施工定额，地区地质数据，项目类型及专业和主材投资的单位指标，大宗主要材料的配合数据等。具体到每个工程项目还包括：材料台账，设备台账，材料、设备检验数据，工程进度数据，进度工程量签证及付款签证数据，专业图纸数据，质量评定数据，施工人力和机械数据等。

3. 各种报表

是监理信息的另一种表现形式。工程建设各方都用这种直观的形式传播信息。承包商需要提供反映工程建设状况的多种报表。这些报表有：开工申请单、施工技术方案审报表、进场原材料报验单、进场设备报验单、施工放样报验单、分包申请单、合同外工程单价申报表、计日工单价申报表、合同工程月计量申报表、额外工程月计量申报表、人工与材料价格申报表、付款申请表、索赔申请书、索赔损失计算清单、延长工期申报表、复工申请表、事故报告单、工程验收申请单、竣工报验单等。

监理组织内部常采用规范化的表格来作为有效控制的手段。这类报表有：工程开工令、工程清单支付月报表、暂定金额支付月报表、应扣款月报表、工程变更通知、额外增加工程通知单、工程暂停指令、复工指令、现场指令、工程验收证书、工程验收记录、竣工证书等。

监理工程师向业主反映工程情况也往往用报表形式传递工程信息。这类报表有：工程质量月报表、项目月支付总表、工程进度月报表、进度计划与实际完成报表、施工计划与实际完成情况表、监理月报表、工程状况报告表等。

4. 图形、图像和声音等

这些信息包括工程项目立面、平面及功能布置图形、项目位置及项目所在区域环境实际图形或图像等，对每一个项目，还包括分专业隐检部位图形、分专业设备安装部位图形、分专业预留预埋部位图形、分专业管线平（立）面走向及跨越伸缩缝部位图形、分专业管线系统图形、质量问题和工程进度形象图象，在施工中还有设计变更图等。图形、图像信息还包括工程录像、照片等，这些信息直观、形象地反映了工程情况，特别是能有效反映隐蔽工程的情况。声音信息主要包括会议录音、电话录音以及其他的讲话录音等。

以上这些只是监理信息的一些常见形式，而且监理信息往往是这些形式的组合。了解监理信息的各种形式及其特点，有助于对信息进行收集、加工与整理。

10.1.3　建设监理信息的分类

不同的监理范畴，需要不同的信息，可按照不同的标准将监理信息进行归类划分，来满足不同监理工作的信息需求，并有效地进行管理。

监理信息的分类方法通常有以下几种：

1. 按建设监理控制目标划分

工程建设监理的目的是对工程进行有效的控制，按控制目标将信息进行分类是一种重要的分类方法。按这种方法，可将监理信息划分如下：

（1）投资控制信息，是指与投资控制直接有关的信息。属于这类信息的有一些投资标准，如类似工程造价、物价指数、概算定额、预算定额等；有工程项目计划投资的信息，如工程项目投资估算、设计概预算、合同价等；有项目进行中产生的实际投资信息，如施工阶段的支付账单、投资调整、原材料价格、机械设备台班费、人工费、运杂费等；还有对以上这些信息进行分析比较得出的信息，如投资分配信息、合同价格与投资分配的对比分析信息、实际投资与计划投资的动态比较信息、实际投资统计信息、项目投资变化预测信息等。

（2）质量控制信息，是指与质量控制直接有关的信息。属于这类信息的有与工程质量有关的标准信息，如国家有关的质量政策、质量法规、质量标准、工程项目建设标准等；有与计划工程质量有关的信息，如工程项目的合同标准信息、材料设备的合同质量信息、质量控制工作流程、质量控制的工作制度等；有项目进展中实际质量信息，如工程质量检验信息、材料的质量抽样检查信息、设备的质量检验信息、质量和安全事故信息。还有由这些信息加工后得到的信息，如质量目标的分解结果信息、质量控制的风险分析信息、工程质量统计信息、工程实际质量与质量要求及标准的对比分析信息、安全事故统计信息、安全事故预测信息等。

（3）进度控制信息，是指与进度控制直接有关的信息。这类信息有与工程进度有关的标准信息，如工程施工进度定额信息等；有与工程计划进度有关的信息，如工程项目总进度计划、进度控制的工作流程、进度控制的工作制度等。有项目进展中产生的实际进度信息；有上述信息加工后产生的信息，如工程实际进度控制的风险分析、进度目标分解信息、实际进度与计划进度对比分析、实际进度与合同进度对比分析、实际进度统计分析、进度变化预测信息等。

2. 按照工程建设不同阶段分类

（1）项目建设前期的信息。项目建设前期的信息包括可行性研究报告提供的信息、设计任务书提供的信息、勘察与测量的信息、初步设计文件的信息、招投标方面的信息等，其中大量的信息与监理工作有关。

（2）工程施工中的信息。施工中由于参加的单位多，现场情况复杂，信息量最大。其中有从业主方来的信息。业主作为工程项目建设的负责人，对工程建设中的一些重大问题不时会表达意见和看法，下达某些指令；业主对合同规定由其供应的材料、设备需提供品种、数量、质量、试验报告等资料。有承包商方面的信息，承包商作为施工的主体，必须收集和掌握施工现场大量的信息，其中包括经常向有关方面发出的各种文件，向监理工程师报送的各种文件、报告等。有设计方面来的信息，如设计合同及供图协议发送的施工图纸，在施工中发出的为满足设计意图对施工的各种要求，根据实际情况对设计进行的调查和个性等。项目监理内部也会产生许多信息，有直接从施工现场获得有关投资、质量、进度和合同管理方面的信息，还有经过分析整理后对各种问题的处理意见等。还有来自其他部门如政府、环保部门、交通部门等部门的信息。

（3）工程竣工阶段的信息

在工程竣工阶段，需要大量的竣工验收资料，其中包含了大量的信息，这些信息一部分是在整个施工过程中，长期积累形成的，一部分是在竣工验收期间，根据积累的资料整理分析而形成的。

3. 按照监理信息的来源划分

（1）来自工程项目监理组织的信息：如监理的记录、各种监理报表、工地会议纪要、各种指令、监理试验检测报告等。

（2）来自承包商的信息：如开工申请报告、质量事故报告、形象进度报告、索赔报告等。

（3）来自业主的信息：如业主对各种报告的批复意见等。

（4）来自其他部门的信息：如政府有关文件、市场价格、物价指数、气象资料等。

4. 其他的一些分类方法

（1）按照信息范围的不同，把建设监理信息分为精细的信息和摘要的信息两类。

（2）按照信息时间的不同，把建设监理信息分为历史性的信息和预测性的信息两类。

（3）按照监理阶段的不同，把建设监理信息分为计划的、作业的、核算的及报告的信息。在监理工作开始时，要有计划的信息，在监理过程中，要有作业的和核算的信息，在某一工程项目的监理工作结束时，要有报告的信息。

（4）按照对信息的期待性不同，把建设监理信息分为预知的和突发的信息两类。

（5）按照信息的性质不同，把建设监理信息划分为生产信息、技术信息、经济信息和资源信息

（6）按照信息的稳定程度划分固定信息和流动信息等。

10.1.4 建设监理信息的作用

监理工程师是信息工作者，他生产的是信息，使用和处理的都是信息，主要体现监理成果的也是各种信息。建设监理信息对监理工程师开展监理工作，对监理工程师进行决策具有重要的作用。

1. 信息是监理工程师开展监理工作的基础

（1）建设监理信息是监理工程师实施目标控制的基础：工程建设监理的目标是按计划的投资、质量和进度完成工程项目建设。建设监理目标控制系统内部各要素之间、系统和环境之间都靠信息进行联系；信息贯穿在目标控制的环节性工作之中，投入过程包括信息的投入，转换过程是产生工程状况、环境变化等信息的过程，反馈过程则主要是这些信息的反馈，对比过程是将反馈的信息与已知的信息进行比较，并判断产生是否有偏差的信息，纠正过程则是信息的应用过程；主动控制和被动控制也都是以信息为基础；至于目标控制的前提工作--组织和规划，也离不开信息。

（2）建设监理信息是监理工程师进行合同管理的基础：监理工程师的中心工作是进行合同管理。这就需要充分地掌握合同信息，熟悉合同内容，掌握合同双方所应承担的权力、义务和责任；为了掌握合同双方履行合同的情况，必须在监理工作时收集各种信息；对合同出现的争议，必须在大量的信息基础上作出判断和处理；对合同的索赔，需要审查判断索赔的依据，分清责任原因，确定索赔数额，这些工作都必须以自己掌握的大量准确的信息为基础。监理信息是合同管理的基础。

（3）建设监理信息是监理工程师进行组织协调的基础：工程项目的建设是一个复杂和庞大的系统，涉及到的单位很多，需要进行大量的协调工作，监理组织内部也要进行大量的协调工作，这都要依靠大量的信息。

协调一般包括人际关系的协调、组织关系的协调和资源需求关系的协调。人际关系的协调，需要了解人员专长、能力、性格方面的信息，需要岗位职责和目标的信息，需要人员工作绩效的信息；组织关系的协调，需要组织机构设置、目标职责、权限的信息，需要开工作例会、业务碰头会、发会议纪要、采用工作流程图来沟通信息，需要在全面掌握信息的基础上及时消除工作中的矛盾和冲突；需求关系的协调，需要掌握人员、材料、设备、能源动力等资源方面的计划信息、储备情况以及现场使用情况等信息。信息是协调的基础。

2. 信息是监理工程师决策的重要依据。

监理工程师在开展监理工作时，要经常进行决策。决策是否正确，直接影响着工程项目建设总目标的实现及监理单位和监理工程师的信誉。监理工程师做出正确的决策，必须建立在及时准确的信息基础之上。没有可靠的、充分的信息作为依据，就难以作出正确的决策。例如，监理对工程质量行使否决权时，就必须对有质量问题的工程进行认真细致的调查、分析，还要进行相关的试验和检测，在掌握大量可靠信息基础是才能做出。监理工程师进行信息管理的目的，就是在此基础上做出正确的决策，对工程项目的各方面进行控制。

10.2 工程建设监理信息管理的内容

10.2.1 信息资料的收集

1. 收集监理信息的作用

在工程建设中，每时每刻都产生着大量多样的信息。但是，要得到有价值的信息，只靠自发产生的信息是远远不够的，还必须根据需要进行有目的、有组织、有计划地收集，才能提高信息质量，充分发挥信息的作用。

收集信息是运用信息的前提。各种信息一经产生，就必然会受到传输条件、人们的思想意识及各种利益关系的影响。所以，信息有真假、虚实、有用无用之分。监理工程师要取得有用的信息，必须通过各种渠道，采取各种方法收集信息，然后经过加工、筛选，从中选择出对进行决策有用的信息，没有足够的信息作依据，决策就会产生失误。

收集信息是进行信息处理的基础。信息处理是包括对已经取得的原始信息，进行分类、筛选、分析、加工、评定、编码、存贮、检索、传递的全过程。不经收集就没有进行处理的对象。信息收集工作的好坏，直接决定着信息加工处理的质量的高低。在一般情况下，如果收集到的信息时效性强、真实度高、价值大、全面系统，再经加工处理质量就更高，反之则低。

2. 收集监理信息的基本原则

（1）主动及时。监理工程师要取得对工程控制的主动权，就必须积极主动地收集信息，善于及时发现、及时取得、及时加工各类工程信息。只有工作主动，获得信息才会及时。监理工作的特点和监理信息的特点都决定了收集信息要主动及时。监理是一个动态控制的过程，实时信息量大、时效性强、稍纵即逝，工程建设又具有投资大、工期长、项目分散、管理部门多、参与建设的单位多的特点，如果不能及时得到工程中大量发生的变化极大的数据，不能及时把不同的数据传递于需要相关数据的不同单位、部门，势必影响各部门工作，影响监理工程师作出正确的判断，影响监理的质量。

（2）全面系统。监理信息贯穿在工程项目建设的各个阶段及全部过程。各类监理信息都是监理内容的反映或表现。所以，收集监理信息不能挂一漏万、以点代面，把局部当成整体，或者不考虑事物之间的联系。同时，工程建设不是杂乱无章的，而是有着内在的联系。因此，收集信息不仅要注意全面性，而且还要注意系统性和连续性。全面系统就是要求收集到的信息具有完整性，以防决策失误。

（3）真实可靠。收集信息的目的在于对工程项目进行有效的控制。由于工程建设中人们的经济利益关系，由于工程建设的复杂性和信息在传输会发生失真现象等主客观原因，难免产生不能真实反映工程建设实际情况的假信息。因此，必须严肃认真地进行收集工作，要将收集到的信息进行严格核实、检测、筛选，去伪存真。

（4）重点选择。收集信息要全面系统和完整，不等于不分主次、缓急和价值大小，胡子眉毛一把抓。必须有针对性，坚持重点收集的原则。针对性首先是指有明确的目的性或目标；其次是指有明确的信息源和信息内容；还要作到适用，即所收集信息符合监理工程的需要，能够应用并产生好的监理效果。所谓重点选择，就是根据监理工作的实际需要，根据监理的不同层次、不同部门、不同阶段对信息需求的侧重点，从大量的信息中选择使用价值大的主要信息。如业主委托施工阶段监理，则以施工阶段为重点进行收集。

3. 监理信息收集的基本方法

监理工程师主要通过各种方式的记录收集监理信息，这些记录统称为监理记录，它是与工程项目建设监理相关的各种记录资料的集合。通常可分为以下几类：

（1）现场记录

现场监理人员必须每天利用特定的表式或以日志的形式记录工地上所发生的事情。所有记录应始终保存在工地办公室，供监理工程师及其他监理人员查阅。这类记录每月由专业监理工程师整理成书面资料上报监理工程师办公室。监理人员在现场上遇到工程施工中不得不采取紧急措施而对承包商所发出的书面指令，应尽快通报上一级监理组织，以征得其确认或修改指令。

现场记录通常记录以下内容：

1）详细记录所监理工程范围内的机械、劳力的配备和使用情况。如承包人现场人员和设备的配备是否同计划所列的一致；工程质量和进度是否因某职员或某种设备不足而受到影响，受到影响的程度如何；是否缺乏专业施工人员或专业施工设备，承包商有无替代方案；承包商施工机械完好率和使用率是否令人满意；维修车间及设施情况如何，是否存储有足够的备件等。

2）记录气候及水文情况。记录每天的最高、最低气温，降雨和降雪量，风力，河流水位；记录有预报的雨、雪、台风及洪水到来之前对永久性或临时性工程所采取的保护措施；记录气候、水文的变化影响施工及造成损失的细节，如停工时间、救灾的措施和财产的损失等。

3）记录承包商每天工作范围，完成工程数量，以及开始和完成工作的时间，记录出现的技术问题，采取了怎样的措施进行处理，效果如何，能否达到技术规范的要求等。

4）简单描述工程施工中每步工序完成后的情况，如此工序是否已被认可等；详细记录缺陷的补救措施或变更情况等。在现场特别注意记录隐蔽工程的有关情况。

5）记录现场材料供应和储备情况。每一批材料的到达时间、来源、数量、质量、存储方式和材料的抽样检查等情况。

6）记录并分类保存一些必须在现场进行的试验。

（2）会议记录

由专人记录监理人员所主持的会议，并且要形成纪要，并经与会者签字确认，这些纪要将成为今后解决问题的重要依据。会议纪要应包括以下内容：会议地点及时间；出席者姓名、职务他们所代表的单位；会议中发言者的姓名及主要内容；形成的决议；决议由何人及何时执行等；未解决的问题及其原因等。

（3）计量与支付记录

包括所有计量及付款资料。应清楚地记录哪些工程进行过计量，哪些工程没有进行计量，哪些工程已经进行了支付；已同意或确定的费率和价格变更等。

（4）试验记录

除正常的试验报告外，监理试验室应由专人每天以日志形式记录试验室工作情况，包括对承包商的试验的监督、数据分析等。记录内容包括：

1）工作内容的简单叙述。如做了哪些试验，监督承包商做了哪些试验，结果如何等。

2）承包人试验人员配备情况。试验人员配备与承包商计划所列是否一致，数量和素质是否满足工作需要，增减或更换试验人员之建议。

3）对承包商试验仪器、设备配备、使用和调动情况记录，需增加新设备的建议。

4）监理试验室与承包商试验室所做同一试验，其结果有无重大差异，原因如何。

（5）工程照片和录像

以下情况，可辅以工程照片和录像进行记录：

1）科学试验：重大试验，如桩的承载试验，板、梁的试验以及科学研究试验等；新工艺、新材料的原形及为新工艺、新材料的采用所做的试验等。

　　2）工程质量：能体现高水平的建筑物的总体或分部，能体现出建筑物的宏伟、精致、美观等特色的部位；对工程质量较差的项目，指令承包商返工或须补强的工程的前后对比；能体现不同施工阶段的建筑物照片；不合格原材料的现场和清除出现场的照片。

　　3）工程进展：能证明或反证未来会引起索赔或工程延期的特征照片或录像；能向上级反映即将影响工程进展的照片。

　　4）工程试验：试验室操作及设备情况。

　　5）隐蔽工程：被覆盖前构造物的基础工程；重要项目钢筋绑扎、管道的典型照片；混凝土桩的桩头开花及桩顶混凝土的表面特征情况。

　　6）工程事故：工程事故处理现场及处理事故的状况；工程事故及处理和补强工艺，能证实保证了工程质量的照片。

　　7）监理工作：重要工序的旁站监督和验收看现场监理工作实况；参与的工地会议及参与承包商的业务讨论会，班前、工后会议；被承包商采纳的建议，证明确有经济效益及提高了施工质量的实物。

　　拍照时要采用专门登记本标明序号、拍摄时间、拍摄内容、拍摄人员等。

10.2.2　监理信息的加工整理

　　1. 监理信息加工整理的作用和原则

　　监理信息的加工整理是对收集来的大量原始信息，进行筛选、分类、排序、压缩、分析、比较、计算等过程。

　　信息的加工整理作用很大。首先，通过加工，将信息聚同分类，使之标准化、系统化。收集来的信息，往往是原始的、零乱的和独立的，信息资料的形式也可能不同，只有经过加工后，使之成为标准的、系统的信息资料，才能进入使用、存贮，以及提供检索和传递。其次，经过收集的资料，真实程度、准确程度都比较低，甚至还混有一些错误，经过对它们进行分析、比较、鉴别，乃至计算、校正，使获得的信息准确、真实。另外，原始状态的信息，一般不便于使用和存贮、检索、传递，经加工后可以使信息浓缩，以便于进行以上操作。还有，信息在加工过程中，通过对信息的综合、分解、整理、增补，可以得到更多有价值的新信息。

　　信息加工整理要本着标准化、系统化、准确性、时间性和适用性等原则进行。为了适应信息用户使用和交换，应当遵守已制定的标准，使来源和形态多样的信息标准化；要按监理信息的分类，系统、有序地加工整理，符合信息管理系统的需要；要对收集的监理信息进行校正、剔除，使之准确、真实地反映工程建设状况；要及时处理各种信息，特别是对那些时效性强的信息；要使加工后的监理信息，符合实际监理工作的需要。

　　2. 监理信息加工整理的成果——监理资料

　　监理工程师对信息进行加工整理，形成各种资料，如各种来往信函、来往文件、各种指令、会议纪要、备忘录或协议和各种工作报告等。

　　建设工程监理规范（GB 50319—2000）规定了施工阶段的监理资料应包括下列内容：施工合同文件及委托监理合同，勘察设计文件，监理规划，监理实施细则，分包单位资格报审表，设计交底与图纸会审会议纪要，施工组织设计（方案）报审表，工程开工/复工报审表及工程暂停令，测量核验资料，工程进度计划，工程材料、构配件、设备的质量证明文件，检查试验资料，工程变更资料，隐蔽工程验收资料，工程计量单和工程款支付证书，监理工程师通知单，监理工作联系单，报验申请表，会议纪要，来往函件，监理日记，监理月报，质量缺陷与事故的处理文件，分部工程、单位工程等验收资料，索赔文件资料，竣工结算审核意见书，工程项目施工阶段质量评估报告等专题报告，监理工作总结。规范同时规定，监理资料必须及时整理、真实完整、分类有序。监理资料的管理应由总监理工程师负责，并指定专人具体实施。监理资料应在各阶段监理工作结束后及时整理归档。监理档案的编制及保存应按有关规定执行。

《建设工程文件归档整理规范》（GB/T 50328—2001）规定了将来要归档的各种监理文件，分为以下十类：①监理规划：监理规划，监理实施细则，监理部总控制计划等；②监理月报中的有关质量问题；③监理会议纪要中的有关质量问题；④进度控制：工程开工/复工审批表。工程开工/复工暂停令；⑤质量控制：不合格项目通知、质量事故报告及处理意见；⑥造价控制：预付款报审与支付，月付款报审与支付，设计变更、洽商费用报审与签认，工程竣工决算审核意见书；⑦分包资质：分包单位资质材料，供货单位资质材料，试验等单位资质材料；⑧三大控制的通知：有关进度控制的监理通知，有关质量控制的监理通知，有关造价控制的监理通知；⑨合同与其他事项管理：工程延期报告及审批，费用索赔报告及审批，合同争议、违约报告及处理意见，合同变更材料；⑩监理工作总结，专题总结，月报总结，工程竣工总结，质量评价意见报告。

工作报告是最主要的监理信息加工整理成果。这些报告有：

（1）现场监理日报。是现场监理人员根据每天的现场记录加工整理而成的报告。主要包括如下内容：当天的施工内容；当天参加施工的人员（工种、数量、施工单位等）；当天施工用的机械的名称和数量等；当天发现的施工质量问题；当天的施工进度和计划进度的比较，若发生进度拖延，应说明原因；当天天气综合评语；其他说明及应注意的事项等。

（2）现场监理工程师周报。是现场监理工程师根据监理日报加工整理而成的报告，每周向项目总监理工程师汇报一周内所有发生的重大事件。

（3）监理工程师月报。是集中反映工程实况和监理工作的重要文件。监理月报应由总监理工程师组织编制，签认后报建设单位和本监理单位。大型项目的监理月报，往往由各合同或子项的总监理工程师代表组织编写，上报总监理工程师审批后报给建设单位和本监理单位。

《建设工程监理规范》（GB 50319—2000）规定施工阶段的监理月报应包括以下内容：

1）本月工程概况。

2）本月工程形象进度。

3）工程进度：本月实际完成情况与计划进度比较；对进度完成情况及采取措施效果的分析。

4）工程质量：本月工程质量情况分析；本月采取的工程质量措施及效果。

5）工程计量与工程款支付：工程量审核情况；工程款审批情况及月支付情况；工程款支付情况分析；本月采取的措施及效果。

6）合同其他事项的处理情况：工程变更；工程延期；费用索赔。

7）本月监理工作小结：对本月进度、质量、工程款支付等方面情况的综合评价；本月监理工作情况；有关本工程的意见和建议；下月监理工作的重点。

10.2.3 监理信息的贮存和传递

1. 监理信息的贮存

经过加工处理后的监理信息，按照一定的规定，记录在相应的信息载体上，并把这些记录信息的载体，按照一定特征和内容性质，组织成为系统的、有机体系的、供人们检索的集合体，这个过程，称为监理信息的贮存。

信息的贮存可汇集信息，建立信息库，有利于进行检索，可以实现监理信息资源的共享，促进监理信息的重复利用，便于信息的更新和剔除。

监理信息贮存的主要载体是文件、报告报表、图纸、音像材料等。监理信息的贮存，主要就是将这些材料按不同的类别，进行详细的登录、存放，建立资料贮存系统。该系统应简单和易于保存，但内容应足够详细，以便很快查出任何保存的资料。

2. 监理信息的传递

监理信息的传递，是指监理信息借助于一定的载体（如纸张、光盘等）从信息源传递到使用者的过程。

监理信息在传递过程中，形成各种信息流。信息流常有以下几种：①自上而下的信息流：是指由上级管理机构向下级管理机构流动的信息，上级管理机构是信息源，下级管理机构是信息的接受者。它主要是有关政策法规、合同、各种批文、各种计划信息。②自下而上的信息流：是指由下一级管理机构向上一级管理机构流动的信息，它主要是有关工程项目总目标完成情况的信息，也即投资、进度、质量、合同完成情况的信息。其中有原始信息，如实际投资、实际进度、实际质量信息，也有经过加工、处理后的信息，如投资、进度、质量对比信息等。③内部横向信息流：是指在同一级管理机构之间流动的信息。由于建设监理是以三大控制为目标，以合同管理为核心的动态控制系统，在监理过程中，三大控制和合同管理分别由不同的组织进行，由此产生各自的信息，并且相互之间又要为监理的目标进行协作而传递信息。④外部环境信息流：是指在工程项目内部与外部环境之间流动的信息。外部环境指的是气象部门、环保部门等。

为了有效地传递信息，必须使上述各信息流畅通。同时，要建立建立信息传递的登录机制。信息从哪个部门传到哪个部门，由谁经手交接，要记录在案，以备查寻。

10.2.4 监理资料的归档

1. 归档的含义

按照《建设工程文件归档整理规范》（GB/T 50328—2001）的规定，归档是指文件形成单位完成其工作任务后，将形成的文件整理立卷，按规定移交档案管理机构。做为工程建设的一方，监理也要将形成的监理文件归档，包括两个方面工作，一是将本单位在工程建设过程中形成的文件向本单位档案管理机构移交，二是将本单位在工程建设过程中形成的文件向建设单位档案管理机构移交。

2. 工程文件的基本原则和归档范围

归档范围的基本原则：对与工程建设有关的重要活动、记载工程建设主要过程和现状、具有保存价值的各种载体的文件，均应收集齐全，整理立卷后归档。

工程文件的具体归档范围应符合 GB/T 50328—2001 附录 A 的要求。

3. 归档文件的质量要求

归档的工程文件应为原件。工程文件的内容及其深度必须符合国家有关监理方面的技术规范、标准和规程。

监理文件按《建设工程监理规范》（GB 503129—2000）编制；必须符合国家有关工程监理方面的技术规范、标准和规程；工程文件应采用耐久性强的书写材料，如碳素墨水、蓝黑墨水，不得使用易褪色的书写材料，如：红色墨水、纯蓝墨水、圆珠笔、复写纸、铅笔等。工程文件应字迹清楚，图样清晰，图表整洁，签字盖章手续完备。工程文件中文字材料幅面尺寸规格宜为 A4 幅面（297mm×210mm）。图纸宜采用国家标准图幅。工程文件的纸张应采用能够长期保存的韧性大、耐久性强的纸张。图纸一般采用蓝晒图，竣工图应是新蓝图。计算机出图必须清晰，不得使用计算机出图的复印件。所有竣工图均应加盖竣工图章。

10.3　工程建设监理信息系统

10.3.1　建设监理信息系统的概念与作用

1. 建设监理信息系统的概念

信息系统，是根据详细的计划，为预先给定的定义十分明确的目标传递信息的系统。一个信息系统，通常要确定以下主要参数：

（1）传递信息的类型和数量，信息流是由上而下还是由下而上或是横向的等。

（2）信息汇总的形成：如何加工处理信息，使信息浓缩或详细化。

（3）传递信息的时间频率：什么时间传递，多长时间间隔传递一次。

（4）传递时间的路线：哪些信息通过哪些部门等。

（5）信息表达的方式：书面的、口头的还是技术的。

工程建设监理信息系统是以计算机手段，以系统的思想为依据，收集、传递、处理、分发、存储建设监理各类数据，产生信息的一个信息系统。它的目标是实现信息的系统管理与提供必要的决策支持。

工程建设监理信息系统为监理工程师提供标准化的、合理的数据来源，提供一定要求的、结构化的数据；提供预测、决策所需的信息以及数学、物理模型；提供供编制计划、修改计划、调控计划的必要科学手段及应变程序；保证对随机性问题处理时，为监理工程师提供多个可供选择的方案。

工程建设监理信息系统是信息管理部门的主要信息管理手段。

2. 监理信息系统的作用

（1）规范监理工作行为，提高监理工作标准化水平。监理工作标准化是提高监理工作质量的必由之路，监理信息系统通常是按标准监理工作程序建立的，它带来了信息的规范化、标准化，使信息的收集和处理更及时、更完整、更准确、更统一。通过应用监理信息系统，可以规范监理人员的行为。

（2）提高监理工作效率、工作质量和决策水平。监理信息系统实现办公自动化，使监理人员从简单繁琐的事务性作业中解脱出来，有更多的时间用在提高监理质量和效益方面；系统为监理人员提供有关监理工作的各项法律法规、监理案例、监理常识的咨询功能，能自动处理各种信息快速生成各种文件和报表；系统为监理单位及外部有关单位的各层次收集、传递、存贮、处理和分发各类数据和信息，使得下情上报，上情下达，左右信息交流及时、畅通，沟通了与外界的联系渠道。这些都有益于提高监理工作效率、监理质量和监理水平。系统还提供了必要的决策及预测手段，可以提高监理工程师的决策水平。

（3）便于积累监理工作经验。监理成果通过监理资料反映出来，监理信息系统能规范地存贮大量监理信息，便于监理人员随时查看工程信息资料，积累监理工作经验。

10.3.2 监理信息系统的一般构成和功能

监理信息系统一般由两部分构成，一部分是决策支持系统，它主要借助知识库及模型库的帮助，在数据库大量数据的支持下，运用知识和专家的经验来进行推理，提出监理各层次，特别是高层次决策时所需的决策方案及参考意见。另一部分是管理信息系统，它主要完成数据的收集、处理、使用及存储，产生信息提供给监理各层次、各部门和各个阶段，起沟通作用。

1. 决策支持系统的构成和功能

（1）决策支持系统的构成

决策支持系统一般由人—机对话系统、模型库管理系统、数据库管理系统、知识库管理系统和问题处理系统组成。

人—机对话系统主要是人与计算机之间交互的系统，把人们的问题变成抽象的符号，描述所要解决的问题，并把处理的结果变成人们能接受的语言输出。模型库系统给决策者提供的是推理、分析、解答问题的能力。模型库需要一个存储模型库及相应的管理系统。模型则有专用模型和通用模型，提供业务性、战术性、战略性决策所需要的各种模型，同时也能随实际情况变化、修改、更新已有模型。

模型库系统给决策者提供的是推理、分析、解答问题的能力。模型库需要一个存储模型库及相应的管理系统。模型则有专用模型和通用模型，提供业务性、战术性、战略性决策所需要的各种模型，同时也能随实际情况变化、修改、更新已有模型。

决策支持系统要求数据库有多重的来源，并经过必要的分类、归并、改变精度、数据量及一定的处理以提高信息含量。

知识库包括工程建设领域所需的一切相关决策的知识。它是人工智能的产物，主要提供问题求解的能力，知识库中的知识可以共享，并可以通过学习、授予等方法扩充及更新。

问题处理系统实际完成知识、数据、模型、方法的综合，并输出决策所必需的意见及方案。

（2）决策支持系统的功能

决策支持系统的主要功能是：

1）识别问题：判断问题的合法性，发现问题及问题的含义。

2）建立模型：建立描述问题的模型，通过模型库找到相关的标准模型或使用者在该问题基础上输入的新建模型。

3）分析处理：根据数据库提供的数据或信息，按照模型库提供的模型及知识库提供的处理该类问题的相关知识及处理方法进行分析处理。

4）模拟及择优：通过过程模拟找到决策的预期结果及多方案中的优化方案。

5）人—机对话：提供人与计算机之间的交互，一方面回答决策支持系统要求输入的补充信息及决策者主观要求；另一方面也输出决策方案及查询要求，以便作最终决策时的参考。

6）根据决策者最终决策导致的结果修改、补充模型库及知识库。

2．监理管理信息系统的构成和功能

监理工程师的主要工作是控制工程建设的投资、进度和质量，进行工程建设合同管理，协调有关单位间的工作关系。监理管理信息系统的构成应当与这些主要的工作相对应。另外，每个工程项目都有大量的公文信函，作为一个信息系统，也应对这些内容进行辅助管理。因此，监理管理信息系统一般由文档管理子系统、合同管理子系统、组织协调子系统、投资控制子系统、质量控制子系统和进度控制子系统构成。各子系统的功能如下：

（1）文档管理子系统

1）公文编辑、排版与打印。

2）公文登录、查询与统计。

3）档案的登录、修改、删除、查询与统计。

（2）合同管理子系统

1）合同结构模式的提供和选用。

2）合同文件的录入、修改、删除。

3）合同文件的分类查询和统计。

4）合同执行情况跟踪和处理过程的记录。

5）工程变更指令的录入、修改、查询、删除。

6）经济法规、规范标准、通用合同文本的查询。

（3）组织协调子系统

1）工程建设相关单位查询。

2）协调记录。

（4）投资控制子系统

1）原始数据的录入、修改、查询。

2）投资分配分析。

3）投资分配与项目概算及预算的对比分析。

4）合同价格与投资分配、概算、预算的对比分析。

5）实际投资支出的统计分析。

6）实际投资与计划投资（预算、合同价）的动态比较。

7）项目投资计划的调整。

8）项目结算与预算、合同价的对比分析。

9）各种投资报表。

（5）质量控制子系统

1）质量标准的录入、修改、查询、删除。

2）已完工程质量与质量要求、标准的比较分析。

3）工程实际质量与质量要求、标准的比较分析。

4）已完工程质量验收记录的录入、查询、修改、删除。

214

5）质量安全事故记录的录入、查询、统计分析。

6）质量安全事故的预测分析。

7）各种工程质量报表。

（6）进度控制子系统

1）原始数据的录入、修改、查询。

2）编制网络计划和多级网络计划。

3）各级网络计划间的协调分析。

4）绘制网络图及横道图。

5）工程实际进度的统计分析。

6）工程进度变化趋势预测。

7）计划进度的调整。

8）实际进度与计划进度的动态比较。

9）各种工程进度报表。

目前，国内外开发的各种计算机辅助项目管理软件系统，多以管理信息系统为主。这些计算机辅助系统，是有效地开展监理工作的强大工具。

<h2 style="text-align:center">复 习 思 考 题</h2>

1. 常见的监理信息有哪些形式？

2. 监理信息有哪些重要作用？

3. 监理信息管理有哪些主要内容？

4. 归档整理的监理文件有哪些？其质量要求如何？

5. 监理信息管理系统的一般构成和功能如何？

附录　施工阶段监理工作的基本表式

A 类表（承包单位用表）

A1　工程开工/复工报审表

A2　施工组织设计（方案）报审表

A3　分包单位资格报审表

A4　＿＿＿＿＿＿＿＿报验申请表

A5　工程款支付申请表

A6　监理工程师通知回复单

A7　工程临时延期申请表

A8　费用索赔申请表

A9　工程材料/构配件/设备报审表

A10　工程竣工报验单

B 类表（监理单位用表）

B1　监理工程师通知单

B2　工程暂停令

B3　工程款支付证书

B4　工程临时延期审批表

B5　工程最终延期审批表

B6　费用索赔审批表

C 类表（各方面通用表）

C1　监理工作联系单

C2　工程变更单

A1 工程开工/复工报审表

工程名称：   编号

致：   （监理单位）
我方承担的＿＿＿＿＿＿＿＿＿＿＿工程，已完成了以下各项工作，具备了开工/复工条件，特此申请施工，请核查并签发开工/复工指令。 　　附：1. 开工报告 　　　　2. 证明文件   　　　　　　　　　　　　　　　　　　　　　　　　　承包单位（章）＿＿＿＿＿＿ 　　　　　　　　　　　　　　　　　　　　　　　　　　　项目经理＿＿＿＿＿＿ 　　　　　　　　　　　　　　　　　　　　　　　　　　　日　期＿＿＿＿＿＿
审查意见：   　　　　　　　　　　　　　　　　　　　　　　　　　项目监理机构＿＿＿＿＿＿ 　　　　　　　　　　　　　　　　　　　　　　　　　总监理工程师＿＿＿＿＿＿ 　　　　　　　　　　　　　　　　　　　　　　　　　　日　期＿＿＿＿＿＿

A2 施工组织设计（方案）报审表

工程名称：   编号：

致：   （监理单位）
我方已根据施工合同的有关规定完成了＿＿＿＿＿＿＿＿＿＿工程施工组织设计（方案）的编制，并经我单位上级技术负责人审查批准，请予以审查。 　　附：施工组织设计（方案）   　　　　　　　　　　　　　　　　　　　　　　　　承包单位（章）＿＿＿＿＿＿ 　　　　　　　　　　　　　　　　　　　　　　　　　　项目经理＿＿＿＿＿＿ 　　　　　　　　　　　　　　　　　　　　　　　　　　日　期＿＿＿＿＿＿
专业监理工程师审查意见：   　　　　　　　　　　　　　　　　　　　　　　　　专业监理工程师＿＿＿＿＿＿ 　　　　　　　　　　　　　　　　　　　　　　　　　　日　期＿＿＿＿＿＿
总监理工程师审核意见：   　　　　　　　　　　　　　　　　　　　　　　　　　项目监理机构＿＿＿＿＿＿ 　　　　　　　　　　　　　　　　　　　　　　　　　总监理工程师＿＿＿＿＿＿ 　　　　　　　　　　　　　　　　　　　　　　　　　　日　期＿＿＿＿＿＿

A3　分包单位资格报审表

工程名称：　　　　　　　　　　　　　　　　　　　　　　　　　　　　　　　　　　　编号：

致：　　　　　　　　　　　　　　　　　　　　　　　　　　　　　　（监理单位）

经考察，我方认为拟选择的＿＿＿＿＿＿＿＿＿＿＿＿＿＿＿（分包单位）具有承担下列工程的施工资质和施工能力，可以保证本工程项目按合同的规定进行施工。分包后，我方仍承担总包单位的全部责任。请予以审查和批准。

附：1. 分包单位资质材料

　　2. 分包单位业绩材料

分包工程名称（部位）	工程数量	拟分包工程合同额	分包工程占全部工程
合　　　计			

承包单位（章）＿＿＿＿＿＿＿＿＿

项目经理＿＿＿＿＿＿＿＿＿

日　　期＿＿＿＿＿＿＿＿＿

专业监理工程师审查意见：

专业监理工程师＿＿＿＿＿＿＿＿＿

日　　期＿＿＿＿＿＿＿＿＿

总监理工程师审核意见：

项目监理机构＿＿＿＿＿＿＿＿＿

总监理工程师＿＿＿＿＿＿＿＿＿

日　　期＿＿＿＿＿＿＿＿＿

A4　＿＿＿＿＿＿＿＿＿＿＿＿＿＿＿报验申请表

工程名称：　　　　　　　　　　　　　　　　　　　　　　　　　　　　　　　　　　　编号：

致：　　　　　　　　　　　　　　　　　　　　　　　　　　　　　　（监理单位）

我单位已完成了＿＿＿＿＿＿＿＿＿＿＿＿＿＿＿＿＿＿＿＿＿＿工作，现报上该工程报验申请表，请予以审查和验收。

附件：

承包单位（章）＿＿＿＿＿＿＿＿＿

项目经理＿＿＿＿＿＿＿＿＿

日　　期＿＿＿＿＿＿＿＿＿

审查意见：

项目监理机构＿＿＿＿＿＿＿＿＿

总/专业监理工程师＿＿＿＿＿＿＿＿＿

日　　期＿＿＿＿＿＿＿＿＿

A5　工程款支付申请表

工程名称：　　　　　　　　　　　　　　　　　　　　　　　　　编号：

致：　　　　　　　　　　　　　　　　　　　　　　　　　　　　（监理单位） 　　我方已完成了＿＿＿＿＿＿＿＿＿＿＿＿＿＿＿＿＿＿＿＿＿＿＿＿＿＿＿＿工作，按施工合同的规定，建设单位应在＿＿＿＿年＿＿＿＿月＿＿＿＿日前支付该项工程款共（大写）＿＿＿＿＿＿＿＿＿（小写：＿＿＿＿＿），现报上＿＿＿＿＿＿＿＿＿＿工程付款申请表，请予以审查并开具工程款支付证书。 　　附件： 　　　　1. 工程量清单 　　　　2. 计算方法   　　　　　　　　　　　　　　　　　　　　　承包单位（章）＿＿＿＿＿＿＿＿＿ 　　　　　　　　　　　　　　　　　　　　　　项目经理＿＿＿＿＿＿＿＿＿ 　　　　　　　　　　　　　　　　　　　　　　日　　期＿＿＿＿＿＿＿＿＿

A6　监理工程师通知回复单

工程名称：　　　　　　　　　　　　　　　　　　　　　　　　　编号：

致：　　　　　　　　　　　　　　　　　　　　　　　　　　　　（监理单位） 　　我方接到编号为＿＿＿＿＿＿＿＿的监理工程师通知后，已按要求完成了＿＿＿＿＿＿＿＿＿＿＿＿＿＿＿＿＿＿工作，现报上，请予以复查。 　　详细内容：   　　　　　　　　　　　　　　　　　　　　　承包单位（章）＿＿＿＿＿＿＿＿＿ 　　　　　　　　　　　　　　　　　　　　　　项目经理＿＿＿＿＿＿＿＿＿ 　　　　　　　　　　　　　　　　　　　　　　日　　期＿＿＿＿＿＿＿＿＿
复查意见：   　　　　　　　　　　　　　　　　　　　　　项目监理机构＿＿＿＿＿＿＿＿＿ 　　　　　　　　　　　　　　　　　　　　　总/专业监理工程师＿＿＿＿＿＿＿＿＿ 　　　　　　　　　　　　　　　　　　　　　　日　　期＿＿＿＿＿＿＿＿＿

A7　工程临时延期申请表

工程名称：　　　　　　　　　　　　　　　　　　　　　　　　　　　编号：

致：　　　　　　　　　　　　　　　　　　　　　　　　　　（监理单位）

　　根据施工合同条款＿＿＿＿＿条的规定，由于＿＿＿＿＿＿＿＿＿＿＿＿原因，我方申请工程延期，请予以批准。

附件：

　　1. 工程延期的依据及工期计算

合同竣工日期：

申请延长竣工日期：

　　2. 证明材料

承包单位＿＿＿＿＿＿

项目经理＿＿＿＿＿＿

日　　期＿＿＿＿＿＿

A8　费用索赔申请表

工程名称：　　　　　　　　　　　　　　　　　　　　　　　　　　　编号：

致：　　　　　　　　　　　　　　　　　　　　　　　　　　（监理单位）

　　根据施工合同条款 ＿＿＿＿＿＿＿＿ 条的规定，由于 ＿＿＿＿＿＿＿＿ 原因，我方要求索赔金额（大写）＿＿＿＿＿＿＿＿＿＿，请予以批准。

索赔的详细理由及经过：

索赔金额的计算：

附件：证明材料。

承包单位＿＿＿＿＿＿

项目经理＿＿＿＿＿＿

日　　期＿＿＿＿＿＿

A9 工程材料/构配件/设备报审表

工程名称：   编号：

致：   （监理单位）
我方于_____年_____月_____日进场的工程材料/构配件/设备数量如下（见附件）。现将质量证明文件及自检结果报上，拟用于下述部位：   _____   _____。   请予以审核。   　　附件：1. 数量清单   　　　　　2. 质量证明文件   　　　　　3. 自检结果   承包单位（章）_____   项目经理_____   日　　期_____
审查意见：   　　经检查上述工程材料/构配件/设备，符合/不符合设计文件和规范的要求，准许/不准许进场，同意/不同意使用于拟定部位。   项目监理机构_____   总/专业监理工程师_____   日　　期_____

A10 工程竣工报验单

工程名称：   编号：

致：   （监理单位）
我方已按合同要求完成了_____工程，经自检合格，请予以检查和验收。   　　附件：   承包单位（章）_____   项目经理_____   日　　期_____
审查意见：   　　经初步验收，该工程   　1. 符合/不符合我国现行法律、法规要求。   　2. 符合/不符合我国现行工程建设标准。   　3. 符合/不符合设计文件要求。   　4. 符合/不符合施工合同要求。   　　综上所述，该工程初步验收合格/不合格，可以/不可以组织正式验收。   项目监理机构_____   总监理工程师_____   日　　期_____

B1 监理工程师通知单

工程名称： 编号：

致：

事由：

内容：

项目监理机构_____

总/专业监理工程师_____

日　　期_____

B2 工　程　暂　停　令

工程名称： 编号：

致： （承包单位）

由于

原因，现通知你方必须于_____年_____月_____日时起，对本工程的_____部位（工序）实施暂停施工，并按下述要求做好各项工作：

项目监理机构_____

总监理工程师_____

日　　期_____

222

B3 工程款支付证书

工程名称： 　　　　　　　　　　　　　　　　　　　　　　　　　　　　编号：

致：　　　　　　　　　　　　　　　　　　　　　　　　　　　　　　　（建设单位）
　　根据施工合同的规定，经审核承包单位的付款申请和报表，并扣除有关款项，同意本期支付工程款共（大写）
_____（小写：_____）。请按合同规定及时付款。

　　其中：
　　1. 承包单位申报款为
　　2. 经审核承包单位应得款为
　　3. 本期应扣款为
　　4. 本期应付款为

　　附件：
　　1. 承包单位的工程付款申请表及附件
　　2. 项目监理机构审查记录

　　　　　　　　　　　　　　　　　　　　　　　项目监理机构_____
　　　　　　　　　　　　　　　　　　　　　　　总监理工程师_____
　　　　　　　　　　　　　　　　　　　　　　　日　　期_____

B4 工程临时延期审批表

工程名称： 　　　　　　　　　　　　　　　　　　　　　　　　　　　　编号：

致：　　　　　　　　　　　　　　　　　　　　　　　　　　　　　　　（承包单位）
　　根据施工合同条款_____条的规定，我方对你方提出的_____工程延期申请
（第____号）要求延长工期_____日历天的要求，经过审核评估：
　　□暂时同意工期延长_____日历天。使竣工日期（包括已指令延长的工期）从原来的_____年
_____月_____日延迟到_____年_____月_____日。请你方执行。
　　□不同意延长工期，请按约定竣工日期组织施工。

　　说明：

　　　　　　　　　　　　　　　　　　　　　　　项目监理机构_____
　　　　　　　　　　　　　　　　　　　　　　　总监理工程师_____
　　　　　　　　　　　　　　　　　　　　　　　日　　期_____

B5 工程最终延期审批表

工程名称：

致：
（承包单位）

根据施工合同条款_____条的规定，我方对你方提出的_____工程延期申请（第_____号）要求延长工期日历天的要求，经过审核评估：

☐最终同意工期延长_____日历天。使竣工日期（包括已指令延长的工期）从原来的_____年_____月_____日延迟到_____年_____月_____日。请你方执行。

☐不同意延长工期，请按约定竣工日期组织施工。

说明：

项目监理机构_____

总监理工程师_____

日　　期_____

B6 费用索赔审批表

工程名称：

编号：

致：
（承包单位）

根据施工合同条款_____条的规定，你方提出的_____费用索赔申请（第_____号），索赔（大写）_____，经我方审核评估：

☐不同意此项索赔。

☐同意此项索赔，金额为（大写）_____。

同意/不同意索赔的理由：

索赔金额的计算：

项目监理机构_____

总监理工程师_____

日　　期_____

C1　监理工作联系单

工程名称：　　　　　　　　　　　　　　　　　　　　　　　　　　编号：

致：

　　事由

　　内容

　　　　　　　　　　　　　　　　　　　　　　　　单　位＿＿＿＿＿＿＿＿
　　　　　　　　　　　　　　　　　　　　　　　　负责人＿＿＿＿＿＿＿＿
　　　　　　　　　　　　　　　　　　　　　　　　日　期＿＿＿＿＿＿＿＿

C2　工 程 变 更 单

工程名称：　　　　　　　　　　　　　　　　　　　　　　　　　　编号：

致：　　　　　　　　　　　　　　　　　　　　　　　（监理单位）

　由于＿＿＿＿＿＿＿＿＿＿＿＿＿＿＿＿＿＿＿＿＿＿＿＿＿＿＿＿＿＿＿＿ 原 因，兹 提 出
＿＿＿＿＿＿＿＿＿＿＿＿＿＿＿＿＿＿＿＿＿＿＿＿＿＿＿＿＿＿＿＿工程变更（内容见附
件），请予以审批。

　附件：

　　　　　　　　　　　　　　　　　　　　　　　提出单位＿＿＿＿＿＿＿＿
　　　　　　　　　　　　　　　　　　　　　　　代 表 人＿＿＿＿＿＿＿＿
　　　　　　　　　　　　　　　　　　　　　　　日　　期＿＿＿＿＿＿＿＿

　一致意见：

建设单位代表　　　　　　　　设计单位代表　　　　　　　　项目监理机构
签字：　　　　　　　　　　　　签字：　　　　　　　　　　　　签字：

日期＿＿＿＿＿＿＿＿　　　　日期＿＿＿＿＿＿＿＿　　　　日期＿＿＿＿＿＿＿＿

参 考 文 献

[1]   建设部工程质量安全监督与行业发展司编．建设工程安全生产管理．北京：中国建筑工业出版社．2004.

[2]   成虎编著．工程项目管理．北京：中国建筑工业出版社，1997.

[3]   吴浩编著．中华人民共和国合同法（释义及标准样本）北京：改革出版社，1999.

[4]   谭克文．在三峡工程建设监理经验现场交流会上的讲话．建设监理．1999（3）：1～7.

[5]   田世宇、都贻明．我国建设监理制的缘起．建设监理，1999（1）：6～11.

[6]   姚兵．论工程建设和建筑业管理．北京：中国建筑工业出版社，1995.

[7]   万仁益，桂国平．工程项目执行与监理国际惯例．北京：中国金融出版社，1996.

[8]   都贻明，何万钟主编．建设监理概论．北京：地震出版社，1993.

[9]   全国监理工程师培训教材．工程建设监理概论．北京：中国建筑工业出版社，1997.

[10]   交通部建设监理总站．监理概论．北京：人民交通出版社，1993.

[11]   丁士昭编著．建筑工程项目管理．北京：中国建筑工业出版社，1987.

[12]   欧震修主编．建筑工程监理实用手册．北京：中国建筑工业出版社，1995.

[13]   傅鸿明，黄励思编著．工程施工监理实务．北京：水利电力出版社，1993.

[14]   姚兵．工程建设体制的综合配套改革与管理．建设监理，1998（1）：1～11.

[15]   何万钟．建设项目业主责任制与社会监理市场．建设监理，1995（5）：27～30.

[16]   成虎，钱昆润编．建筑工程合同管理与索赔．南京：东南大学出版社，1996.

[17]   王卓甫，章志强．建设项目管理．南京：河海大学出版社，1996.

[18]   FIDIC．土木工程施工合同条件应用指南．北京：航空工业出版社，1991.

[19]   FIDIC．施工合同条件1999年第1版．北京：机械工业出版社，2002.

[20]   全国监理工程师培训教材编写委员会．工程建设合同管理．北京：中国建筑工业出版社，1997.

[21]   刘兴东，高拥民等编．建设监理理论与操作手册．北京：宇航出版社，1993.

[22]   刘贞平．建设监理制度与方法．北京：地震出版社，1994.

[23]   建筑施工手册（第三版）．北京：中国建筑工业出版社，1997.

[24]   刘伊生．建设监理工程师手册．北京：中国建材工业出版社，1994.

[25]   熊广忠主编．工程建设监理实用手册．北京：中国建筑工业出版社，1994.

[26]   李世蓉，兰定筠编著．建设工程安全监理．北京：中国建筑工业出版社，2004.

[27]   张仕廉，董勇，潘承仕编著．建筑安全管理．北京：中国建筑工业出版社，2005.